1 권 | 초등 수학 1-1

↓이름을 쓰세요.

쏙셈+를 완성하는 ________ 의 바다 1권

쏙셈+ 40일 학습을 완성했을 때의

부모님과의 약속

1권
1학년 1학기

하루 한 장 공부 습관을 기르는 **학습 계획표**

교과서	주제명	진도	학습 계획일	목표 달성도
9까지의 수	9까지의 수 ❶	1주 1일	월 일	♡♡♡♡♡
	9까지의 수 ❷	1주 2일	월 일	♡♡♡♡♡
	몇째 ❶	1주 3일	월 일	♡♡♡♡♡
	몇째 ❷	1주 4일	월 일	♡♡♡♡♡
	9까지 수의 순서	1주 5일	월 일	♡♡♡♡♡
	1 큰 수와 1 작은 수 ❶	2주 1일	월 일	♡♡♡♡♡
	1 큰 수와 1 작은 수 ❷	2주 2일	월 일	♡♡♡♡♡
	수의 크기 비교 ❶	2주 3일	월 일	♡♡♡♡♡
	수의 크기 비교 ❷	2주 4일	월 일	♡♡♡♡♡
	단원 마무리	2주 5일	월 일	♡♡♡♡♡
덧셈과 뺄셈	9까지의 수 모으기 ❶	3주 1일	월 일	♡♡♡♡♡
	9까지의 수 모으기 ❷	3주 2일	월 일	♡♡♡♡♡
	9까지의 수 가르기 ❶	3주 3일	월 일	♡♡♡♡♡
	9까지의 수 가르기 ❷	3주 4일	월 일	♡♡♡♡♡
	이야기 만들기_덧셈	3주 5일	월 일	♡♡♡♡♡
	합이 9까지인 수의 덧셈 ❶	4주 1일	월 일	♡♡♡♡♡
	합이 9까지인 수의 덧셈 ❷	4주 2일	월 일	♡♡♡♡♡
	이야기 만들기_뺄셈	4주 3일	월 일	♡♡♡♡♡
	한 자리 수의 뺄셈 ❶	4주 4일	월 일	♡♡♡♡♡
	한 자리 수의 밸셈 ❷	4주 5일	월 일	♡♡♡♡♡
	덧셈과 뺄셈하기 ❶	5주 1일	월 일	♡♡♡♡♡
	덧셈과 뺄셈하기 ❷	5주 2일	월 일	♡♡♡♡♡
	연속해서 계산하기	5주 3일	월 일	♡♡♡♡♡
	□의 값 구하기 ❶	5주 4일	월 일	♡♡♡♡♡
	□의 값 구하기 ❷	5주 5일	월 일	♡♡♡♡♡
	계산 결과의 크기 비교	6주 1일	월 일	♡♡♡♡♡
	단원 마무리	6주 2일	월 일	♡♡♡♡♡
50까지의 수	9 다음 수, 십몇 ❶	6주 3일	월 일	♡♡♡♡♡
	9 다음 수, 십몇 ❷	6주 4일	월 일	♡♡♡♡♡
	19까지의 수 모으기 ❶	6일 5일	월 일	♡♡♡♡♡
	19까지의 수 모으기 ❷	7주 1일	월 일	♡♡♡♡♡
	19까지의 수 가르기 ❶	7주 2일	월 일	♡♡♡♡♡
	19까지의 수 가르기 ❷	7주 3일	월 일	♡♡♡♡♡
	50까지의 수 ❶	7주 4일	월 일	♡♡♡♡♡
	50까지의 수 ❷	7주 5일	월 일	♡♡♡♡♡
	50까지 수의 순서 ❶	8주 1일	월 일	♡♡♡♡♡
	50까지 수의 순서 ❷	8주 2일	월 일	♡♡♡♡♡
	수의 크기 비교 ❶	8주 3일	월 일	♡♡♡♡♡
	수의 크기 비교 ❷	8주 4일	월 일	♡♡♡♡♡
	단원 마무리	8주 5일	월 일	♡♡♡♡♡

쏙셈+로
수학적 사고력도 키우고
문장제 해결력도
쑥쑥 향상시켜요!

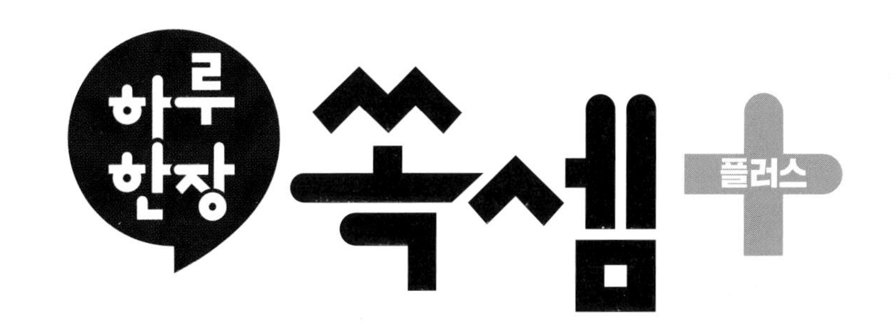

"연산 문제는 잘 푸는데 문장제만 보면 머리가 멍해져요."

"문제를 어떻게 풀어야 할지 모르겠어요."

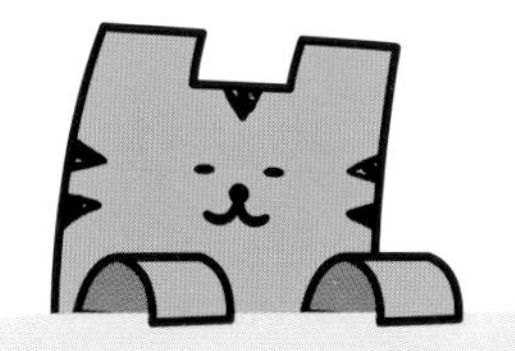

"문제에서 무엇을 구해야 할지 이해하기가 힘들어요."

연산 문제는 척척 풀 수 있는데
문장제를 보면 문제를 풀기도 전에
어렵게 느껴지나요?

하지만 연산 문제도 처음부터 쉬웠던 것은 아닐 거예요.
반복 학습을 통해 계산법을 익히면서 잘 풀게 된 것이죠.
문장제를 학습할 때에도 마찬가지입니다.
단순하게 연산만 적용하는 문제부터 점점 난이도를 높여 가며,
문제를 이해하고 풀이 과정을 반복하여 연습하다 보면
문장제에 대한 두려움은 사라지고
아무리 복잡한 문장제라도 척척 풀어낼 수 있을 거예요.
『하루 한장 쏙셈+』는
가장 단순한 문장제부터 한 단계 높은 응용 문제까지
알차게 구성하였어요.

자, 우리 함께 시작해 볼까요?

구성과 특징

1일차

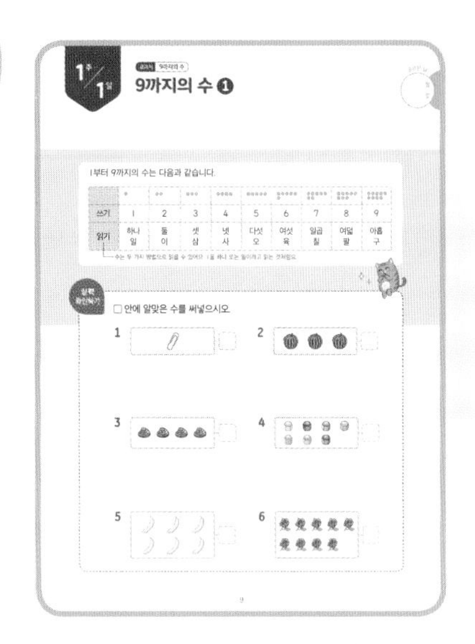

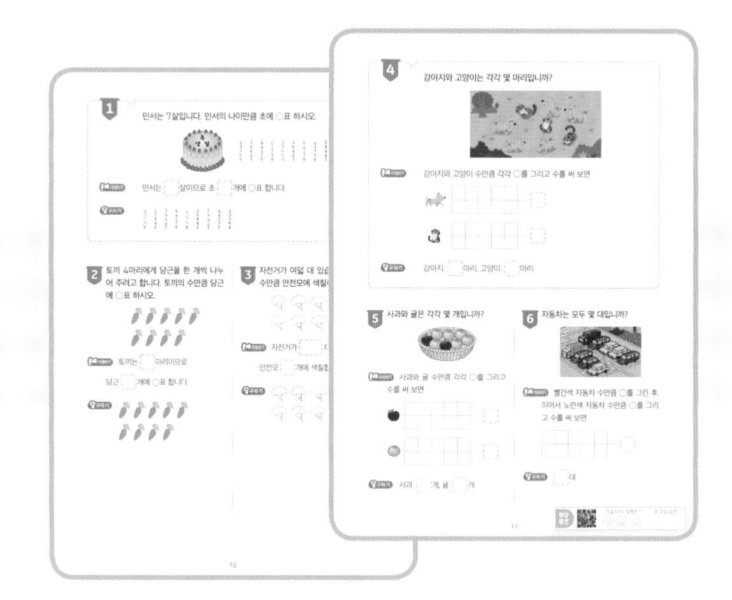

- 주제별 개념을 확인합니다.
- 개념을 확인하는 기본 문제를 풀며 실력을 점검합니다.

- 주제별로 가장 단순한 문장제를 『문제 이해하기 ➡ 식 세우기 ➡ 답 구하기』 단계를 따라가며 풀어 보면서 문제풀이의 기초를 다집니다.
- 문제는 예제, 유제 형태로 구성되어 있어 반복 학습이 가능합니다.

2일차

- 1일차 학습 내용을 다시 한 번 확인합니다.

- 주제별 1일차보다 난이도 있는 다양한 유형의 문제를 예제, 유제 형태로 구성하였습니다.
- 교과서에서 다루고 있는 문제 중에서 교과 역량을 키울 수 있는 문제를 선별하여 수록하였습니다.

- 창의력을 키우는 수학 놀이터로 하루 학습을 마무리합니다.
- 학습에 대한 부담은 줄이고, 수학에 대한 흥미, 자신감을 최대로 끌어올릴 수 있습니다.

- 창의력을 키우는 수학 놀이터로 하루 학습을 마무리합니다.
- 학습에 대한 부담은 줄이고, 수학에 대한 흥미, 자신감을 최대로 끌어올릴 수 있습니다.

쑥셈+는 주제별로 2일 학습으로 구성되어 있습니다.

1일차 학습을 통해 **기본 개념**을 다지고,

2일차 학습을 통해 **문장제 적용 훈련**을 할 수 있습니다.

단원의 마무리 학습

- 단원에서 배웠던 내용을 되짚어 보며 실력을 점검합니다.
- 수학적으로 생각하는 힘을 키울 수 있는 문제를 수록하였습니다.

차례

9까지의 수

덧셈과 뺄셈

50까지의 수

『하루 한장 쏙셈+』 이렇게 활용해요!

교과서와 연계 학습을!

교과서에 따른 모든 영역별 연산 부분에서 다양한 유형의 문장제를 만날 수 있습니다. **『하루 한장 쏙셈+』**는 학기별 교과서와 연계되어 있으므로 방학 중 선행 학습 교재나 학기 중 진도 교재로 사용할 수 있습니다.

실력이 쑥쑥!

수학의 기본이 되는 연산 학습을 체계적으로 학습했다면, 문장으로 된 문제를 이해하고 어떻게 풀어야 하는지 수학적으로 사고하는 힘을 길러야 합니다.
『하루 한장 쏙셈+』로 문제를 이해하고 그에 맞게 식을 세워서 풀이하는 과정을 반복함으로써 문제 푸는 실력을 키울 수 있습니다.

문장제를 집중적으로!

문장제는 연산을 적용하는 가장 단순한 문제부터 난이도를 점점 높여 가며 문제 푸는 과정을 반복하는 학습이 필요합니다. **『하루 한장 쏙셈+』**로 문장제를 해결하는 과정을 집중적으로 훈련하면 특정 문제에 대한 풀이가 아닌 어떤 문제를 만나도 스스로 해결 방법을 생각해 낼 수 있는 힘을 기를 수 있습니다.

9까지의 수

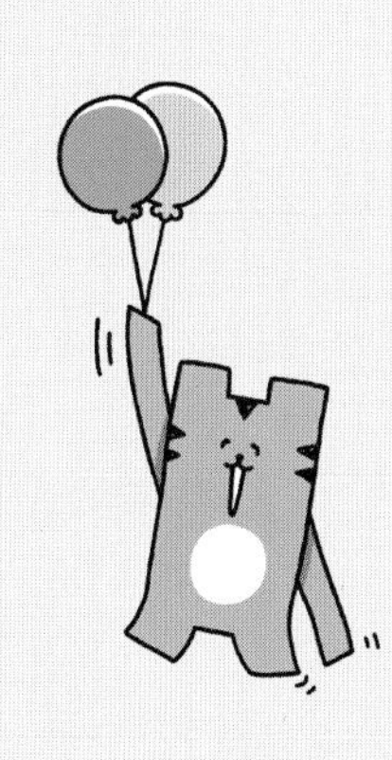

이렇게 배우고 있어요!

배운 내용

[누리 과정]
- 물체를 세어 수량 알아보기

단원 내용

- 9까지의 수 읽고 쓰기
- 몇째 알아보기
- 9까지 수의 순서
- 1 큰 수와 1 작은 수
- 0 알아보기
- 9까지 수의 크기 비교하기

배울 내용

[1-1]
- 50까지의 수

학습 계획 세우기

공부할 내용에 대한 계획을 세우고,
학습해 보아요!

		학습 계획일	
1주 1일	9까지의 수 ❶	월	일
1주 2일	9까지의 수 ❷	월	일
1주 3일	몇째 ❶	월	일
1주 4일	몇째 ❷	월	일
1주 5일	9까지 수의 순서	월	일
2주 1일	1 큰 수와 1 작은 수 ❶	월	일
2주 2일	1 큰 수와 1 작은 수 ❷	월	일
2주 3일	수의 크기 비교 ❶	월	일
2주 4일	수의 크기 비교 ❷	월	일
2주 5일	단원 마무리	월	일

교과서 9까지의 수

9까지의 수 ①

1부터 9까지의 수는 다음과 같습니다.

	●	●●	●●●	●●●●	●●●●●	●●●●●●	●●●●●●●	●●●●●●●●	●●●●●●●●●
쓰기	1	2	3	4	5	6	7	8	9
읽기	하나 일	둘 이	셋 삼	넷 사	다섯 오	여섯 육	일곱 칠	여덟 팔	아홉 구

→수는 두 가지 방법으로 읽을 수 있어요. 1을 하나 또는 일이라고 읽는 것처럼요.

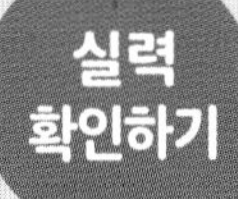

□ 안에 알맞은 수를 써넣으시오.

1

□

2

□

3

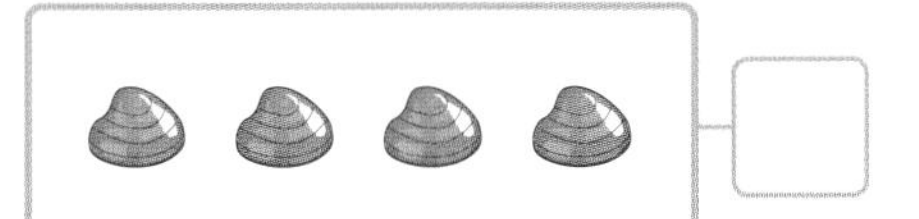

□

4

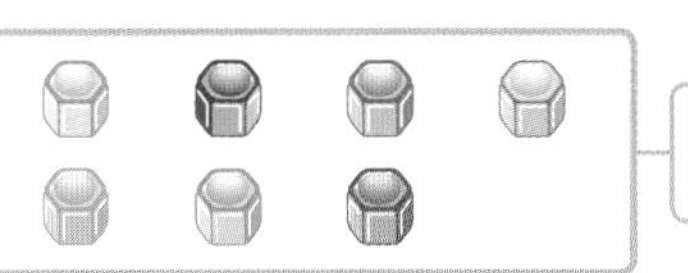

□

5

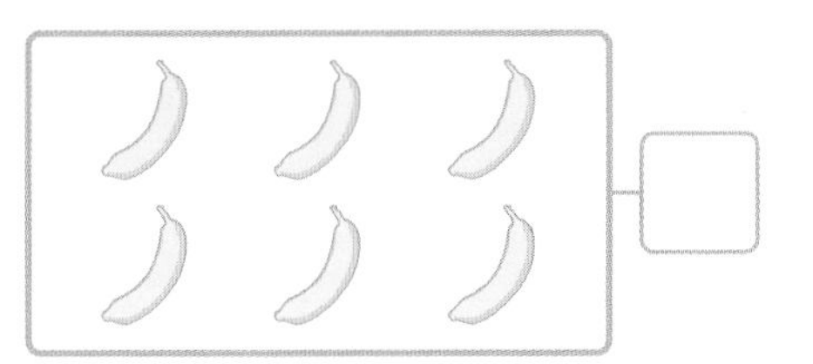

□

6

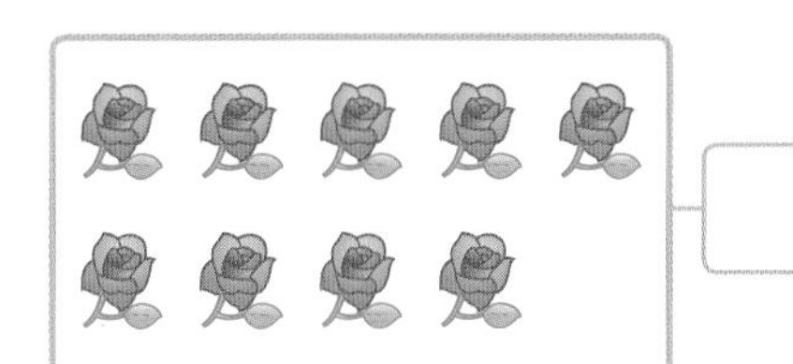

□

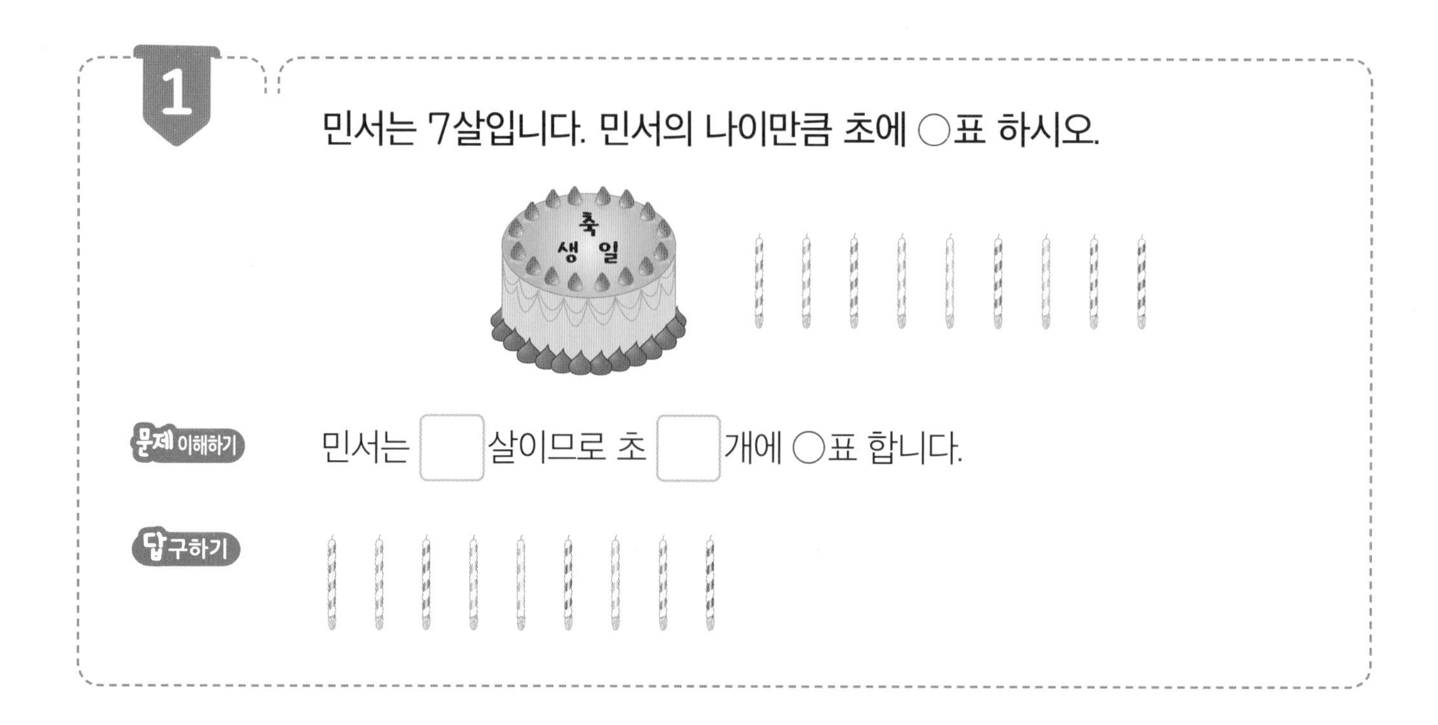

1 민서는 7살입니다. 민서의 나이만큼 초에 ○표 하시오.

문제 이해하기 민서는 ☐ 살이므로 초 ☐ 개에 ○표 합니다.

답 구하기

2 토끼 4마리에게 당근을 한 개씩 나누어 주려고 합니다. 토끼의 수만큼 당근에 ○표 하시오.

문제 이해하기 토끼는 ☐ 마리이므로

당근 ☐ 개에 ○표 합니다.

답 구하기

3 자전거가 여덟 대 있습니다. 자전거의 수만큼 안전모에 색칠하시오.

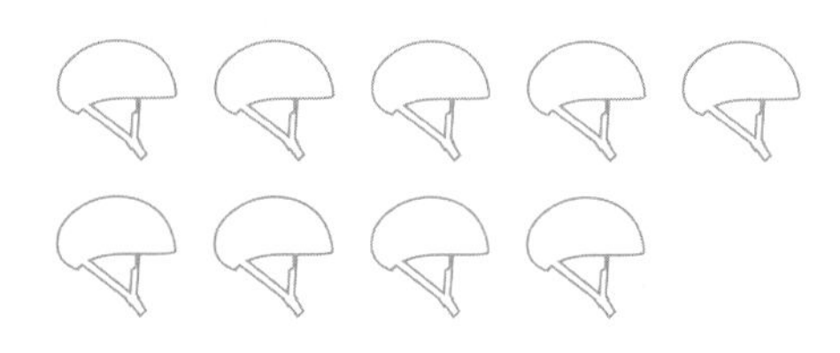

문제 이해하기 자전거가 ☐ 대 있으므로

안전모 ☐ 개에 색칠합니다.

답 구하기

강아지와 고양이는 각각 몇 마리입니까?

문제 이해하기 강아지와 고양이 수만큼 각각 ○를 그리고 수를 써 보면

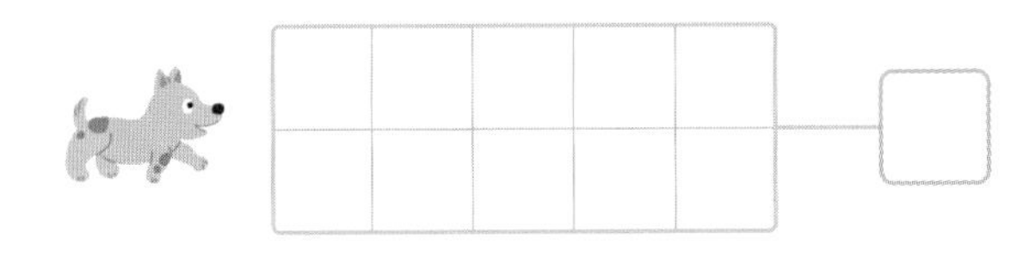

답 구하기 강아지: ☐마리, 고양이: ☐마리

5 사과와 귤은 각각 몇 개입니까?

문제 이해하기 사과와 귤 수만큼 각각 ○를 그리고 수를 써 보면

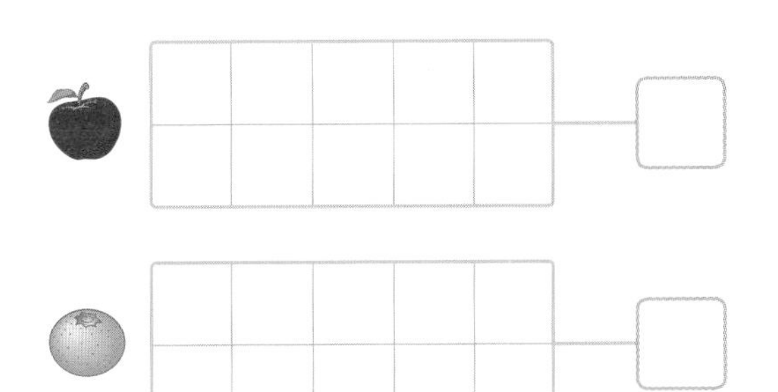

답 구하기 사과: ☐개, 귤: ☐개

6 자동차는 모두 몇 대입니까?

문제 이해하기 빨간색 자동차 수만큼 ○를 그린 후, 이어서 노란색 자동차 수만큼 ○를 그리고 수를 써 보면

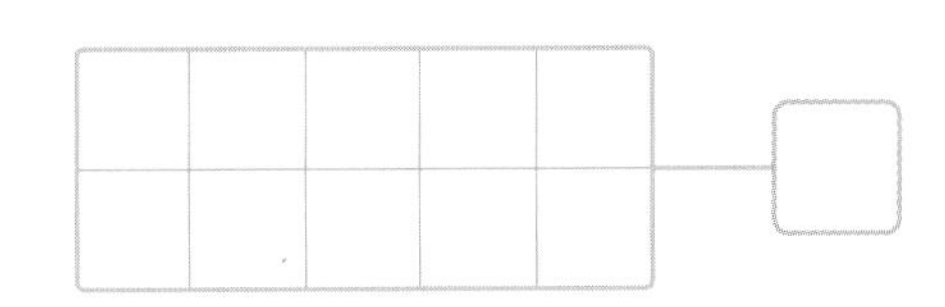

답 구하기 ☐대

정답 확인

오늘 나의 실력은?

부모님 확인

미래가 받을 선물은?

엄마가 미래에게 줄 선물을 준비했어요.
수에 해당하는 색을 칠해서 그림을 완성해 보세요.
완성된 그림이 미래가 받을 선물이에요. 선물이 무엇인지 ○표 하세요.

- 하나 - 주황색
- 둘 - 노란색
- 셋 - 빨간색
- 넷 - 초록색
- 다섯 - 연두색
- 여섯 - 갈색
- 일곱 - 분홍색
- 여덟 - 하늘색
- 아홉 - 파란색

가방 곰 인형 토끼 인형

교과서 9까지의 수

9까지의 수 ❷

1

그림에 맞게 수를 고쳐 쓰시오.

오빠가 풍선을 ~~2~~개 들고 있다.

문제 이해하기

풍선 수를 세어 보면

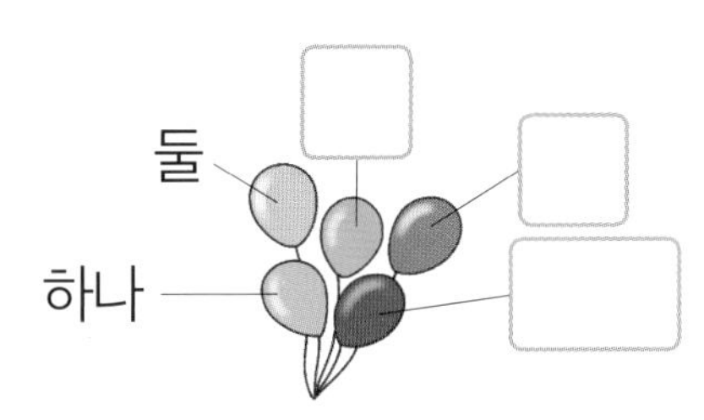

답구하기

2

그림에 맞게 수를 고쳐 쓰시오.

엄마께서 도넛을 ~~6~~개 주셨다.

3

그림을 보고 수찬이가 이야기하는 것처럼 사람의 수를 세어 수 이야기를 만들어 보시오.

문제 이해하기 남자 어린이와 여자 어린이 수만큼 각각 ○를 그리고 수를 써 보면

남자 어린이

○	○	○		

— ☐

여자 어린이

— ☐

답구하기

그림을 보고 오리의 수를 세어 수 이야기를 만들어 보시오.

문제 이해하기

5

수를 잘못 읽은 학생의 이름을 쓰고 바르게 고쳐 쓰시오.

• 민혁: 약국은 세 층에 있어.	• 수아: 사탕이 여섯 개 있어.

• 건물 층수를 읽어 보면

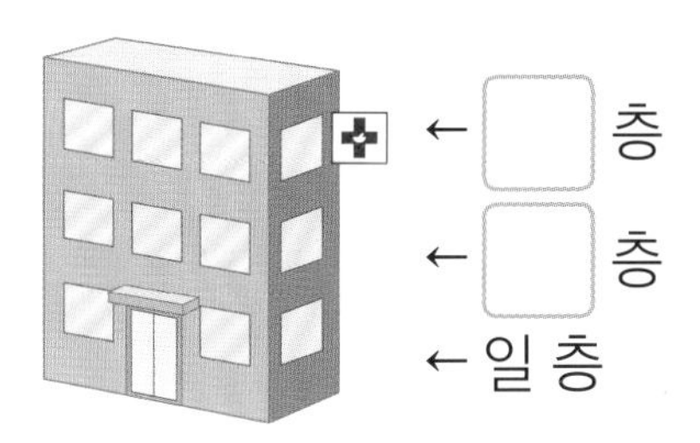

← ☐ 층

← ☐ 층

← 일 층

• 사탕 수를 읽어 보면

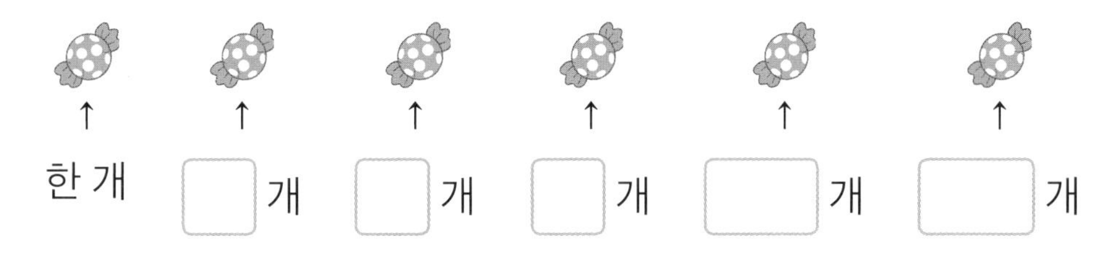

한 개 ☐ 개 ☐ 개 ☐ 개 ☐ 개 ☐ 개

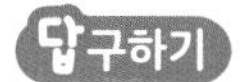

이름: ☐ , 바르게 고치기: ☐

수를 잘못 읽은 학생의 이름을 쓰고 바르게 고쳐 쓰시오.

• 다빈: 우리 반은 일곱 반이야.	• 연우: 병아리가 네 마리 있어.

문제 이해하기

정답 확인 | 오늘 나의 실력은? | 부모님 확인

친구들의 사물함은?

사물함 번호가 로마 숫자로만 적혀 있어요.
힌트를 보고 사물함의 이름표에 친구들의 이름을 적어 주세요.

〈힌트〉

숫자	1	2	3	4	5	6	7	8	9
로마 숫자	I	II	III	IV	V	VI	VII	VIII	IX

1주 3일

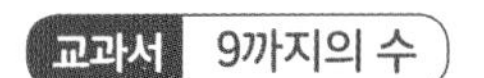

몇째 ❶

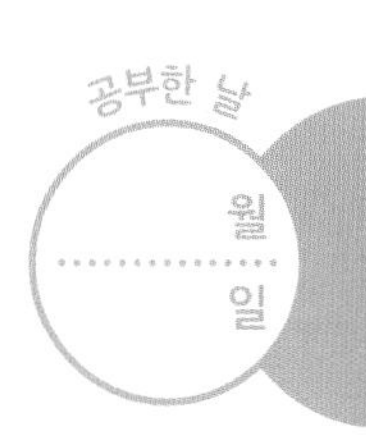

9까지의 수로 순서를 나타낼 때에는 차례대로

1	2	3	4	5	6	7	8	9
첫째	둘째	셋째	넷째	다섯째	여섯째	일곱째	여덟째	아홉째

실력 확인하기

순서에 알맞게 색칠하시오.

1 넷째

2 여섯째

3 여덟째

4 둘째

1

친구들이 버스를 타려고 줄을 서고 있습니다. 왼쪽에서 넷째에 서 있는 친구는 누구입니까?

문제 이해하기 줄을 서 있는 친구들이 왼쪽에서 몇째인지 써 보면

첫째 ☐ ☐ ☐ ☐ ☐

왼쪽

답 구하기 ☐

2

오른쪽에서 셋째에 있는 과일은 무엇입니까?

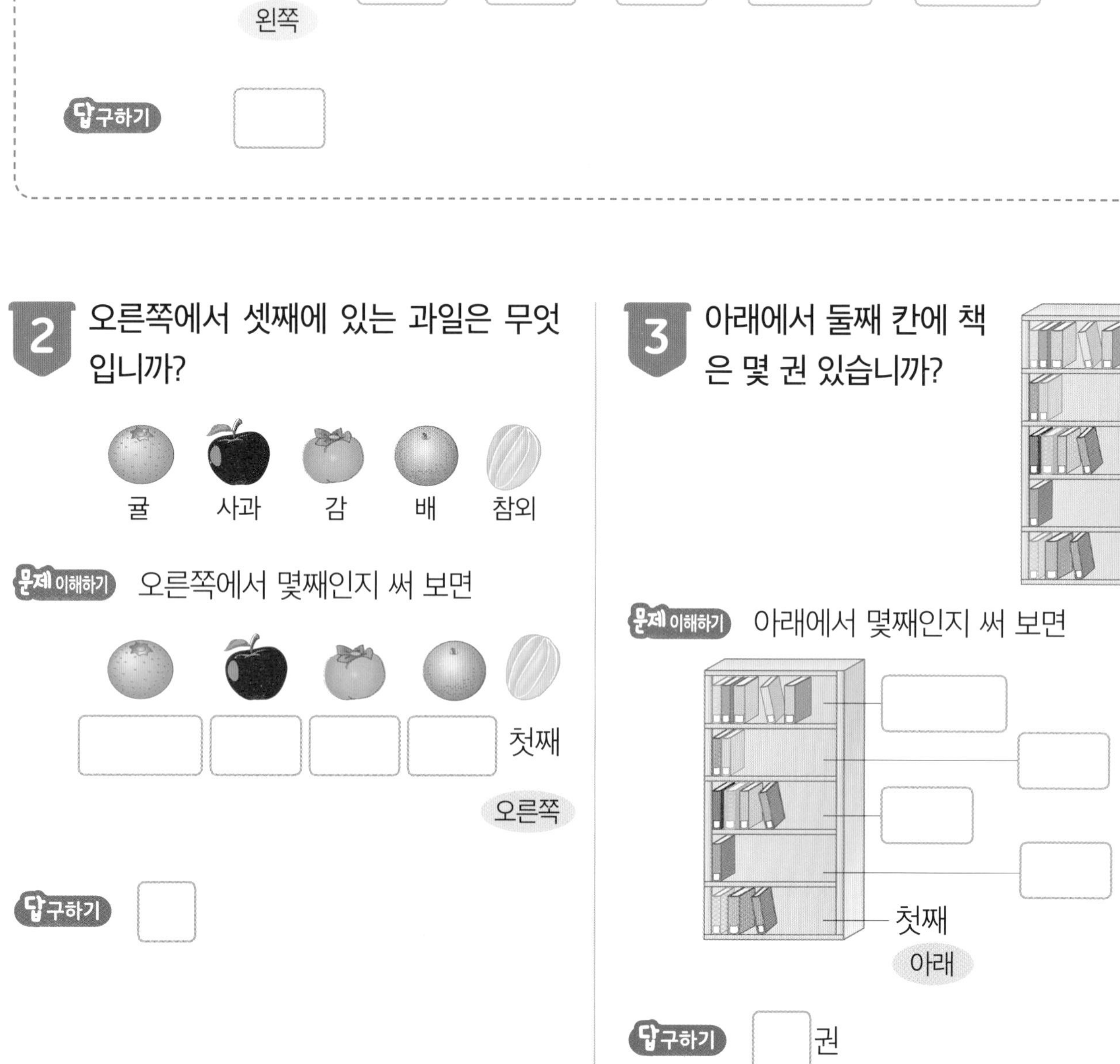

문제 이해하기 오른쪽에서 몇째인지 써 보면

☐ ☐ ☐ ☐ 첫째

오른쪽

답 구하기 ☐

3

아래에서 둘째 칸에 책은 몇 권 있습니까?

문제 이해하기 아래에서 몇째인지 써 보면

☐ ☐ ☐ ☐ 첫째

아래

답 구하기 ☐권

동물들이 달리기를 하고 있습니다. 말은 뒤에서 몇째로 달리고 있습니까?

문제 이해하기 달리기를 하고 있는 동물들이 뒤에서 몇째인지 써 보면

						첫째

뒤

답구하기 [ ]

5 우유는 왼쪽에서 몇째에 있습니까?

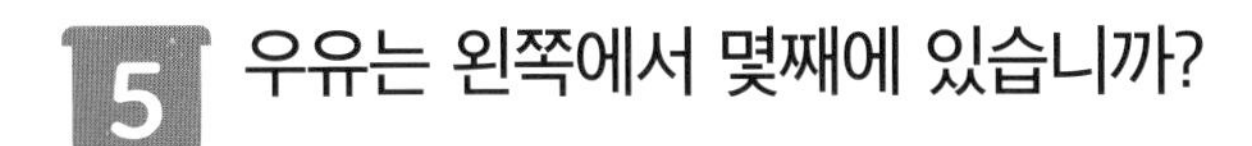

문제 이해하기 왼쪽에서 몇째인지 써 보면

첫째				

왼쪽

답구하기 [ ]

6 연두색은 위에서 몇째와 몇째 사이에 있습니까?

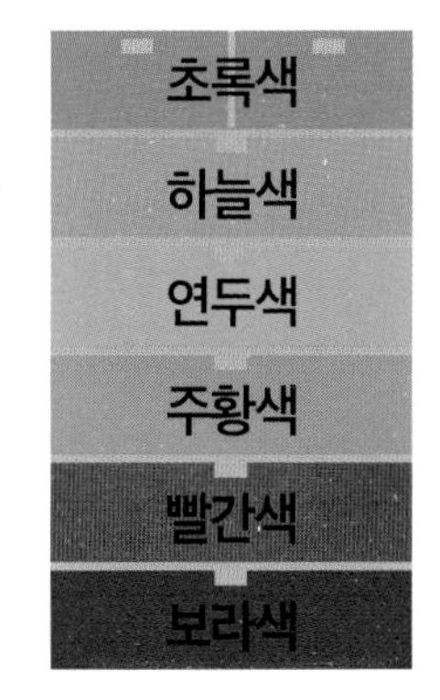

문제 이해하기 위에서 몇째인지 써 보면

답구하기 [ ]와 [ ] 사이

정답 확인  오늘 나의 실력은?  부모님 확인

달리기 시합 상품은?

다섯 명의 선수가 달리기 시합을 해요.
연우는 뒤에서 넷째로 달리고 있어요. 지금 달리고 있는 순서대로 결승선에 도착했을 때 연우가 받게 될 선물에 ○표 해 보세요.

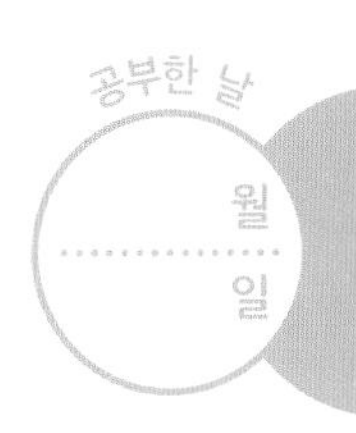

교과서 9까지의 수

몇째 ❷

1

순서에 맞게 □ 안에 알맞은 수를 써넣으시오.

2, □, □, □, 3

문제 이해하기

조건에서 (물고기)의 순서가 2, 즉 둘째이므로

그림의 순서는 (왼쪽 , 오른쪽)에서부터 읽어야 합니다.

답 구하기

□ □ □

2

순서에 맞게 □ 안에 알맞은 수를 써넣으시오.

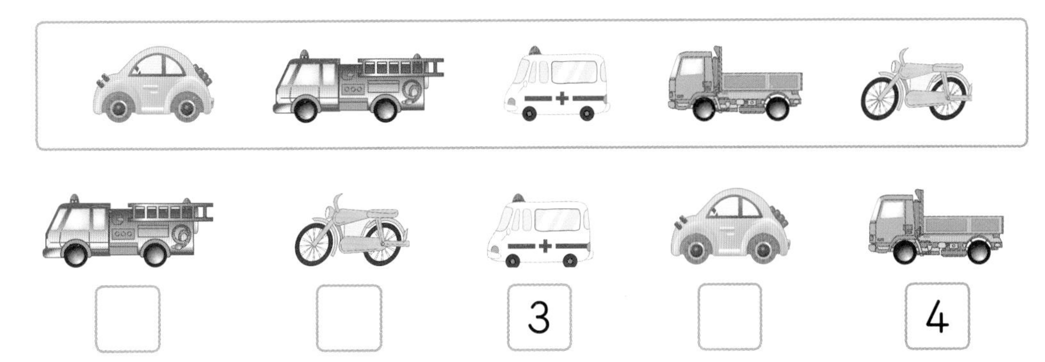

□, □, 3, □, 4

문제 이해하기

답 구하기

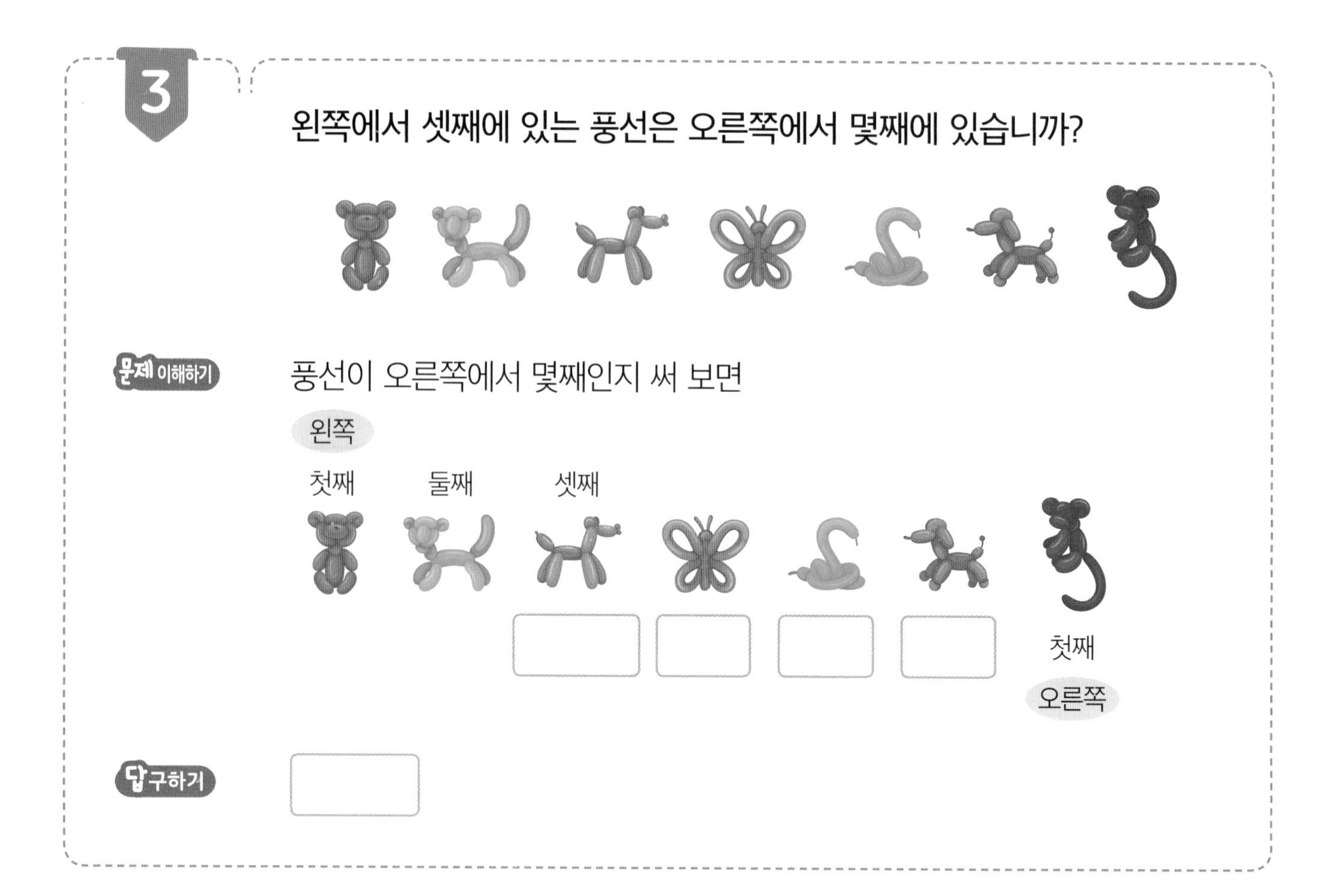

3

왼쪽에서 셋째에 있는 풍선은 오른쪽에서 몇째에 있습니까?

문제 이해하기

풍선이 오른쪽에서 몇째인지 써 보면

왼쪽

첫째 둘째 셋째

첫째

오른쪽

답 구하기

4

오른쪽에서 셋째에 있는 열기구는 왼쪽에서 몇째에 있습니까?

문제 이해하기

답 구하기

5

그림을 보고 [책상] 책상의 위치를 잘못 설명한 사람은 누구입니까?

• 연재: 앞에서 첫째 줄, 오른쪽에서 넷째 줄에 있습니다.
• 정서: 뒤에서 첫째 줄, 왼쪽에서 넷째 줄에 있습니다.

문제 이해하기 [책상] 책상이 앞과 뒤, 왼쪽과 오른쪽에서 몇째에 위치하는지 써 보면

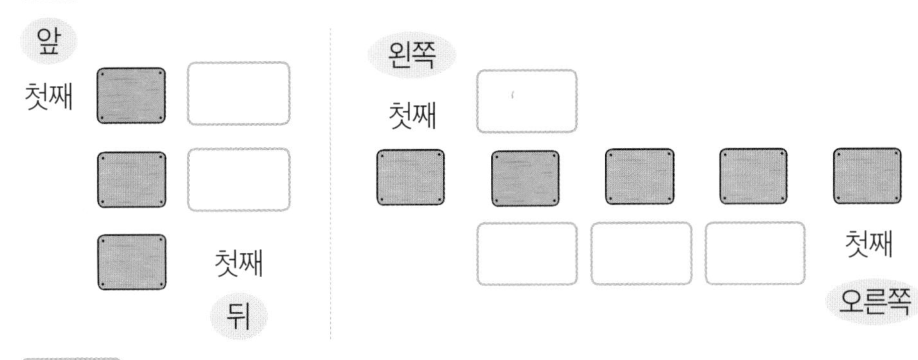

답 구하기 [ ]

6

5번 그림을 보고 [책상] 책상의 위치를 잘못 설명한 사람은 누구입니까?

• 태민: 앞에서 둘째 줄, 왼쪽에서 첫째 줄에 있습니다.
• 현욱: 뒤에서 둘째 줄, 오른쪽에서 첫째 줄에 있습니다.

문제 이해하기

답 구하기

정답 확인  오늘 나의 실력은?  부모님 확인

열쇠를 찾아라!

서둘러 이 방에서 탈출해야 해요.
방을 탈출하려면 열쇠가 필요해요.
힌트를 보고 알맞은 열쇠에 ○표 해 주세요.

<힌트>

① 위에서 둘째, 왼쪽에서 셋째 글자
② 아래에서 첫째, 오른쪽에서 다섯째 글자
③ ①과 ②에서 찾은 글자를 순서대로 나열한 후, 열쇠 모양을 찾으시오.

세	각	모	동	이	다
육	마	하	별	삼	일
원	네	름	그	라	등
상	미	지	창	오	민
정	트	유	형	사	변

교과서 9까지의 수

9까지 수의 순서

1부터 9까지의 수를 순서대로 쓰면

실력 확인하기

순서에 알맞게 □ 안에 수를 써넣으시오.

1 1 □ 3 □ 5

2 4 □ □ 7 □

3 5 6 □ □ □

4 3 □ 5 □ 7

5 □ □ 4 5 □

6 □ 5 □ □ 8

7 9 8 □ 6 □

8 □ □ 5 4 □

1 1부터 9까지의 수 카드를 1부터 순서대로 놓았습니다. 일곱째에 놓인 수 카드의 수는 무엇입니까?

문제 이해하기 1부터 9까지의 수 카드를 순서대로 놓고 앞에서부터 몇째인지 써 보면

1, 2, ☐, ☐, ☐, 6, ☐, ☐, 9

첫째 ☐ ☐ ☐ 다섯째 ☐ ☐ 여덟째 ☐

앞

답 구하기 ☐

2 1부터 5까지의 수 카드를 1부터 순서대로 놓았습니다. 넷째에 놓인 수 카드의 수는 무엇입니까?

문제 이해하기 1부터 5까지의 수 카드를 순서대로 놓고 앞에서부터 몇째인지 써 보면

1, 2, ☐, ☐, 5

☐ 둘째 ☐ ☐ ☐

앞

답 구하기 ☐

3 1부터 9까지의 수 카드를 9부터 거꾸로 놓았습니다. 여섯째에 놓인 수 카드의 수는 무엇입니까?

문제 이해하기 9부터 수 카드를 거꾸로 놓고 앞에서부터 몇째인지 써 보면

9, 8, ☐, ☐, 5,

첫째 ☐ ☐ 넷째 ☐

앞

☐, ☐, ☐, 1

☐ ☐ ☐ 아홉째

답 구하기 ☐

4

강아지는 몇 층에 살고 있습니까?

문제 이해하기 동물과 동물이 사는 층수를 순서대로 써 보면

동물	닭	원숭이	양	돼지	다람쥐	강아지	얼룩말
층수	1층	□층	3층	□층	5층	□층	□층

답 구하기 □층

5

준기가 탄 대관람차는 초록색입니다. 준기는 몇 호에 타고 있습니까?

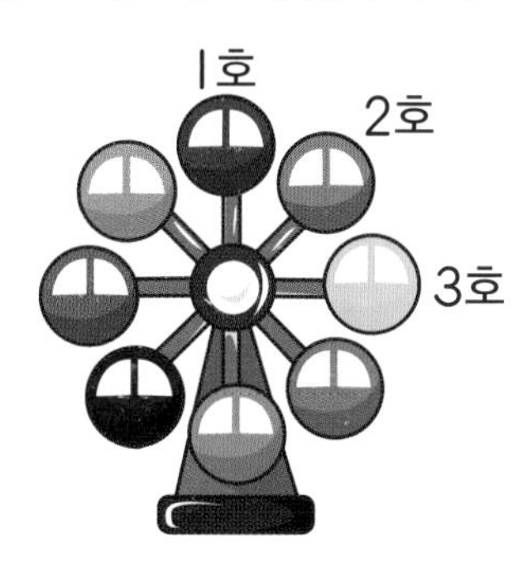

문제 이해하기 대관람차 색과 호수를 순서대로 써 보면

색	빨강	주황	노랑	파랑	초록
호수	1호	2호	□호	□호	□호

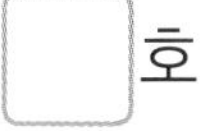

답 구하기 □호

6

지희네 집은 5층이고, 윤호네 집은 같은 아파트 8층입니다. 지희네 집에서 몇 층을 올라가면 윤호네 집입니까?

문제 이해하기 아파트 층수를 순서대로 써 보면

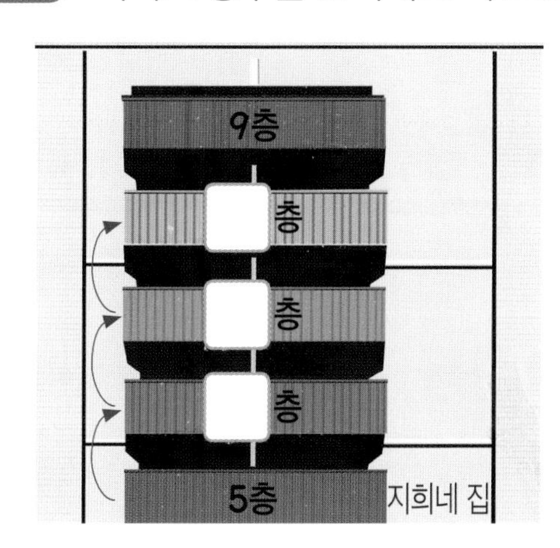

답 구하기 □층

휴대 전화의 주인은?

쇼핑몰에서 휴대 전화를 잃어버렸어요.
1부터 9까지의 수를 순서대로 이으면 휴대 전화의 잠금 패턴이 풀린다고 해요.
각각의 휴대 전화의 주인을 찾아주세요.

교과서 9까지의 수

1 큰 수와 1 작은 수 ❶

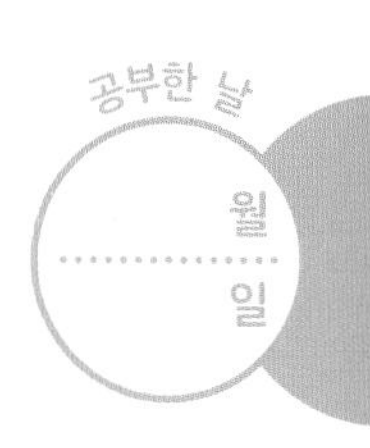

수를 순서대로 셀 때, 바로 앞의 수가 1 작은 수, 바로 뒤의 수가 1 큰 수입니다.

1 작은 수 　　　　　　　　1 큰 수

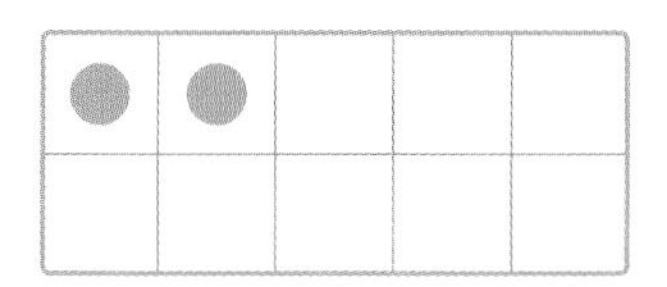
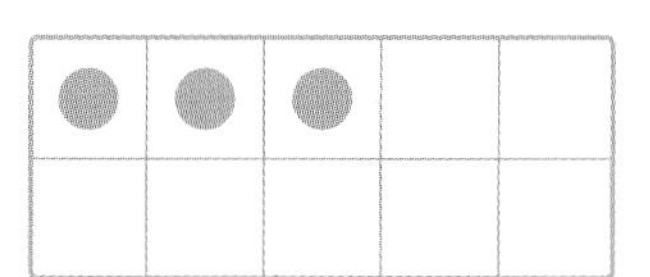
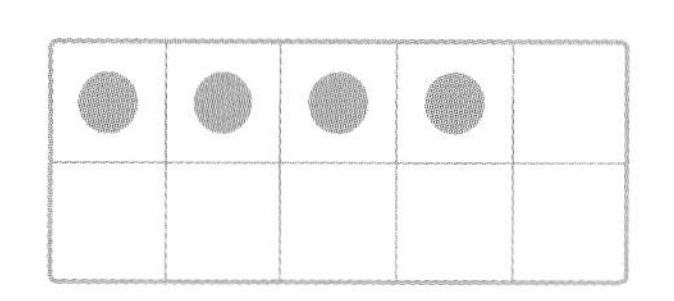

2 — 3 — 4

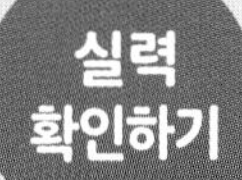

실력 확인하기

빈칸에 알맞은 수를 써넣으시오.

1 1 작은 수 　1 큰 수

( ) — 5 — ( )

2 1 작은 수 　1 큰 수

( ) — 7 — ( )

3 1 작은 수 　1 큰 수

( ) — 1 — ( )

4 1 작은 수 　1 큰 수

( ) — 4 — ( )

5 1 작은 수 　1 큰 수

1 — ( ) — 3

6 1 작은 수 　1 큰 수

7 — ( ) — 9

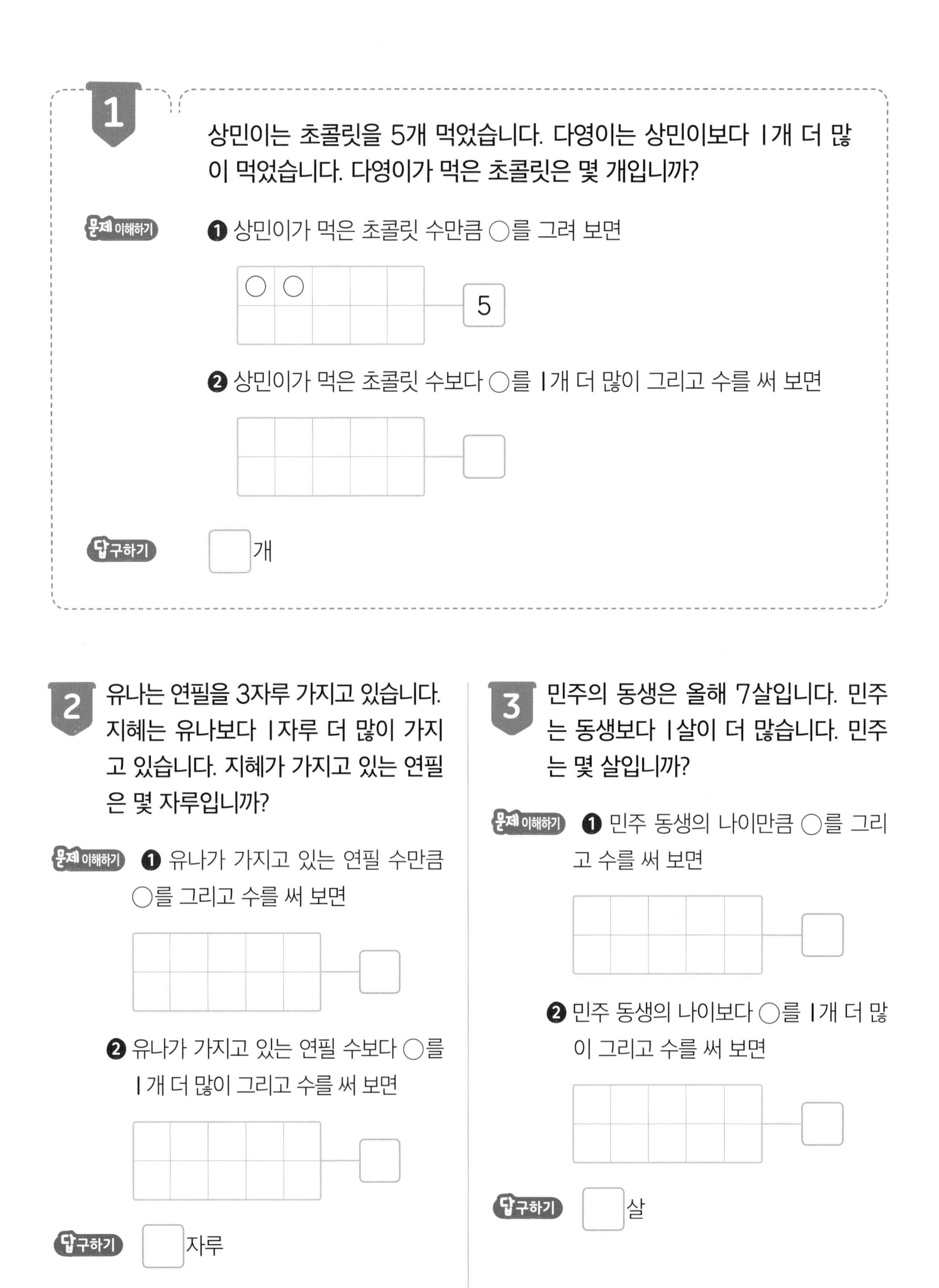

1

상민이는 초콜릿을 5개 먹었습니다. 다영이는 상민이보다 1개 더 많이 먹었습니다. 다영이가 먹은 초콜릿은 몇 개입니까?

문제 이해하기

❶ 상민이가 먹은 초콜릿 수만큼 ○를 그려 보면

5

❷ 상민이가 먹은 초콜릿 수보다 ○를 1개 더 많이 그리고 수를 써 보면

답 구하기 □개

2

유나는 연필을 3자루 가지고 있습니다. 지혜는 유나보다 1자루 더 많이 가지고 있습니다. 지혜가 가지고 있는 연필은 몇 자루입니까?

문제 이해하기

❶ 유나가 가지고 있는 연필 수만큼 ○를 그리고 수를 써 보면

❷ 유나가 가지고 있는 연필 수보다 ○를 1개 더 많이 그리고 수를 써 보면

답 구하기 □자루

3

민주의 동생은 올해 7살입니다. 민주는 동생보다 1살이 더 많습니다. 민주는 몇 살입니까?

문제 이해하기

❶ 민주 동생의 나이만큼 ○를 그리고 수를 써 보면

❷ 민주 동생의 나이보다 ○를 1개 더 많이 그리고 수를 써 보면

답 구하기 □살

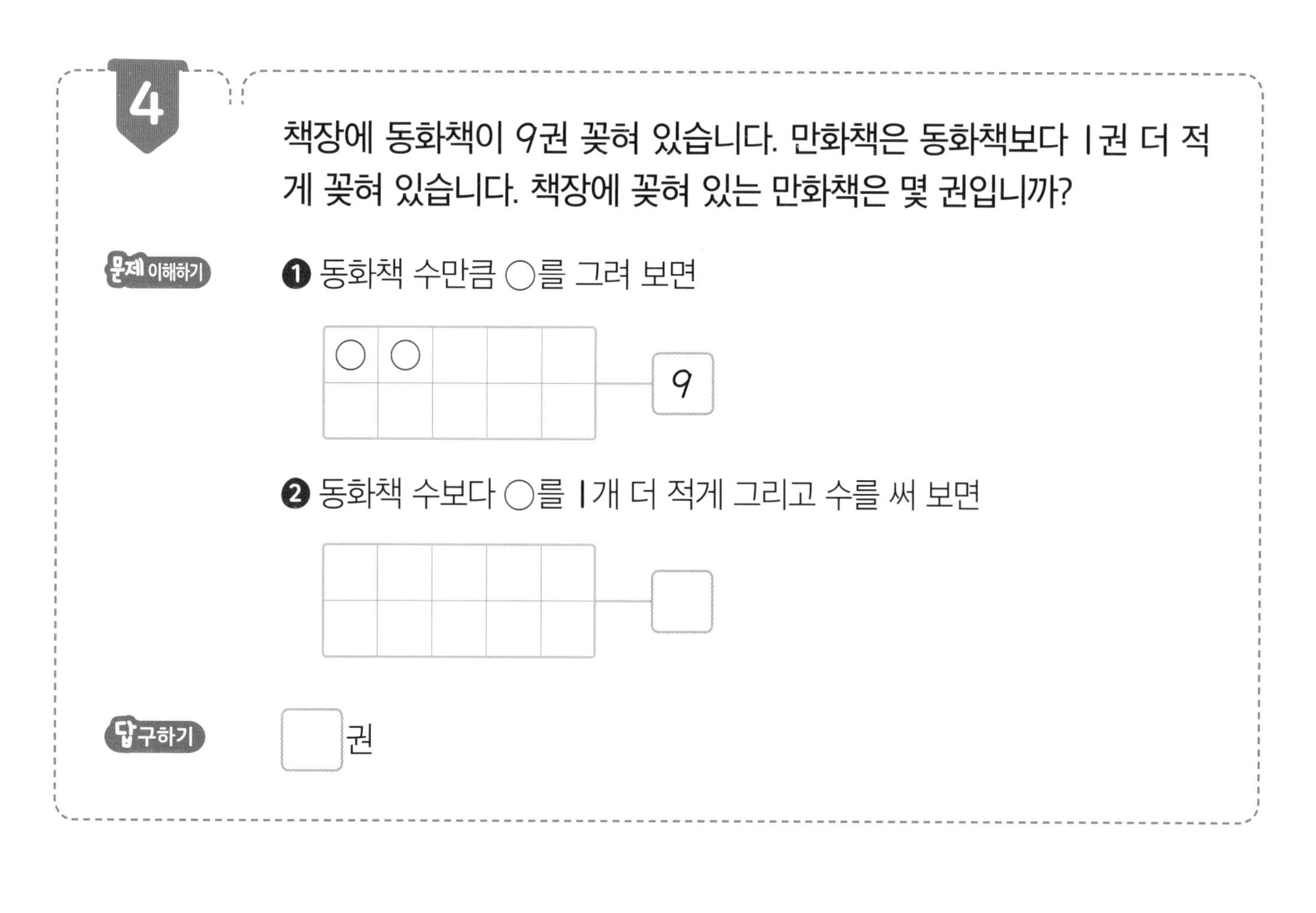

4

책장에 동화책이 9권 꽂혀 있습니다. 만화책은 동화책보다 1권 더 적게 꽂혀 있습니다. 책장에 꽂혀 있는 만화책은 몇 권입니까?

문제 이해하기 ❶ 동화책 수만큼 ○를 그려 보면

❷ 동화책 수보다 ○를 1개 더 적게 그리고 수를 써 보면

답 구하기 ☐권

5 동물원에 호랑이가 7마리 있습니다. 사자는 호랑이보다 1마리 더 적게 있습니다. 동물원에 있는 사자는 몇 마리입니까?

문제 이해하기 ❶ 호랑이 수만큼 ○를 그리고 수를 써 보면

❷ 호랑이 수보다 ○를 1개 더 적게 그리고 수를 써 보면

답 구하기 ☐마리

6 건물의 4층에 소아과가 있고 소아과의 한 층 아래에 치과가 있습니다. 치과는 몇 층에 있습니까?

문제 이해하기 ❶ 소아과 층수만큼 ○를 그리고 수를 써 보면

❷ 소아과 층수보다 ○를 1개 더 적게 그리고 수를 써 보면

답 구하기 ☐층

정답 확인  오늘 나의 실력은? 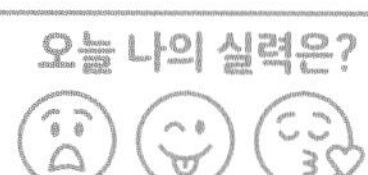 부모님 확인

강아지를 찾아요

유진이가 강아지를 잃어버렸어요.
알맞은 수를 따라가면 강아지가 있는 곳에 도착할 수 있어요.
유진이가 무사히 강아지를 찾을 수 있게 길을 안내해 주세요.

교과서 9까지의 수

1 큰 수와 1 작은 수 ❷

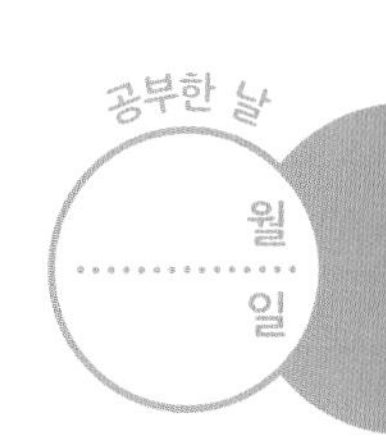

1 소윤이가 접은 종이학입니다. □ 안에 알맞은 수를 써넣으시오.

소윤이가 종이학을 한 개 더 접으면 종이학의 수는 □이 됩니다.

문제 이해하기

❶ 소윤이가 접은 종이학 수만큼 ○를 그리고 수를 써 보면

— □

❷ 소윤이가 종이학을 한 개 더 접으면 종이학은 1개 더 (많아집니다 , 적어집니다).

답구하기 □

2 정원이가 만든 쿠키입니다. □ 안에 알맞은 수를 써넣으시오.

정원이가 쿠키를 한 개 먹으면 쿠키의 수는 □이 됩니다.

3 자전거 자물쇠의 번호를 찾아 □ 안에 써넣으시오.

맨 위의 수는 4보다 1 큰 수이고,
맨 아래의 수는 4보다 1 작은 수예요.

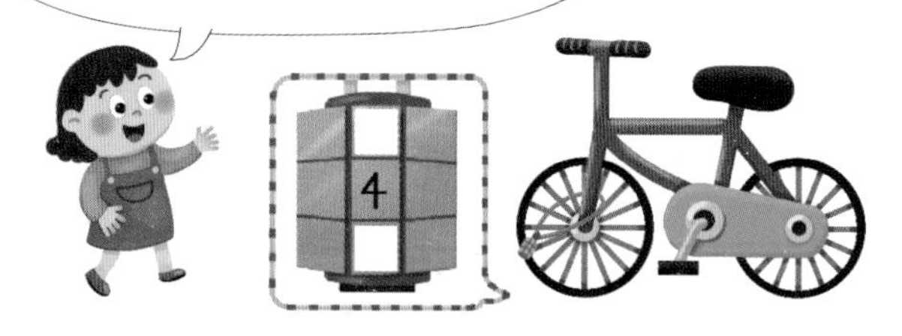

문제 이해하기 4보다 1 큰 수와 1 작은 수를 써 보면

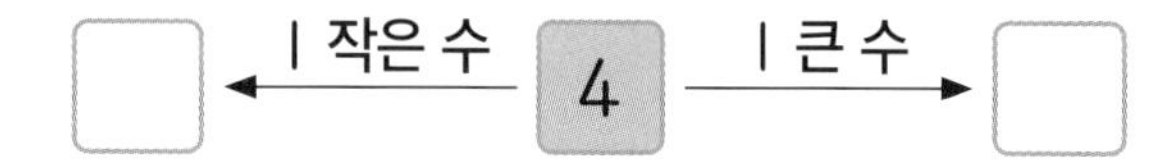

답 구하기

4 휴대 전화의 비밀번호를 찾아 □ 안에 써넣으시오.

첫째로 누를 수는 1보다 1 큰 수이고,
셋째로 누를 수는 1보다 1 작은 수예요.

첫째	둘째	셋째	넷째
□	9	□	5

문제 이해하기

답 구하기

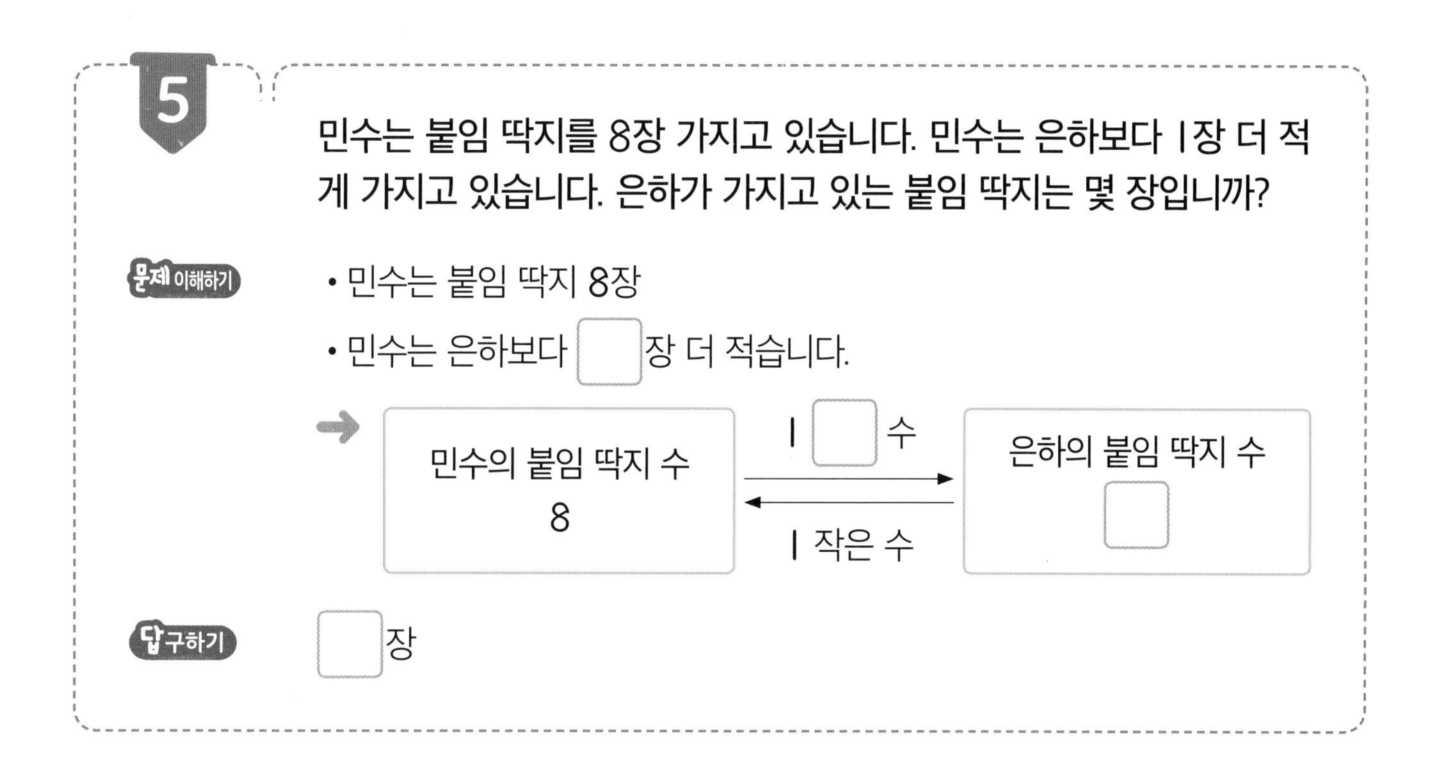

5
민수는 붙임 딱지를 8장 가지고 있습니다. 민수는 은하보다 1장 더 적게 가지고 있습니다. 은하가 가지고 있는 붙임 딱지는 몇 장입니까?
문제 이해하기
• 민수는 붙임 딱지 8장
• 민수는 은하보다 ☐장 더 적습니다.
민수의 붙임 딱지 수
8
1 ☐ 수
1 작은 수
은하의 붙임 딱지 수
답구하기
☐장

6 오른손에 구슬이 6개 있습니다. 오른손에는 왼손보다 1개 더 많이 있습니다. 왼손에 있는 구슬은 몇 개입니까?

선물을 찾아주세요

부모님이 민준이의 생일 선물을 사 주셨어요.
그런데 짓궂은 형이 생일 선물을 숨겨 버렸네요.
형이 남긴 힌트를 보고 숨겨 놓은 장소를 찾아 ○표 해 보세요.

<힌트>

다음 문제를 풀고 답으로 두 번 나오는 수를 찾아봐.
그 수가 써 있는 곳에 생일 선물을 숨겨 놓았어.

6보다 1 큰 수	4보다 1 작은 수	3보다 1 큰 수	8보다 1 작은 수

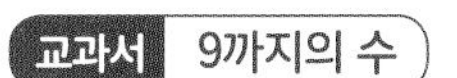

수의 크기 비교 ❶

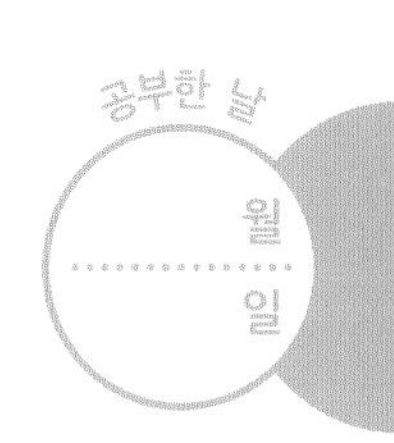

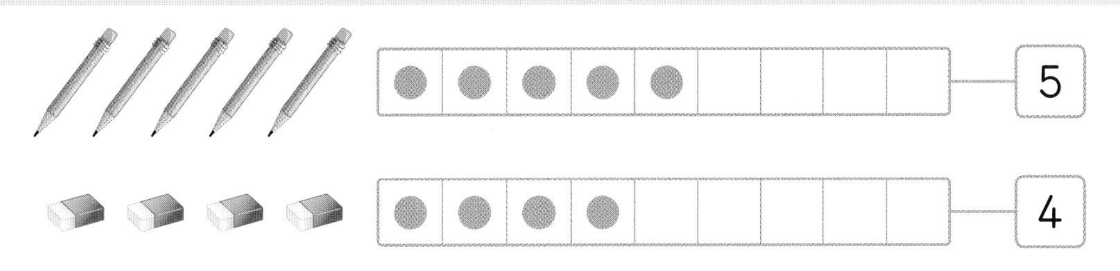

❶ 연필은 지우개보다 많습니다. ➡ 5는 4보다 큽니다.

❷ 지우개는 연필보다 적습니다. ➡ 4는 5보다 작습니다.

[1~4] 그림을 보고 더 많이 있는 것에 ○표 하시오.

1

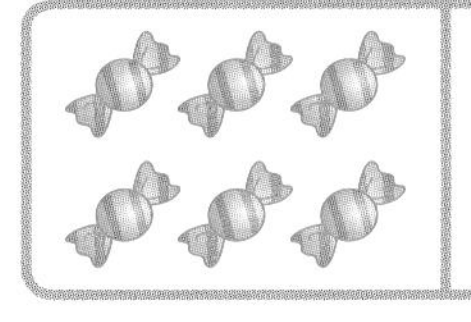

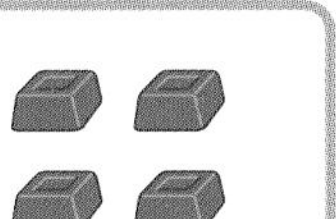

2

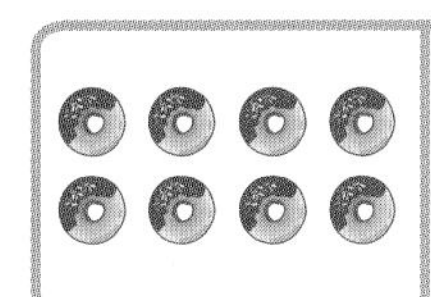

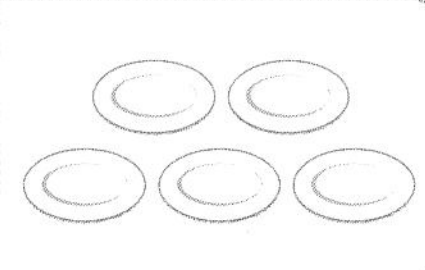

3

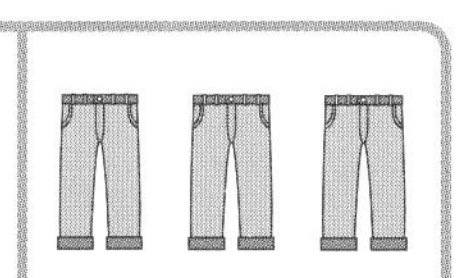

4

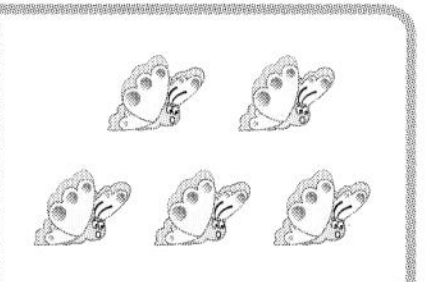

[5~8] 더 작은 수에 ○표 하시오.

5

6	5

6

4	7

7

1	2

8

9	8

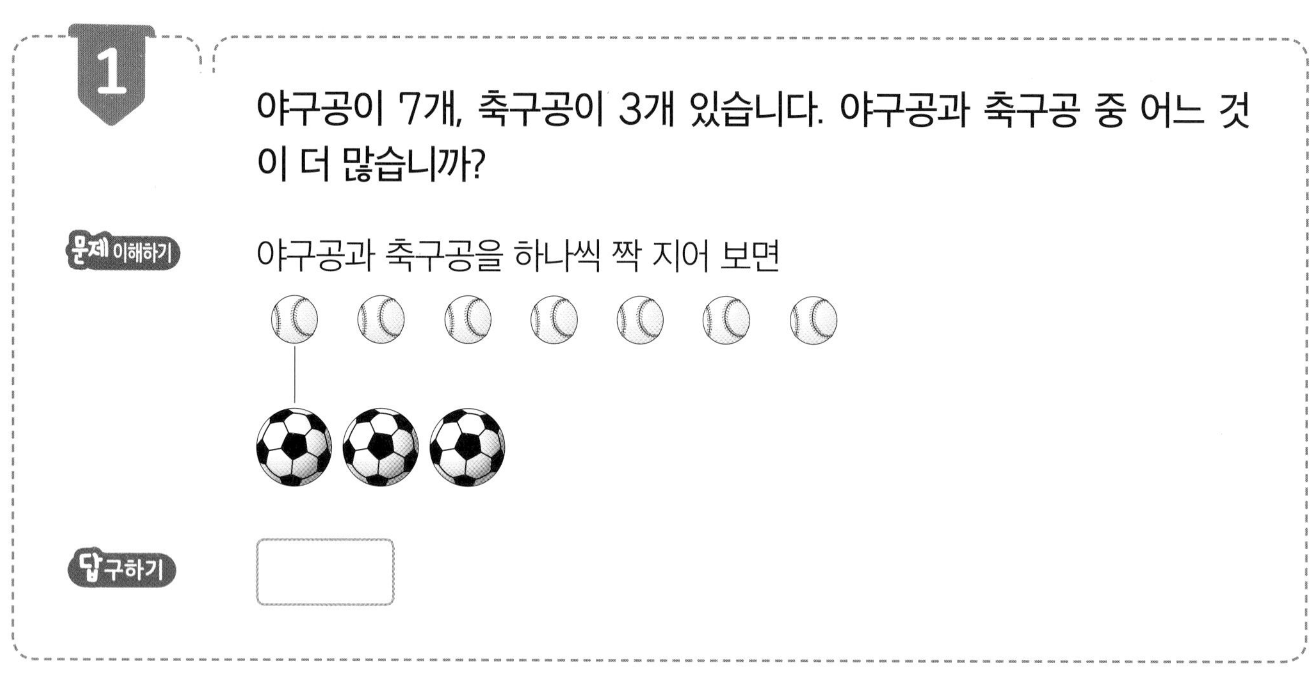

1 야구공이 7개, 축구공이 3개 있습니다. 야구공과 축구공 중 어느 것이 더 많습니까?

문제 이해하기 야구공과 축구공을 하나씩 짝 지어 보면

답구하기 □

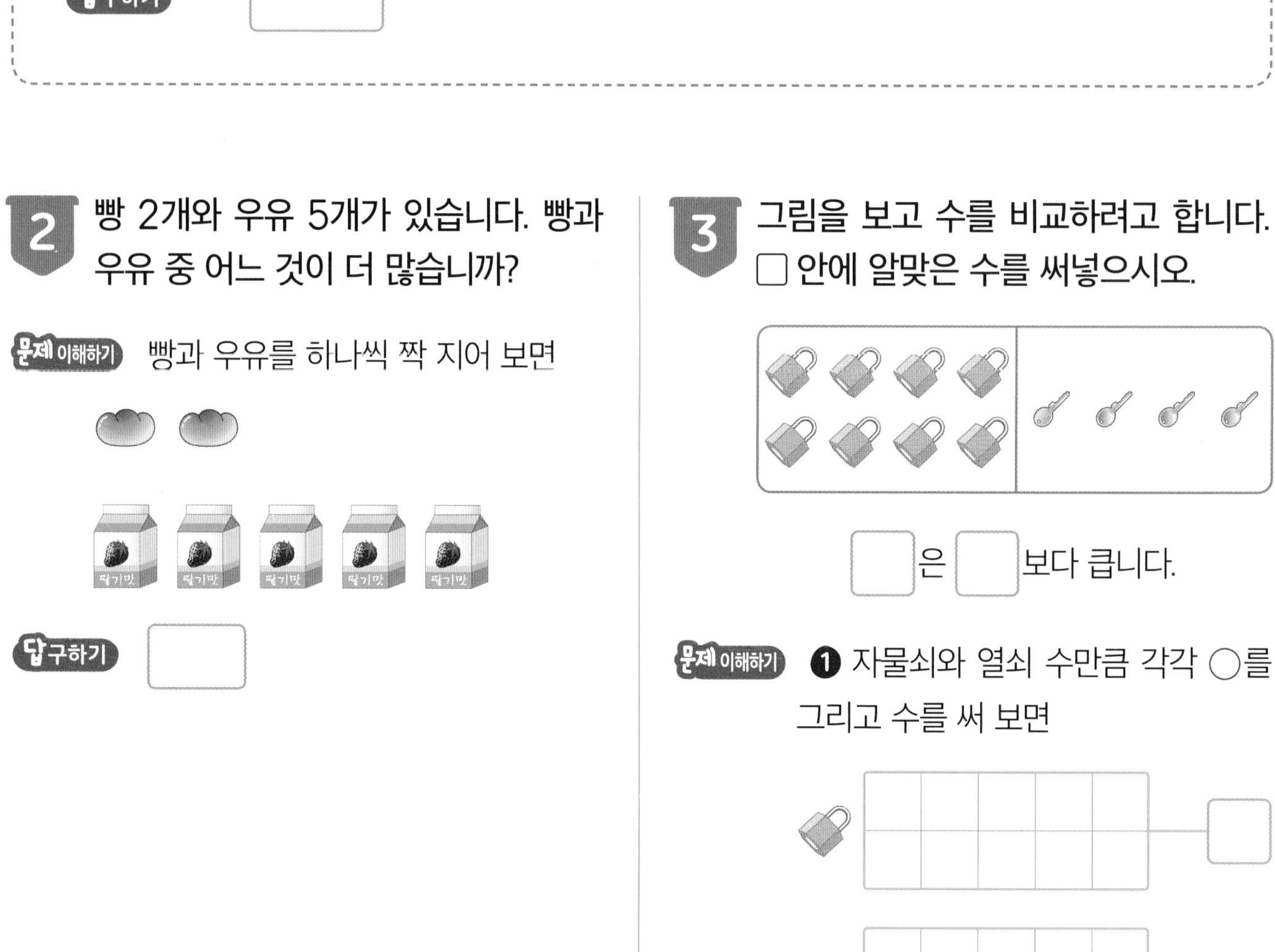

2 빵 2개와 우유 5개가 있습니다. 빵과 우유 중 어느 것이 더 많습니까?

문제 이해하기 빵과 우유를 하나씩 짝 지어 보면

답구하기 □

3 그림을 보고 수를 비교하려고 합니다. □ 안에 알맞은 수를 써넣으시오.

□은 □보다 큽니다.

문제 이해하기 ❶ 자물쇠와 열쇠 수만큼 각각 ○를 그리고 수를 써 보면

❷ 자물쇠는 열쇠보다 (많습니다 , 적습니다).

답구하기 □, □

4

숟가락이 6개, 포크가 9개 있습니다. 숟가락과 포크 중 어느 것이 더 적습니까?

문제 이해하기 숟가락과 포크를 하나씩 짝 지어 보면

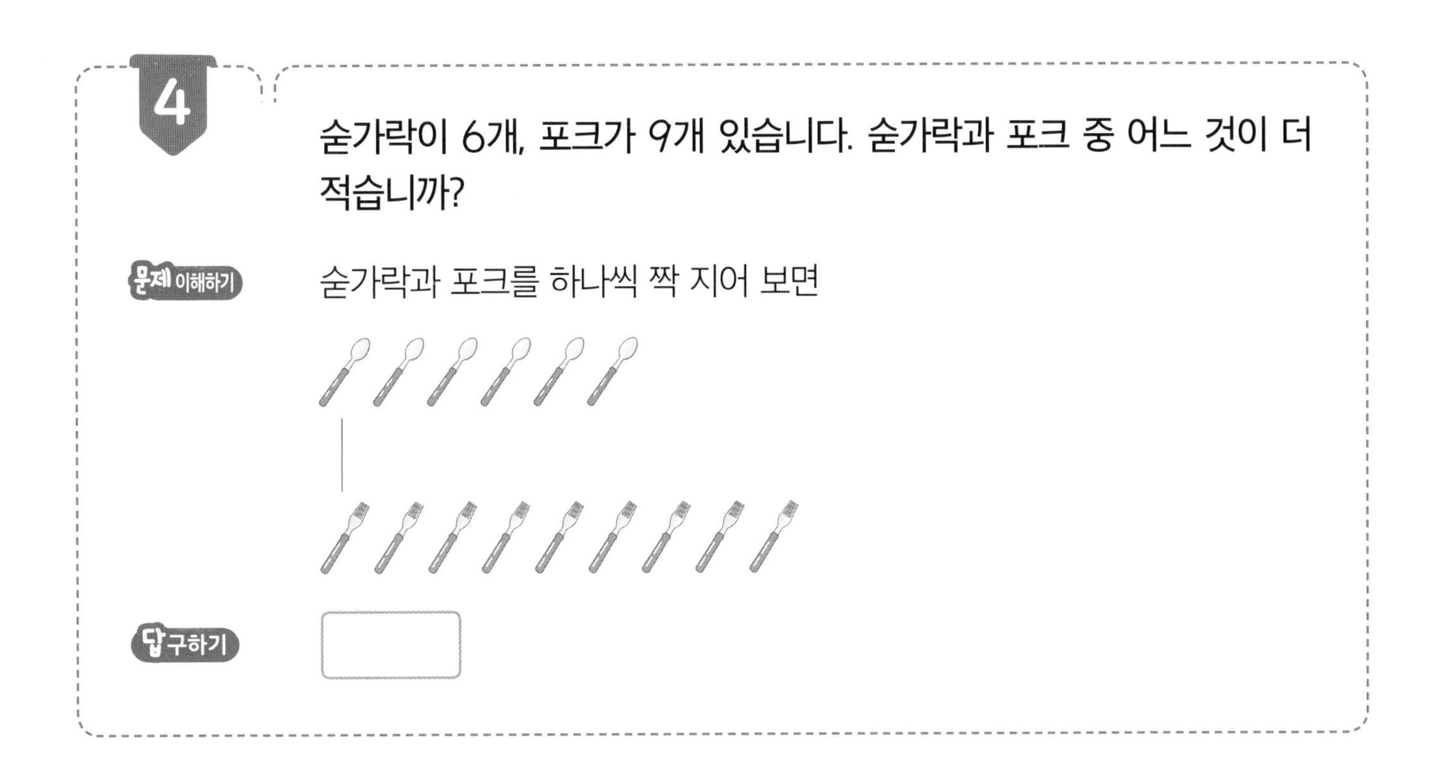

답구하기 ☐

5

운동화가 8켤레, 구두가 3켤레 있습니다. 운동화와 구두 중 어느 것이 더 적습니까?

문제 이해하기 운동화와 구두를 하나씩 짝 지어 보면

답구하기 ☐

6

그림을 보고 수를 비교하려고 합니다. ☐ 안에 알맞은 수를 써넣으시오.

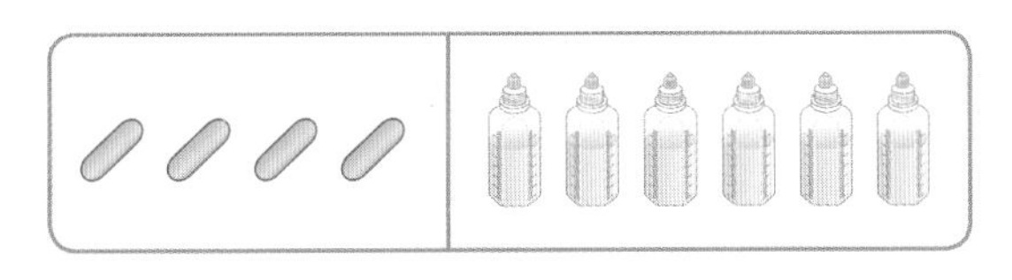

☐는 ☐보다 작습니다.

문제 이해하기 ❶ 알약과 물약 수만큼 각각 ○를 그리고 수를 써 보면

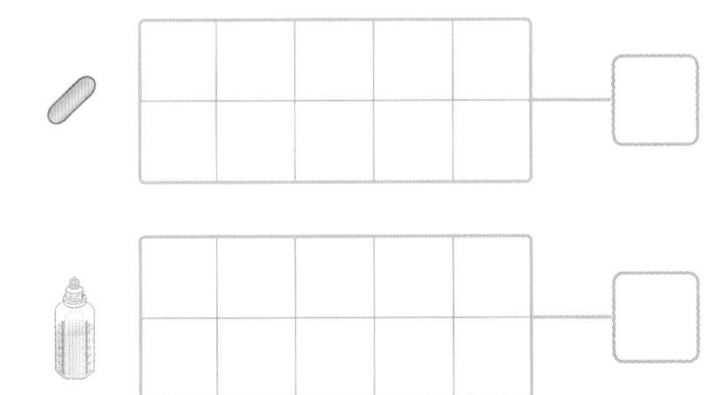

❷ 알약은 물약보다
(많습니다 , 적습니다).

답구하기 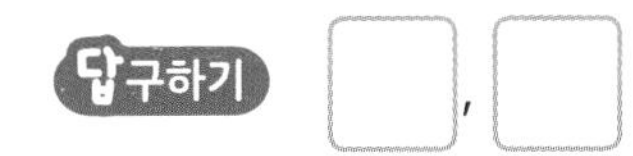

그림 완성하기

그림 카드에 적힌 두 수 중에서 더 큰 수가 적힌 것만 그리려고 해요.
완성된 그림에 ○표 해 보세요.

그림 카드

( ) ( ) ( )

교과서 9까지의 수

수의 크기 비교 ❷

1 바구니에 사과 7개, 귤 4개, 감 8개가 있습니다. 사과, 귤, 감 중에서 가장 많이 있는 과일은 어느 것입니까?

문제 이해하기 사과, 귤, 감 수만큼 각각 ○를 그려 보면

사과										7
귤										4
감										8

○가 가장 많은 것을 찾아봐.

답구하기 ☐

2 동물원에 앵무새 6마리, 부엉이 9마리, 홍학 5마리가 있습니다. 앵무새, 부엉이, 홍학 중에서 가장 적게 있는 동물은 어느 것입니까?

문제 이해하기

3

그림을 보고 집, 나무, 강아지의 수 중에서 가장 큰 수를 쓰시오.

문제 이해하기

집, 나무, 강아지 수만큼 각각 ○를 그리고 수를 써 보면

답구하기

4

그림을 보고 오리, 개구리, 연잎의 수 중에서 가장 작은 수를 쓰시오.

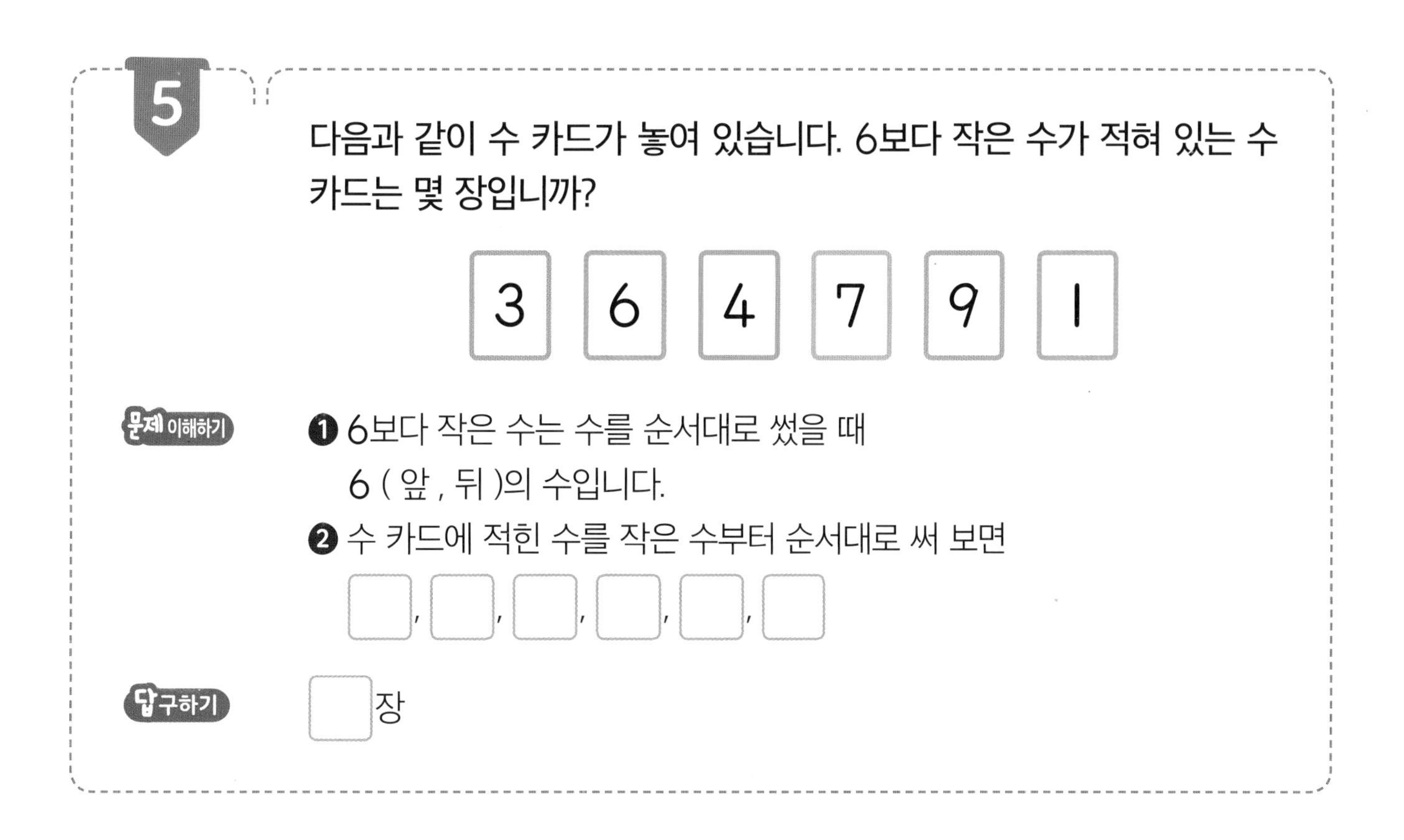

5

다음과 같이 수 카드가 놓여 있습니다. 6보다 작은 수가 적혀 있는 수 카드는 몇 장입니까?

3	6	4	7	9	1

문제 이해하기

❶ 6보다 작은 수는 수를 순서대로 썼을 때
6 (앞 , 뒤)의 수입니다.

❷ 수 카드에 적힌 수를 작은 수부터 순서대로 써 보면
☐, ☐, ☐, ☐, ☐, ☐

답 구하기

☐장

6

다음과 같이 수 카드가 놓여 있습니다. 4보다 큰 수가 적혀 있는 수 카드는 몇 장입니까?

5	8	6	2	9	4

문제 이해하기

답 구하기

정답 확인

오늘 나의 실력은?

부모님 확인

카드 게임에서 이긴 사람은?

민지, 하진이, 소영이가 카드 게임을 하고 있어요.
가장 큰 수가 적힌 카드를 낸 사람이 이기는 게임이에요.
친구들은 자신이 가지고 있는 카드 중에서 가장 큰 수가 적힌 카드를 내려고 해요. 친구들이 낼 카드와 카드 게임에서 이긴 친구에게 ○표 해 보세요.

교과서 9까지의 수

단원 마무리

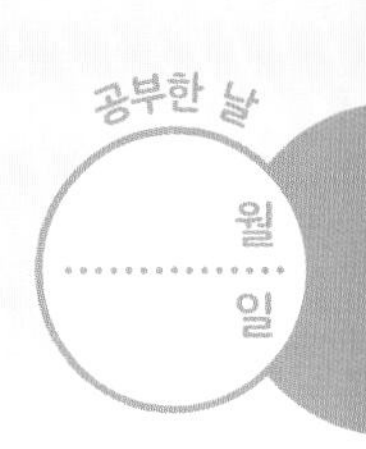

01 빵을 주어진 수만큼 색칠하고, 색칠하지 않은 빵의 수를 쓰시오.

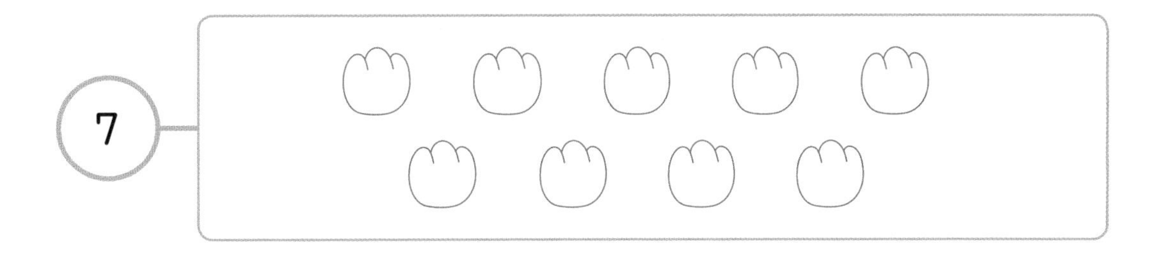

02 친구들이 동요에 맞춰 율동을 하고 있습니다. 다음은 율동 순서로, 손으로 가리켜야 하는 각 몸의 부위입니다. 친구들이 앞에서 넷째로 가리키는 곳은 어디일까요?

머리 – 어깨 – 무릎 – 발 – 무릎 – 발

03 나타내는 수가 다른 하나를 찾아 기호를 쓰시오.

㉠ 

㉡ 

㉢ 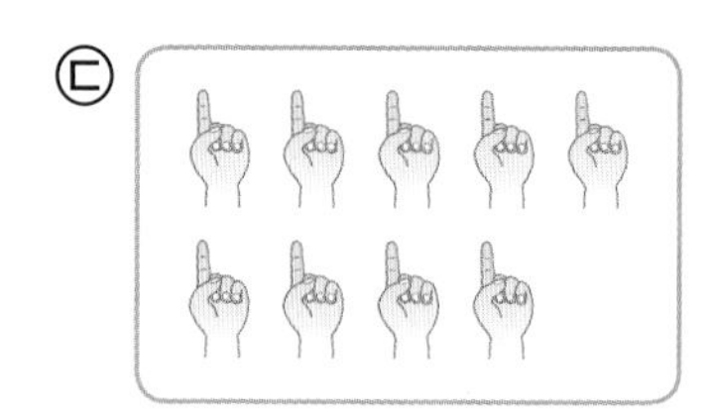

04 ♥ 모양 붙임 딱지를 붙인 사물함이 윤지의 사물함입니다. 윤지의 사물함 번호는 몇 번입니까?

05 왼쪽에서 다섯째에 있는 수 카드에 적힌 수보다 1 큰 수는 무엇입니까?

4	1	8	5	3	0	6

06

윤희네 반 학생들의 모습입니다. 윤희는 위에서 둘째, 오른쪽에서 둘째에 있는 친구와 놀이터에 갔습니다. 윤희가 놀이터에 함께 간 친구는 누구입니까?

07

채영이와 동혁이는 달리기를 하고 있습니다. 채영이는 앞에서 넷째, 뒤에서 다섯째로 달리고, 동혁이는 뒤에서 셋째로 달리고 있습니다. 동혁이는 앞에서 몇째로 달리고 있습니까?

08

윤주는 올해 6살입니다. 선호는 윤주보다 1살 더 많습니다. 민율이는 선호보다 1살 더 많습니다. 민율이는 몇 살입니까?

09 서은이는 책의 제목에 가장 작은 수가 들어 있는 책을 읽으려고 합니다. 서은이가 읽어야 하는 책의 제목은 무엇입니까?

10 다음을 모두 만족하는 수를 구하시오.

- 4와 8 사이에 있는 수입니다.
- 6보다 작은 수입니다.

정답 확인  오늘 나의 실력은? 부모님 확인

덧셈과 뺄셈

이렇게 배우고 있어요!

배운 내용

[누리 과정]
- 구체물을 가지고 더하고 빼기

단원 내용

- 9까지의 수 모으기와 가르기
- 덧셈 상황 이해하기
- 한 자리 수의 덧셈
- 뺄셈 상황 이해하기
- 한 자리 수의 뺄셈

배울 내용

[1-1]
- 19까지의 수 모으기와 가르기

[1-2]
- 세 수의 덧셈과 뺄셈

학습 계획 세우기

공부할 내용에 대한 계획을 세우고, 학습해 보아요!

		학습 계획일
3주 1일	9까지의 수 모으기 ❶	월 일
3주 2일	9까지의 수 모으기 ❷	월 일
3주 3일	9까지의 수 가르기 ❶	월 일
3주 4일	9까지의 수 가르기 ❷	월 일
3주 5일	이야기 만들기_덧셈	월 일
4주 1일	합이 9까지인 수의 덧셈 ❶	월 일
4주 2일	합이 9까지인 수의 덧셈 ❷	월 일
4주 3일	이야기 만들기_뺄셈	월 일
4주 4일	한 자리 수의 뺄셈 ❶	월 일
4주 5일	한 자리 수의 뺄셈 ❷	월 일
5주 1일	덧셈과 뺄셈하기 ❶	월 일
5주 2일	덧셈과 뺄셈하기 ❷	월 일
5주 3일	연속해서 계산하기	월 일
5주 4일	□의 값 구하기 ❶	월 일
5주 5일	□의 값 구하기 ❷	월 일
6주 1일	계산 결과의 크기 비교	월 일
6주 2일	단원 마무리	월 일

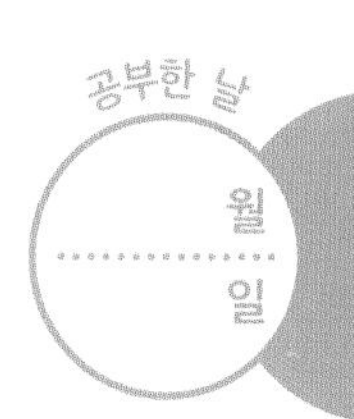

교과서 덧셈과 뺄셈

9까지의 수 모으기 ①

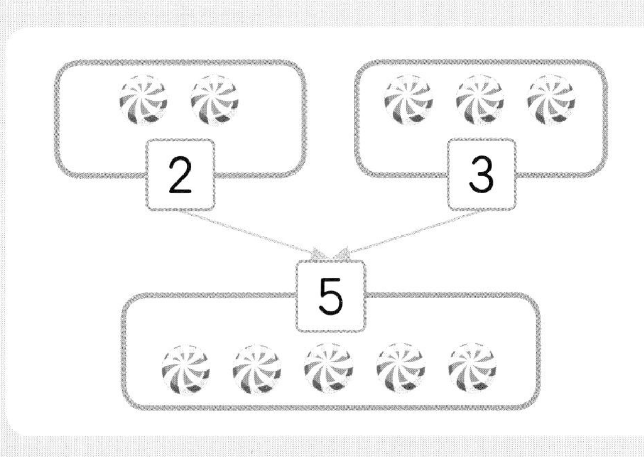

사탕 2개와 3개를 모으기 하면 5개가 되므로
2와 3을 모으기 하면 5가 됩니다.

빈칸에 알맞은 수를 써넣으시오.

1

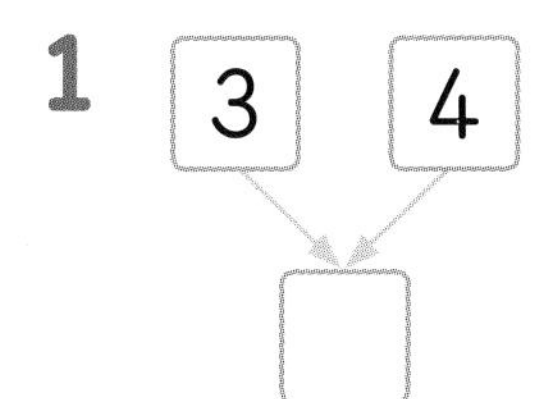

2

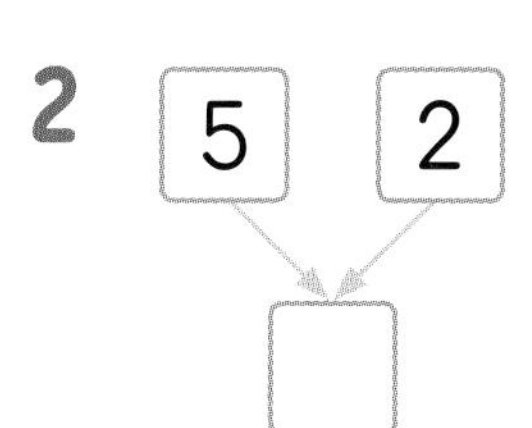

3 1, 3 → □

4

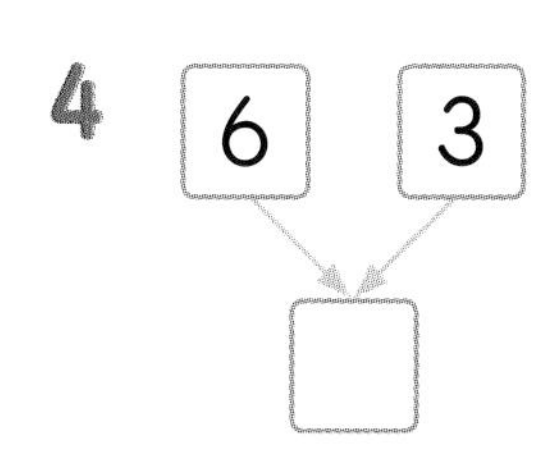

5 4, □ → 9

6 7, □ → 8

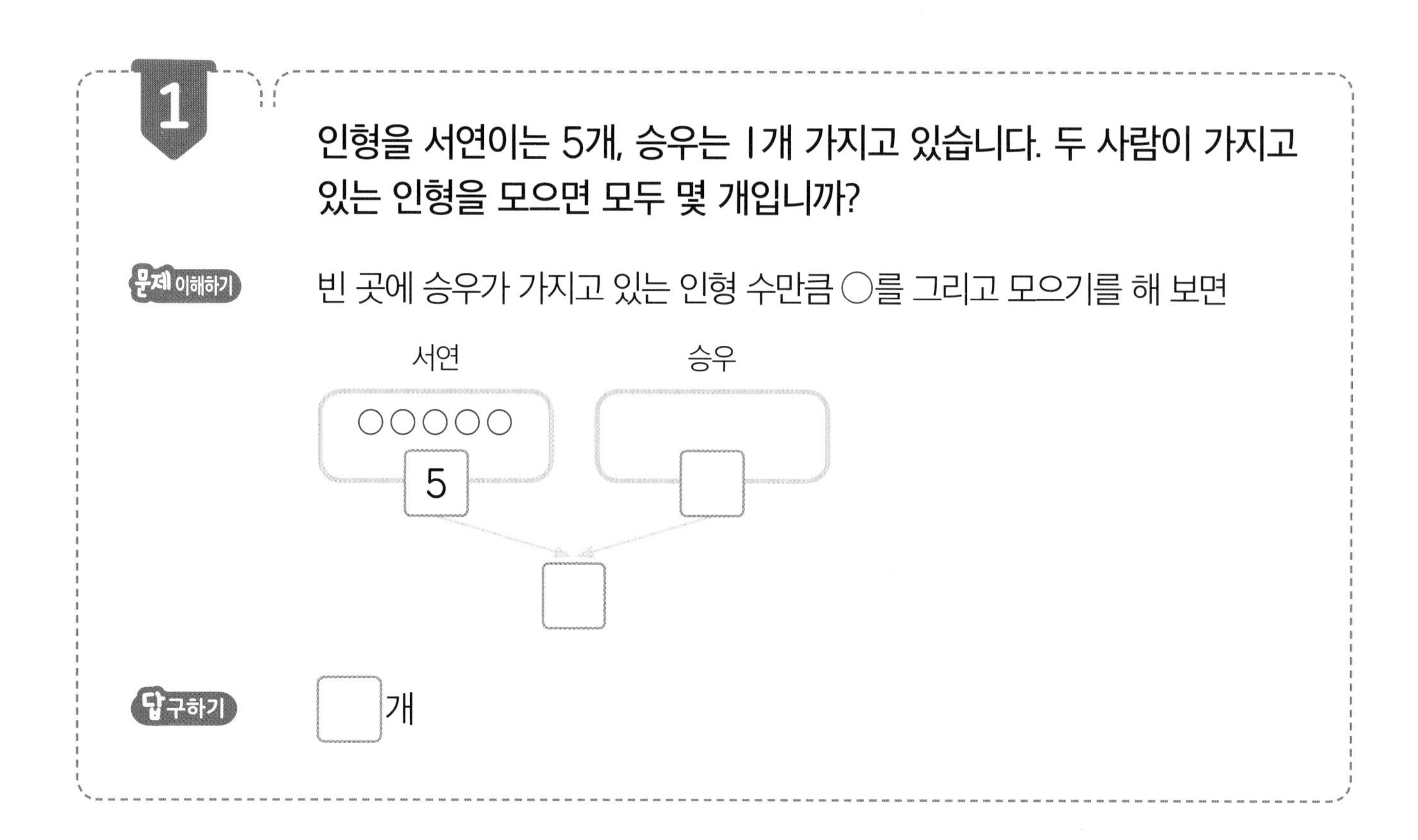

1 인형을 서연이는 5개, 승우는 1개 가지고 있습니다. 두 사람이 가지고 있는 인형을 모으면 모두 몇 개입니까?

문제 이해하기 빈 곳에 승우가 가지고 있는 인형 수만큼 ○를 그리고 모으기를 해 보면

답구하기 □개

2 머리핀을 연아는 2개, 민희는 3개 꽂고 있습니다. 두 사람이 꽂은 머리핀을 모으면 모두 몇 개입니까?

문제 이해하기 빈 곳에 연아와 민희가 꽂고 있는 머리핀 수만큼 각각 ○를 그리고 모으기를 해 보면

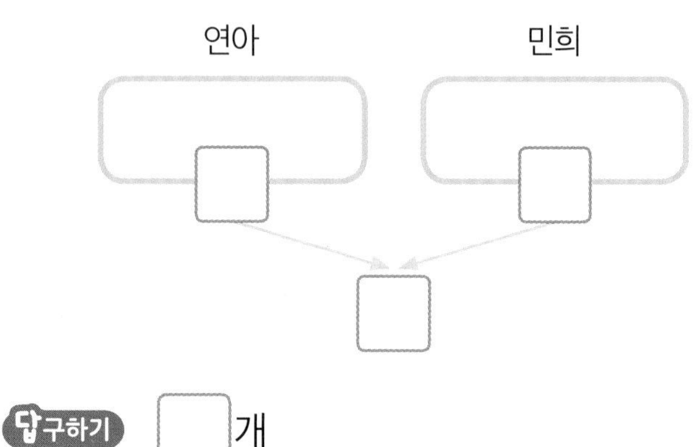

답구하기 □개

3 윤하는 빨간색 공깃돌을 4개, 초록색 공깃돌을 4개 가지고 있습니다. 윤하가 가지고 있는 공깃돌을 모으면 모두 몇 개입니까?

문제 이해하기 빈 곳에 알맞은 공깃돌 수만큼 각각 ○를 그리고 모으기를 해 보면

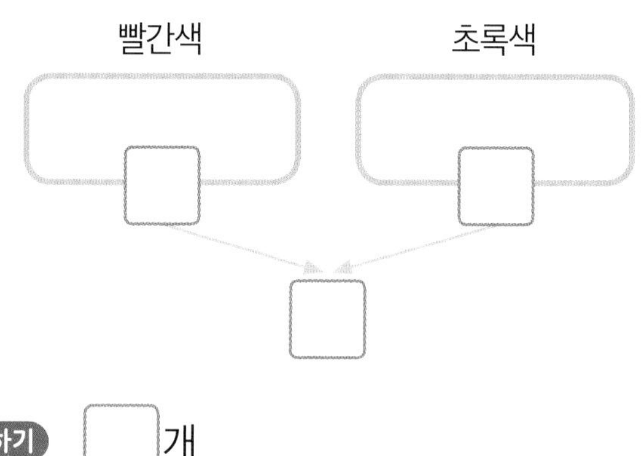

답구하기 □개

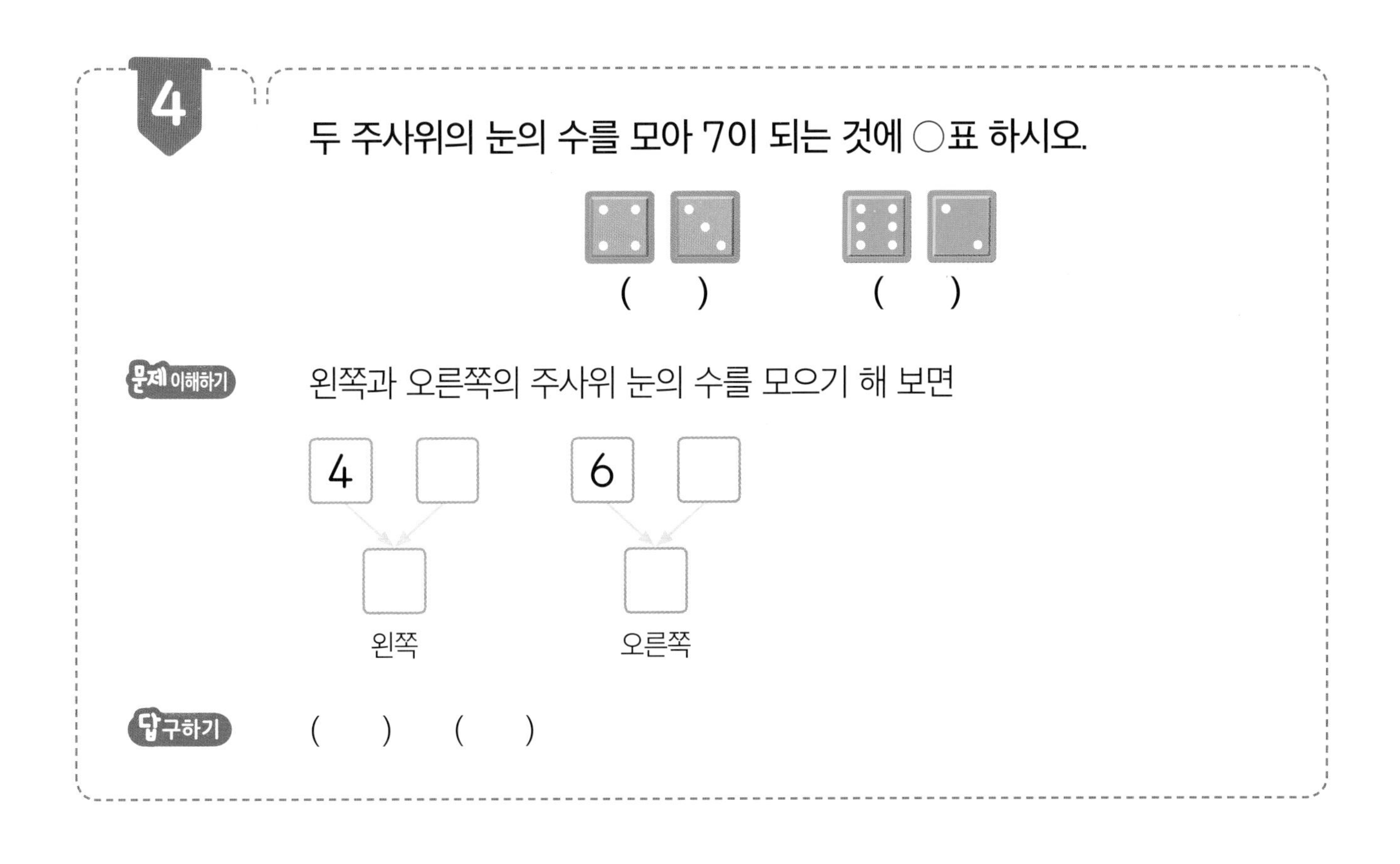

4

두 주사위의 눈의 수를 모아 7이 되는 것에 ○표 하시오.

( )　( )

문제 이해하기 왼쪽과 오른쪽의 주사위 눈의 수를 모으기 해 보면

4 □ → □ 왼쪽

6 □ → □ 오른쪽

답구하기 ( ) ( )

5

두 주사위의 눈의 수를 모아 9가 되는 것에 ○표 하시오.

( )　( )

문제 이해하기 왼쪽과 오른쪽의 주사위 눈의 수를 모으기 해 보면

□ □ → □ 왼쪽

□ □ → □ 오른쪽

답구하기 ( ) ( )

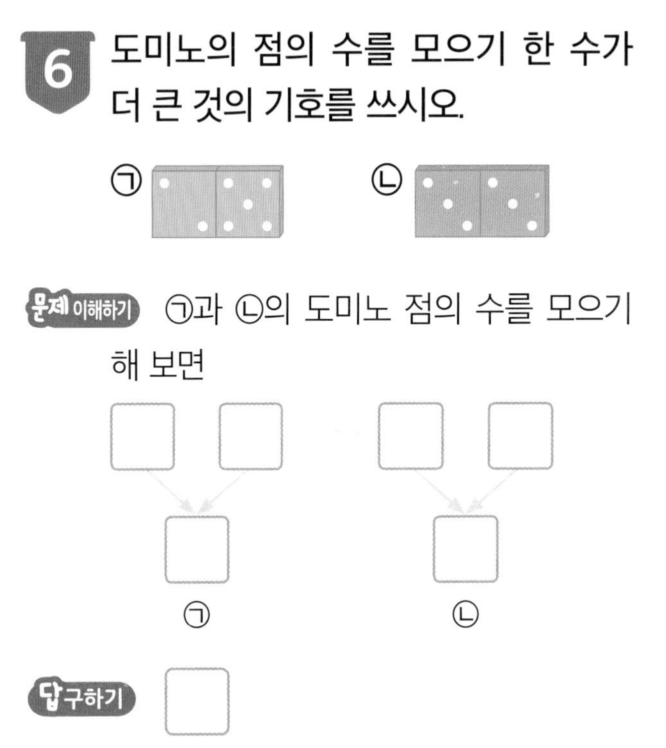

6

도미노의 점의 수를 모으기 한 수가 더 큰 것의 기호를 쓰시오.

㉠　㉡

문제 이해하기 ㉠과 ㉡의 도미노 점의 수를 모으기 해 보면

□ □ → □ ㉠

□ □ → □ ㉡

답구하기 □

왕개미는 어디로?

개미들이 저녁을 먹기 위해 각자 집으로 모이고 있어요.
왕개미는 개미가 가장 적게 있는 집에 가서 함께 저녁을 먹으려고 해요.
개미 가족의 수를 빈칸에 적고, 왕돌이네, 개돌이네, 미돌이네 중 왕개미가 저녁을 먹을 집에 ○표 해 보세요.

교과서 덧셈과 뺄셈

9까지의 수 모으기 ②

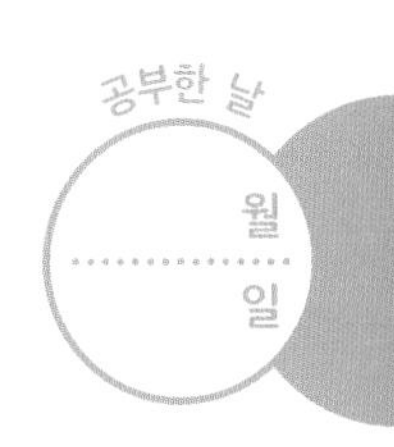

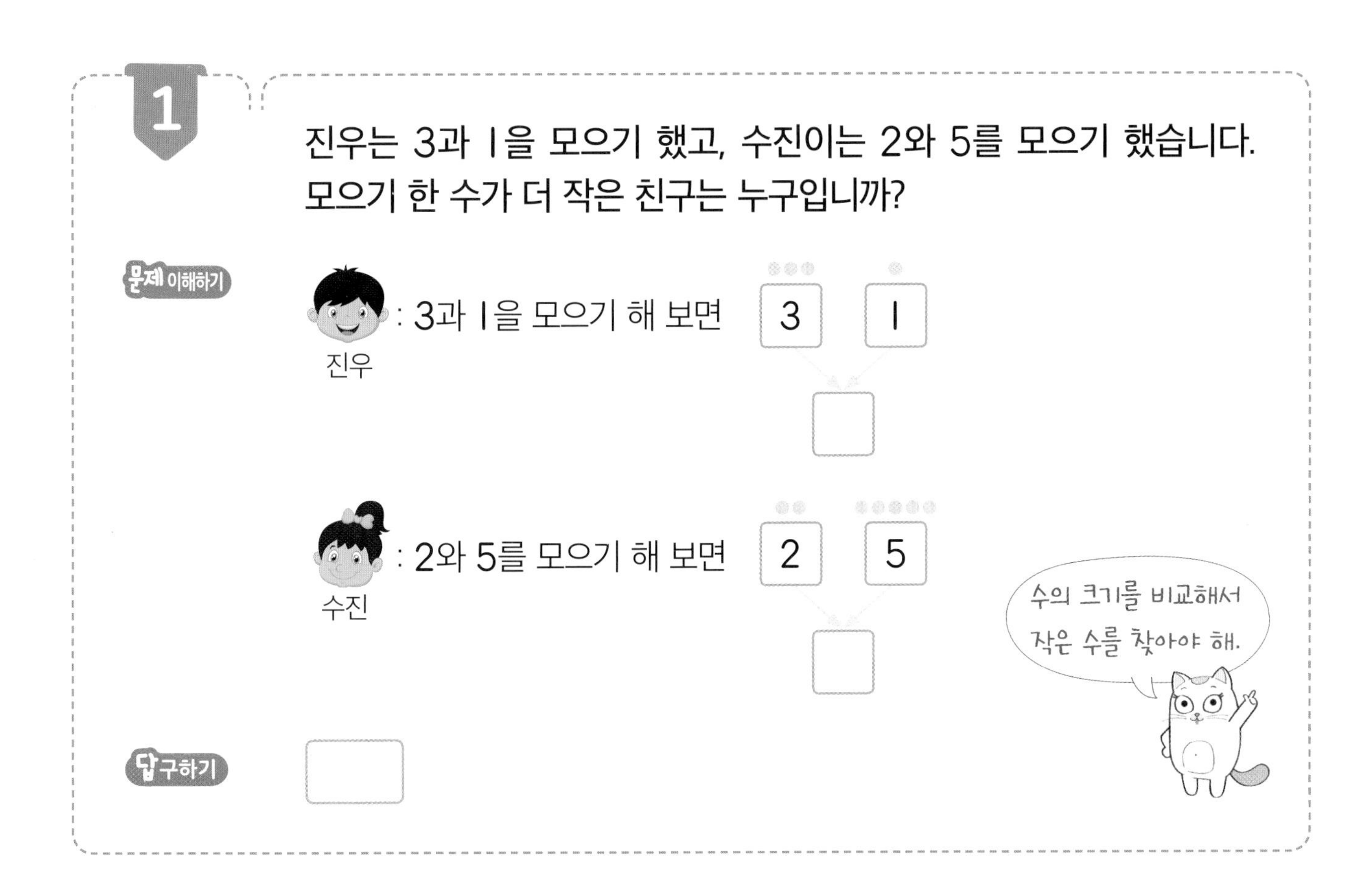

1
진우는 3과 1을 모으기 했고, 수진이는 2와 5를 모으기 했습니다.
모으기 한 수가 더 작은 친구는 누구입니까?
문제 이해하기
: 3과 1을 모으기 해 보면
3
1
진우
: 2와 5를 모으기 해 보면
2
5
수진
수의 크기를 비교해서
작은 수를 찾아야 해.
답구하기

2

혜인이는 2와 2를 모으기 했고, 지호는 1과 4를 모으기 했습니다.
모으기 한 수가 더 큰 친구는 누구입니까?

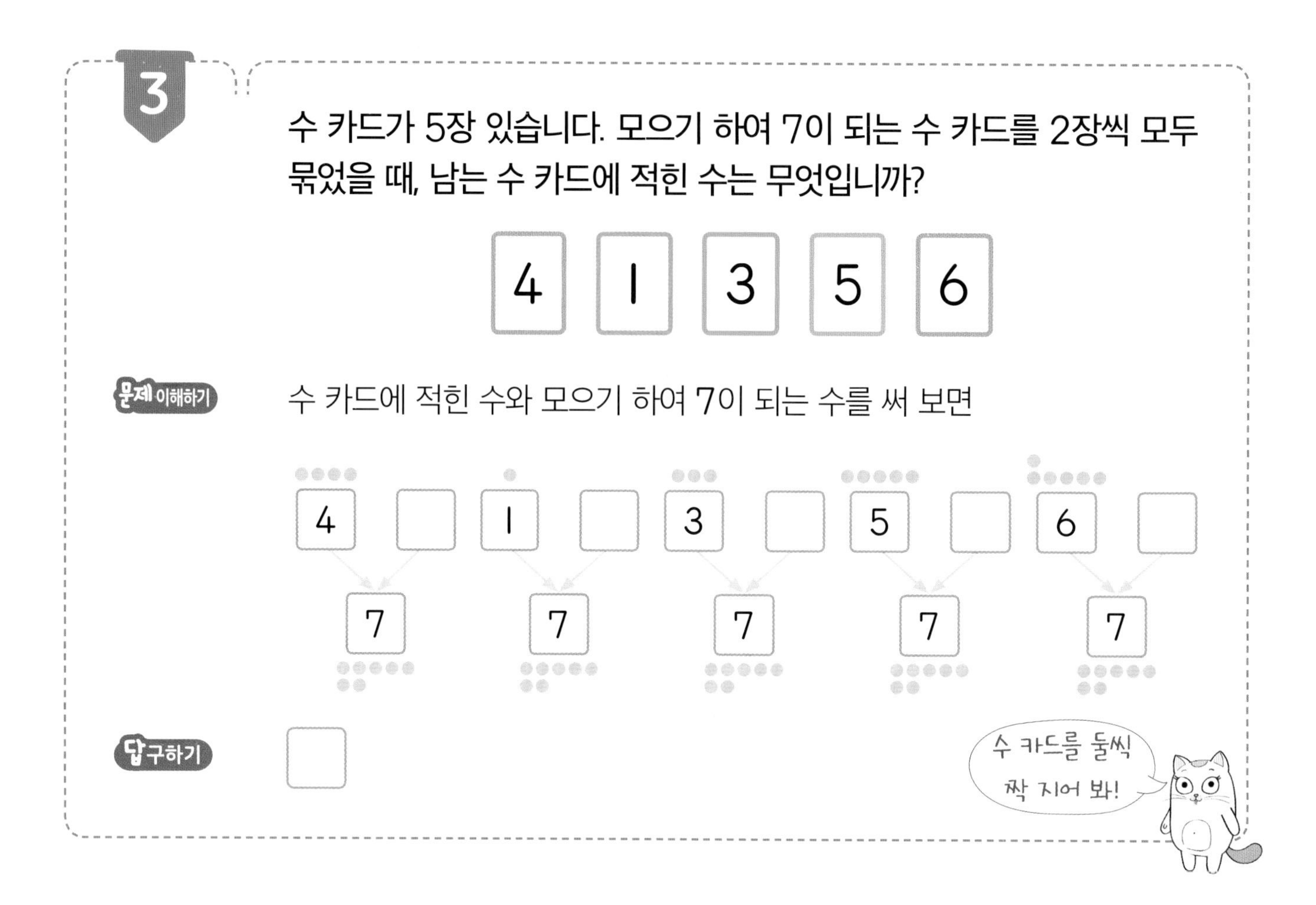

3 수 카드가 5장 있습니다. 모으기 하여 7이 되는 수 카드를 2장씩 모두 묶었을 때, 남는 수 카드에 적힌 수는 무엇입니까?

4 1 3 5 6

문제 이해하기 수 카드에 적힌 수와 모으기 하여 7이 되는 수를 써 보면

4 □ → 7, 1 □ → 7, 3 □ → 7, 5 □ → 7, 6 □ → 7

답 구하기 □

4 수 카드가 5장 있습니다. 모으기 하여 8이 되는 수 카드를 2장씩 모두 묶었을 때, 남는 수 카드에 적힌 수는 무엇입니까?

3 7 2 1 5

문제 이해하기

답 구하기

5

모으기를 하여 6이 되는 두 수를 ⬭로 묶어 보시오.

1	5	3
3	1	3
3	4	2

문제 이해하기

모으기를 하여 6이 되는 두 수를 써 보면

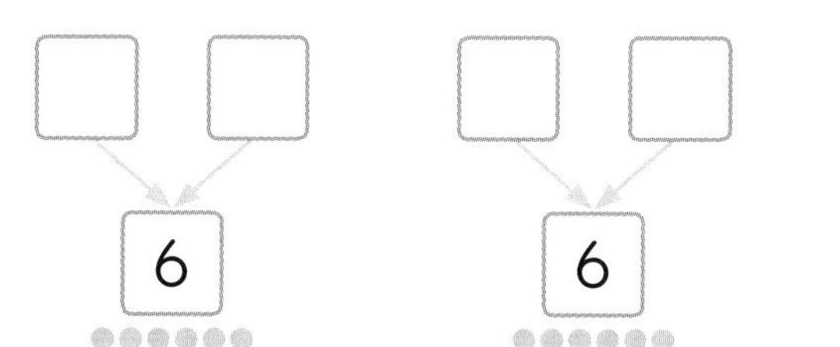

답 구하기

1	5	3
3	1	3
3	4	2

모으기를 하여 6이 되는 경우를 표에서 전부 찾아봐.

6

모으기를 하여 9가 되는 두 수를 ⬭로 묶어 보시오.

4	2	7
5	1	3
3	6	1

문제 이해하기

답 구하기

정답 확인

오늘 나의 실력은?

부모님 확인

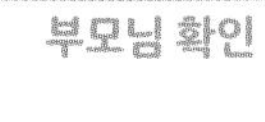

색칠하기 놀이

빨강, 노랑, 파랑에 각각 수를 정했어요.
주황, 초록, 보라는 각각 이웃한 두 수를 모으기 한 수로 정했어요.
그림에 적혀 있는 수에 해당하는 색으로 색칠해 주세요.

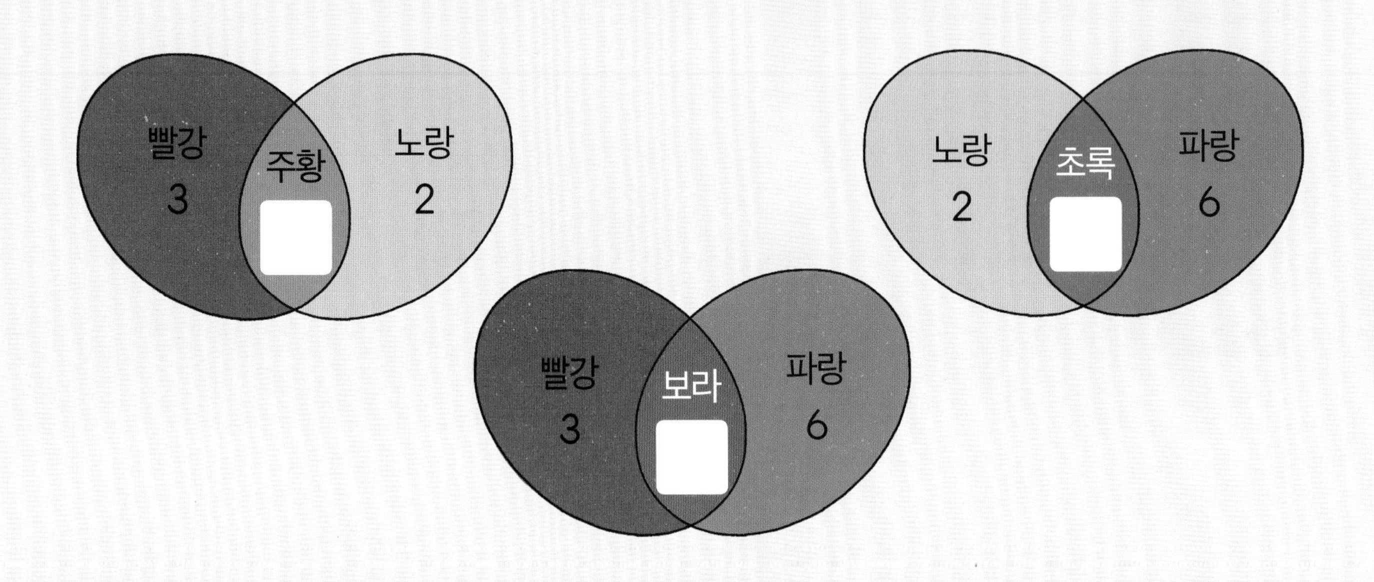

교과서 덧셈과 뺄셈

9까지의 수 가르기 ①

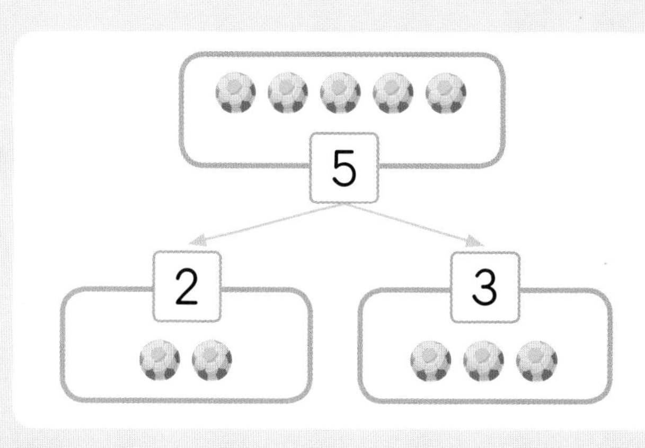

공 5개를 2개와 3개로 가르기 할 수 있으므로
5는 2와 3으로 가르기 할 수 있습니다.

실력 확인하기

빈칸에 알맞은 수를 써넣으시오.

1

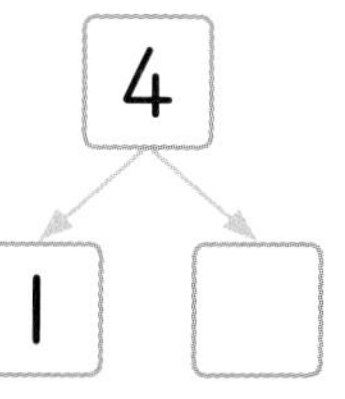

2

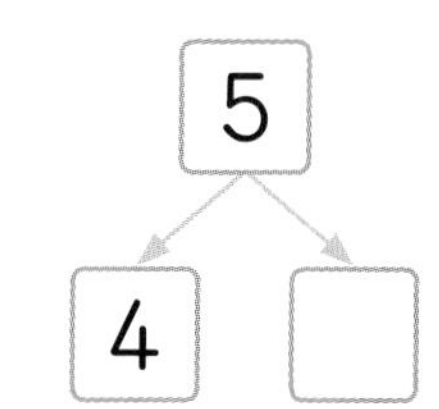

3

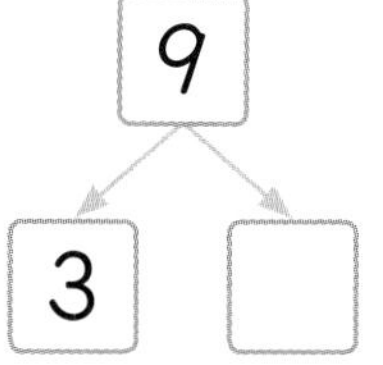

4

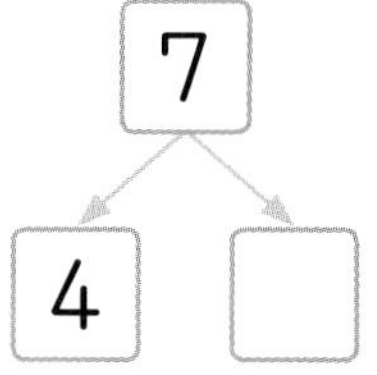

5

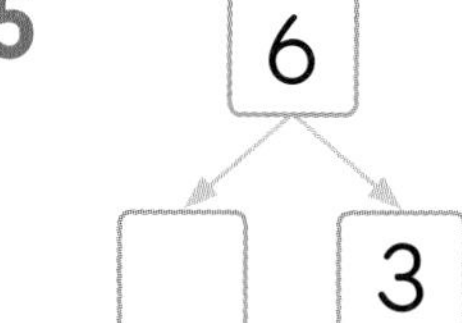

6

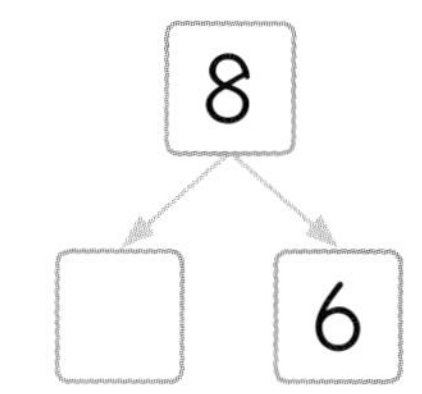

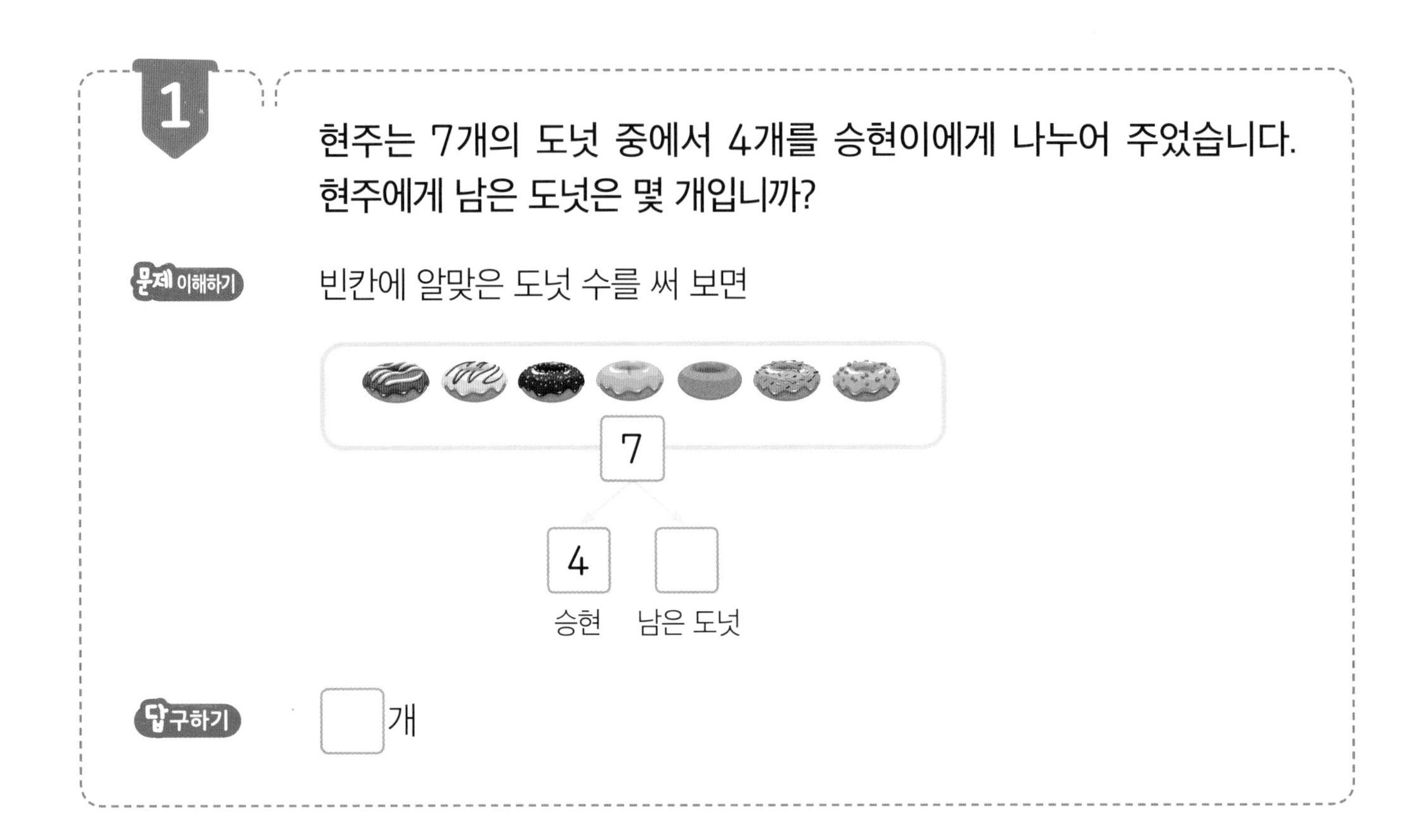

1 현주는 7개의 도넛 중에서 4개를 승현이에게 나누어 주었습니다. 현주에게 남은 도넛은 몇 개입니까?

문제 이해하기 빈칸에 알맞은 도넛 수를 써 보면

답 구하기 ☐개

2 지윤이는 연필 4자루 중에서 3자루를 동생에게 나누어 주었습니다. 지윤이에게 남은 연필은 몇 자루입니까?

문제 이해하기 빈칸에 알맞은 연필 수를 써 보면

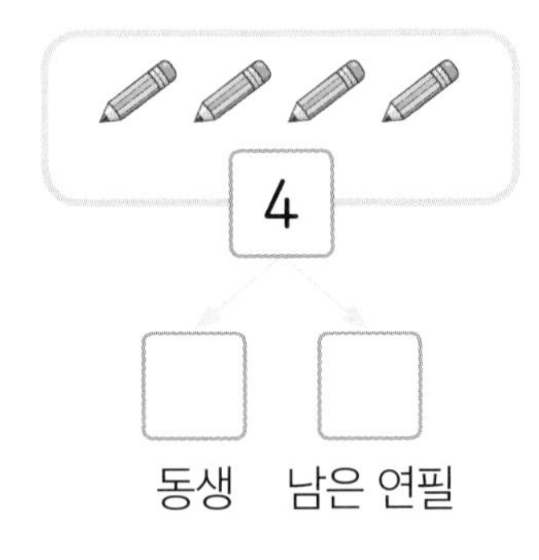

답 구하기 ☐자루

3 지훈이는 구슬 9개를 양손에 나누어 쥐었습니다. 왼손에 5개를 쥐었다면 오른손에는 몇 개를 쥐었습니까?

문제 이해하기 빈칸에 알맞은 구슬 수를 써 보면

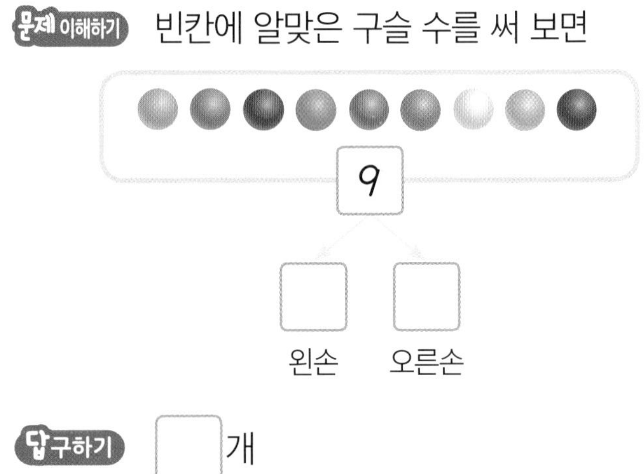

답 구하기 ☐개

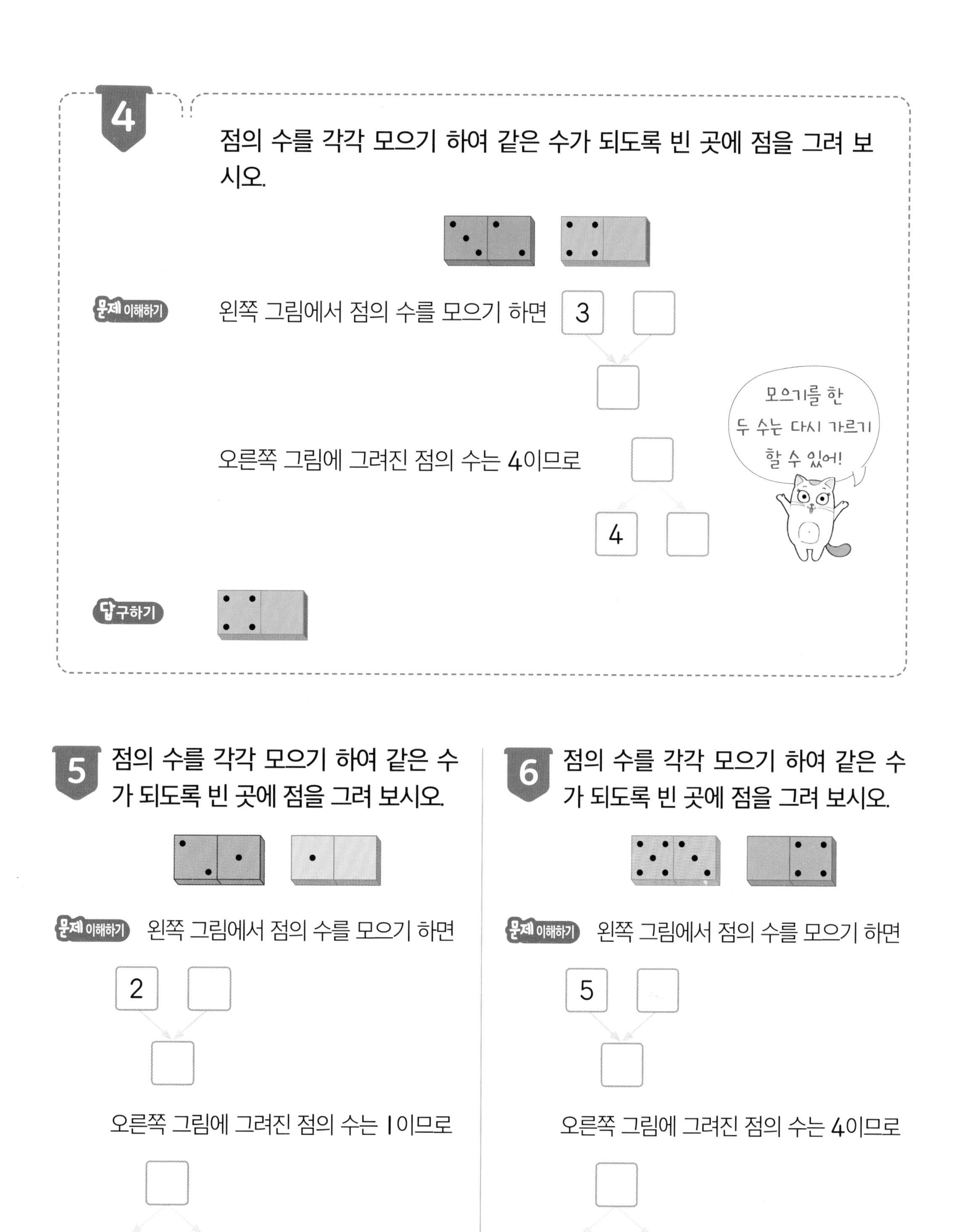

4 점의 수를 각각 모으기 하여 같은 수가 되도록 빈 곳에 점을 그려 보시오.

문제 이해하기 왼쪽 그림에서 점의 수를 모으기 하면 3 □ → □

오른쪽 그림에 그려진 점의 수는 4이므로 □ → 4 □

모으기를 한
두 수는 다시 가르기
할 수 있어!

답구하기

5 점의 수를 각각 모으기 하여 같은 수가 되도록 빈 곳에 점을 그려 보시오.

문제 이해하기 왼쪽 그림에서 점의 수를 모으기 하면

2 □ → □

오른쪽 그림에 그려진 점의 수는 1이므로

□ → 1 □

답구하기

6 점의 수를 각각 모으기 하여 같은 수가 되도록 빈 곳에 점을 그려 보시오.

문제 이해하기 왼쪽 그림에서 점의 수를 모으기 하면

5 □ → □

오른쪽 그림에 그려진 점의 수는 4이므로

□ → □ 4

답구하기

정답 확인
오늘 나의 실력은?
부모님 확인

이상한 피라미드

가르기를 하면 피라미드가 완성되어요.
빈칸에 알맞은 수를 넣어 피라미드를 완성해 주세요.

교과서 덧셈과 뺄셈

9까지의 수 가르기 ②

1

그림을 보고 두 가지 방법으로 가르기를 하시오.

9 → □ □ 9 → □ □

문제 이해하기

❶ 책가방과 신발주머니로 나누어 가르기를 할 수 있습니다.

❷ □과 □으로 나누어 가르기를 할 수 있습니다.

답구하기

9 → □ □ 9 → □ □

여러 가지 방법으로 가르기를 할 수 있어!

2

그림을 보고 두 가지 방법으로 가르기를 하시오.

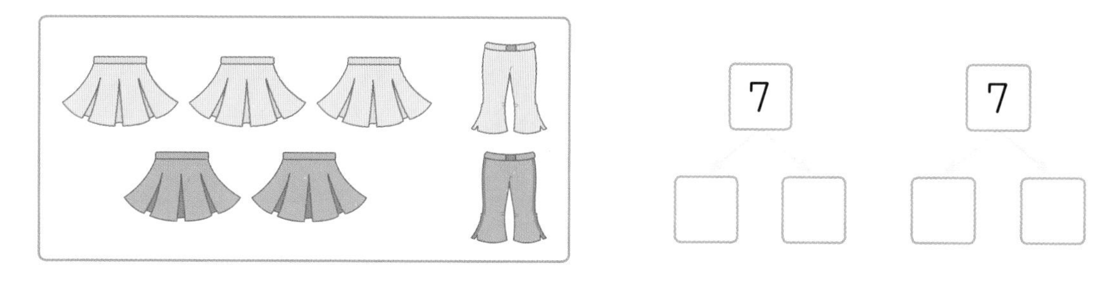

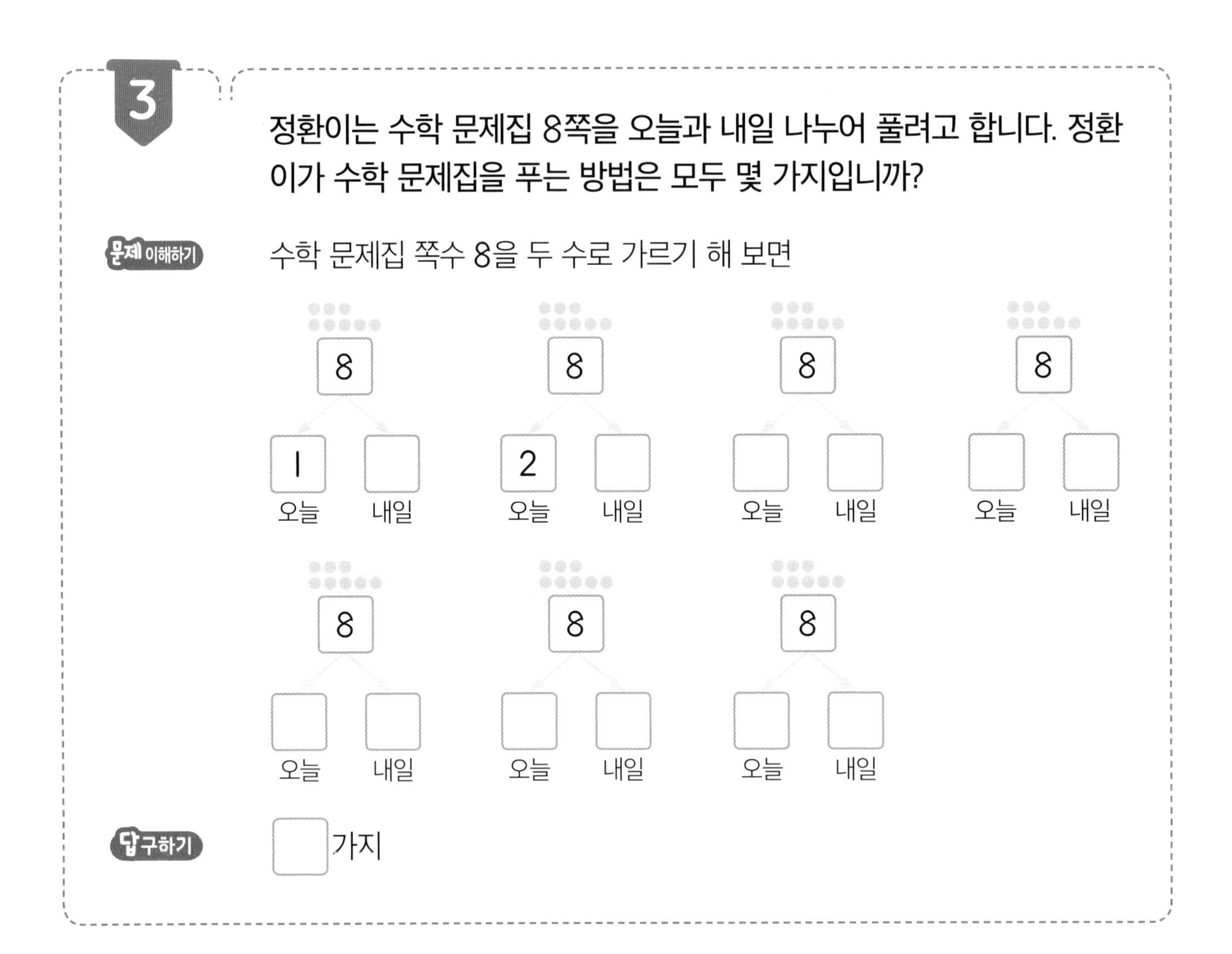

정환이는 수학 문제집 8쪽을 오늘과 내일 나누어 풀려고 합니다. 정환이가 수학 문제집을 푸는 방법은 모두 몇 가지입니까?

문제 이해하기

수학 문제집 쪽수 8을 두 수로 가르기 해 보면

답구하기

☐ 가지

현지는 떡 7개를 동생과 나누어 먹으려고 합니다. 현지가 떡을 나누어 먹는 방법은 모두 몇 가지입니까?

문제 이해하기

5

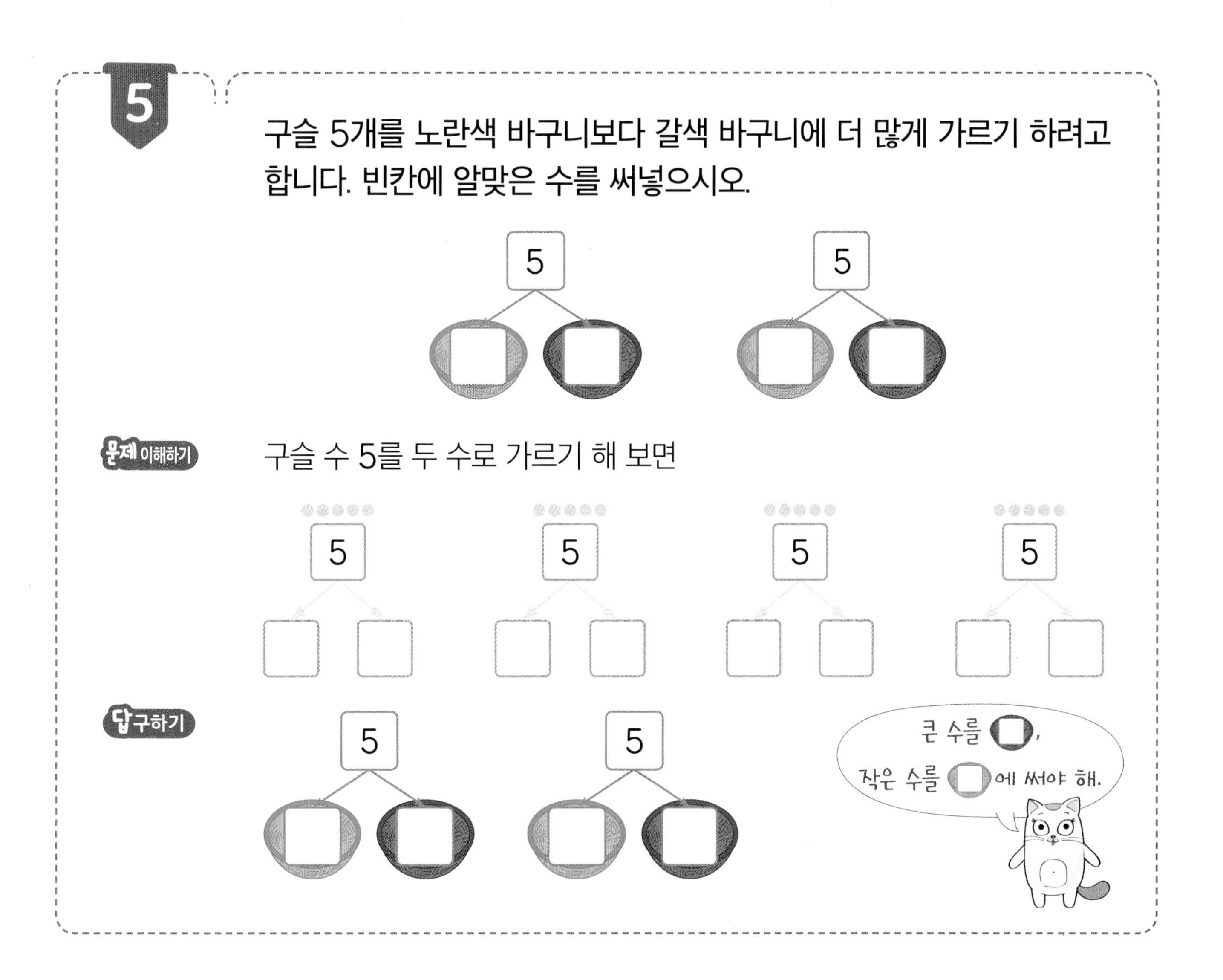

구슬 5개를 노란색 바구니보다 갈색 바구니에 더 많게 가르기 하려고 합니다. 빈칸에 알맞은 수를 써넣으시오.

문제 이해하기 구슬 수 5를 두 수로 가르기 해 보면

답구하기

6

빵 6개를 연두색 접시보다 분홍색 접시에 더 많게 가르기 하려고 합니다. 빈칸에 알맞은 수를 써넣으시오.

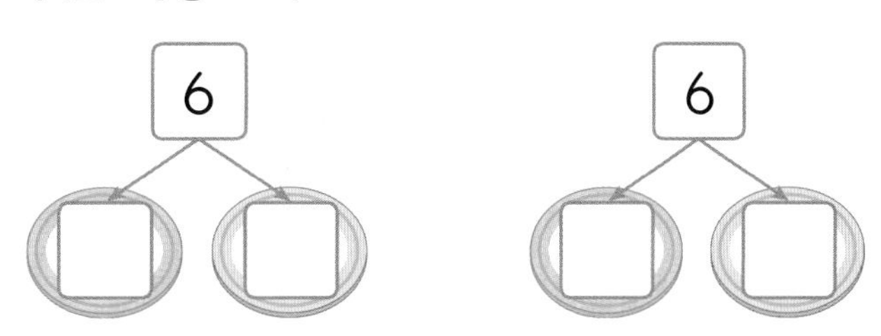

정답 확인 | 오늘 나의 실력은? | 부모님 확인

개미와 베짱이

배고픈 베짱이가 개미네 집에 찾아갔어요.
개미는 베짱이에게 빵 9개를 나눠 먹자고 했어요.
베짱이가 개미보다 하나 더 많이 먹을 수 있도록 빵을 나누려고 해요.
개미는 베짱이에게 빵을 몇 개 줄지 써 보세요.

고마워.
개미야.
베짱이야.
빵 □ 개를
너에게 줄게.

교과서 덧셈과 뺄셈

이야기 만들기_덧셈

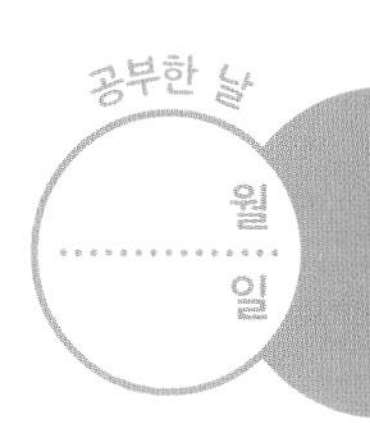

그림을 보고 더하는 상황의 이야기를 만들어 보면

➡ 남자 어린이가 들고 있는 풍선은 3개, 여자 어린이가 들고 있는 풍선은 4개이므로 풍선은 모두 7개입니다.

실력 확인하기

그림을 보고 더하는 상황에 알맞은 이야기에 ○표 하시오.

(1) 우산을 쓴 어린이는 5명, 우비를 입은 어린이는 2명이므로 우산을 쓴 어린이가 3명 더 많습니다. (　　)

(2) 우산을 쓴 어린이가 5명, 우비를 입은 어린이가 2명이므로 어린이는 모두 7명입니다. (　　)

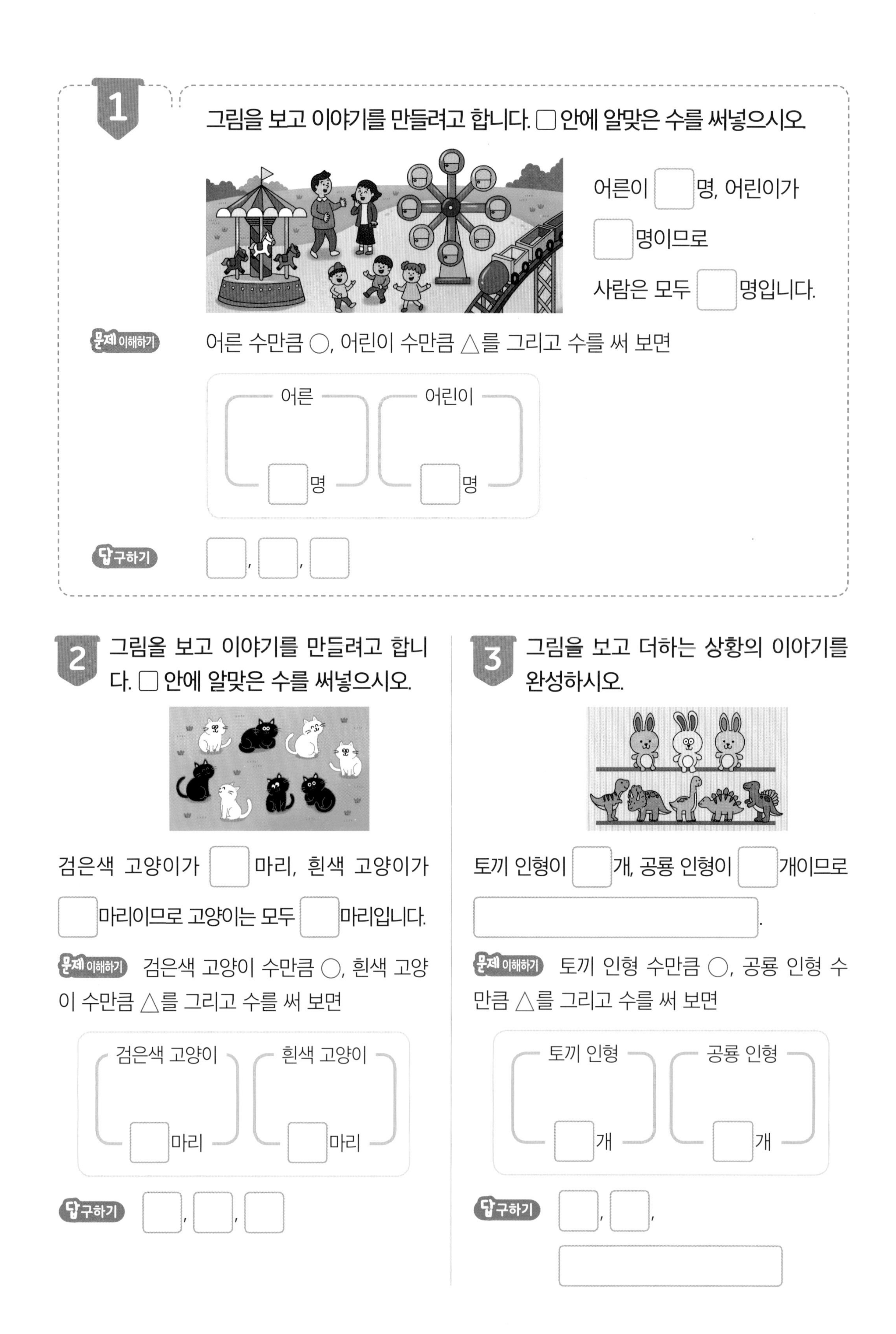

1 그림을 보고 이야기를 만들려고 합니다. □ 안에 알맞은 수를 써넣으시오.

어른이 □명, 어린이가 □명이므로 사람은 모두 □명입니다.

문제 이해하기 어른 수만큼 ○, 어린이 수만큼 △를 그리고 수를 써 보면

어른 □명 | 어린이 □명

답 구하기 □, □, □

2 그림을 보고 이야기를 만들려고 합니다. □ 안에 알맞은 수를 써넣으시오.

검은색 고양이가 □마리, 흰색 고양이가 □마리이므로 고양이는 모두 □마리입니다.

문제 이해하기 검은색 고양이 수만큼 ○, 흰색 고양이 수만큼 △를 그리고 수를 써 보면

검은색 고양이 □마리 | 흰색 고양이 □마리

답 구하기 □, □, □

3 그림을 보고 더하는 상황의 이야기를 완성하시오.

토끼 인형이 □개, 공룡 인형이 □개이므로 □.

문제 이해하기 토끼 인형 수만큼 ○, 공룡 인형 수만큼 △를 그리고 수를 써 보면

토끼 인형 □개 | 공룡 인형 □개

답 구하기 □, □, □

4

그림을 보고 이야기를 만들려고 합니다. □ 안에 알맞은 수를 써넣으시오.

염소가 □마리 있었는데

□마리가 더 와서

모두 □마리가 되었습니다.

문제 이해하기 처음에 있던 염소와 더 온 염소 수만큼 ○를 그리고 수를 써 보면

□마리 □마리

답 구하기 □, □, □

5

그림을 보고 이야기를 만들려고 합니다. □ 안에 알맞은 수를 써넣으시오.

어린이가 □명 있었는데 □명이 더 와서

모두 □명이 되었습니다.

문제 이해하기 처음에 있던 어린이와 더 온 어린이 수만큼 ○를 그리고 수를 써 보면

□명 □명

답 구하기 □, □, □

6

그림을 보고 더하는 상황의 이야기를 완성하시오.

비둘기가 □마리 있었는데 □마리가 더 날아와서 □.

문제 이해하기 처음에 있던 비둘기와 더 날아온 비둘기 수만큼 ○를 그리고 수를 써 보면

□마리 □마리

답 구하기 □, □,

□

정답 확인 

오늘 나의 실력은? 

부모님 확인

재미있는
수학
놀이터

설명서 완성하기

다음은 장난감 만들기 설명서예요.
알맞은 숫자를 채워 넣어 설명서를 완성해 보세요.

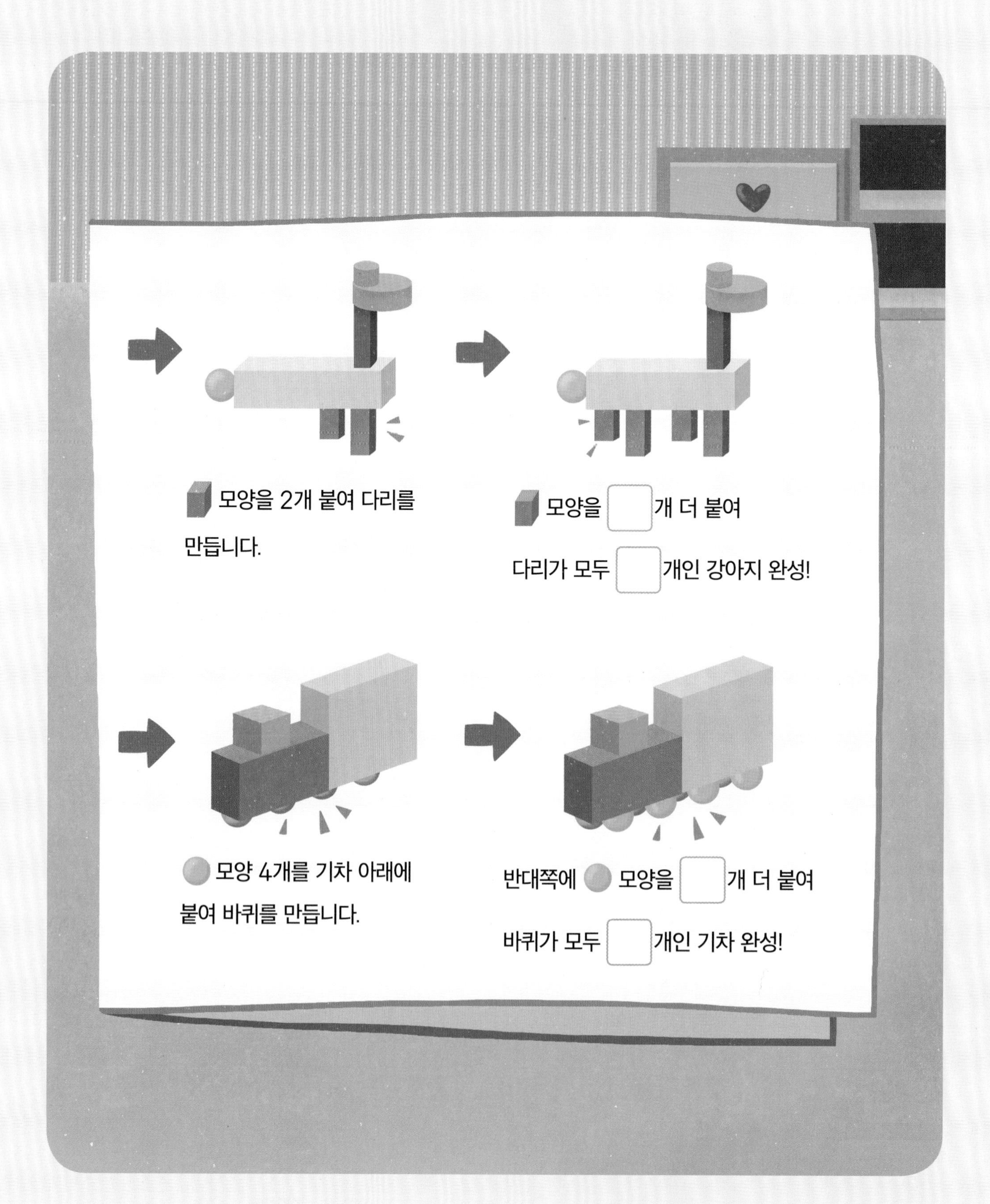

모양을 2개 붙여 다리를
만듭니다.
모양을 개 더 붙여
다리가 모두 개인 강아지 완성!
모양 4개를 기차 아래에
붙여 바퀴를 만듭니다.
반대쪽에 모양을 개 더 붙여
바퀴가 모두 개인 기차 완성!

4주 1일

교과서 덧셈과 뺄셈

합이 9까지인 수의 덧셈 ❶

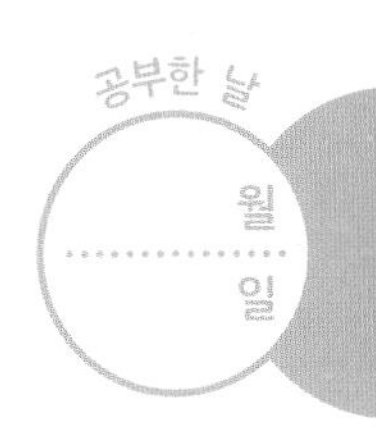

3+1을 계산할 때에는

[방법1] ○를 3개 그리고 이어서 ○를 1개 더 그립니다.

○	○	○	○					

→ 3+1=4

[방법2] 모으기를 이용합니다.

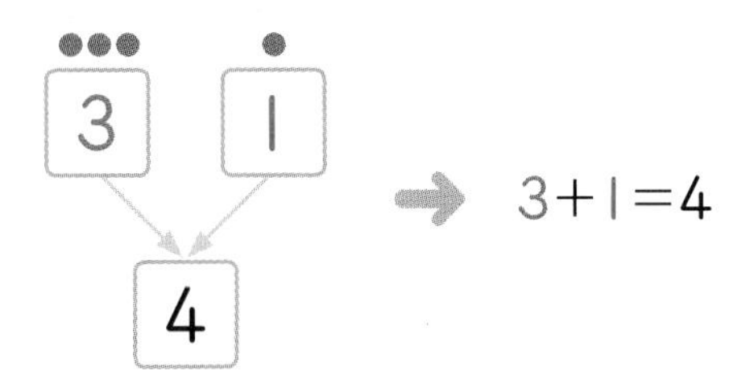

→ 3+1=4

실력 확인하기

덧셈을 하시오.

1 1+5=□

2 2+4=□

3 4+3=□

4 6+2=□

5 7+1=□

6 5+2=□

7 0+6=□

8 9+0=□

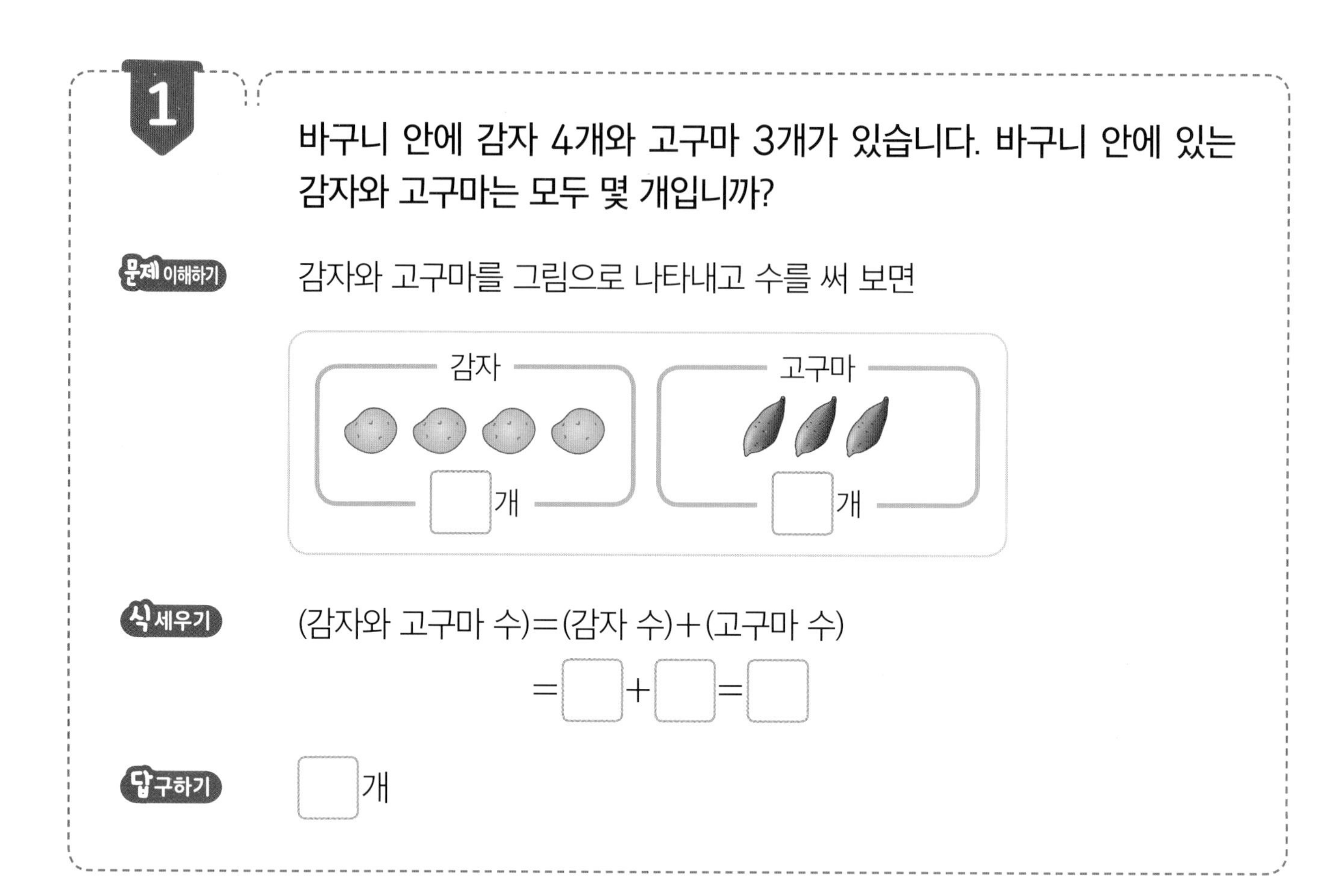

1 바구니 안에 감자 4개와 고구마 3개가 있습니다. 바구니 안에 있는 감자와 고구마는 모두 몇 개입니까?

문제 이해하기 감자와 고구마를 그림으로 나타내고 수를 써 보면

감자 □개　　고구마 □개

식 세우기 (감자와 고구마 수)=(감자 수)+(고구마 수)

=□+□=□

답 구하기 □개

2 꽃병에 장미 2송이와 튤립 2송이가 있습니다. 꽃병에 있는 장미와 튤립은 모두 몇 송이입니까?

문제 이해하기 장미와 튤립을 그림으로 나타내고 수를 써 보면

식 세우기 (장미와 튤립 수)

=(장미 수)+(튤립 수)

=□+□=□

답 구하기 □송이

3 마당에 고양이 1마리, 쥐 5마리가 있습니다. 마당에 있는 고양이와 쥐가 모두 몇 마리인지 구하는 덧셈식을 쓰시오.

문제 이해하기 고양이와 쥐를 그림으로 나타내고 수를 써 보면

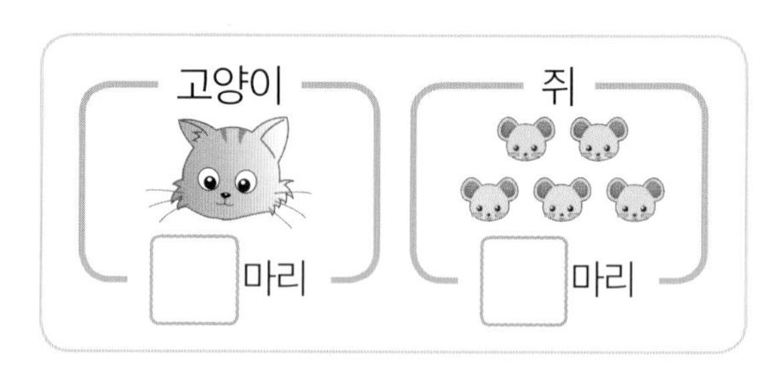

식 세우기 (고양이와 쥐 수)

=(고양이 수)+(쥐 수)

=□+□=□

답 구하기 □+□=□

4

꽃밭에 벌이 6마리 있었는데 2마리가 더 날아왔습니다. 꽃밭에 있는 벌은 모두 몇 마리입니까?

문제 이해하기 꽃밭에 있는 벌을 그림으로 나타내고 수를 써 보면

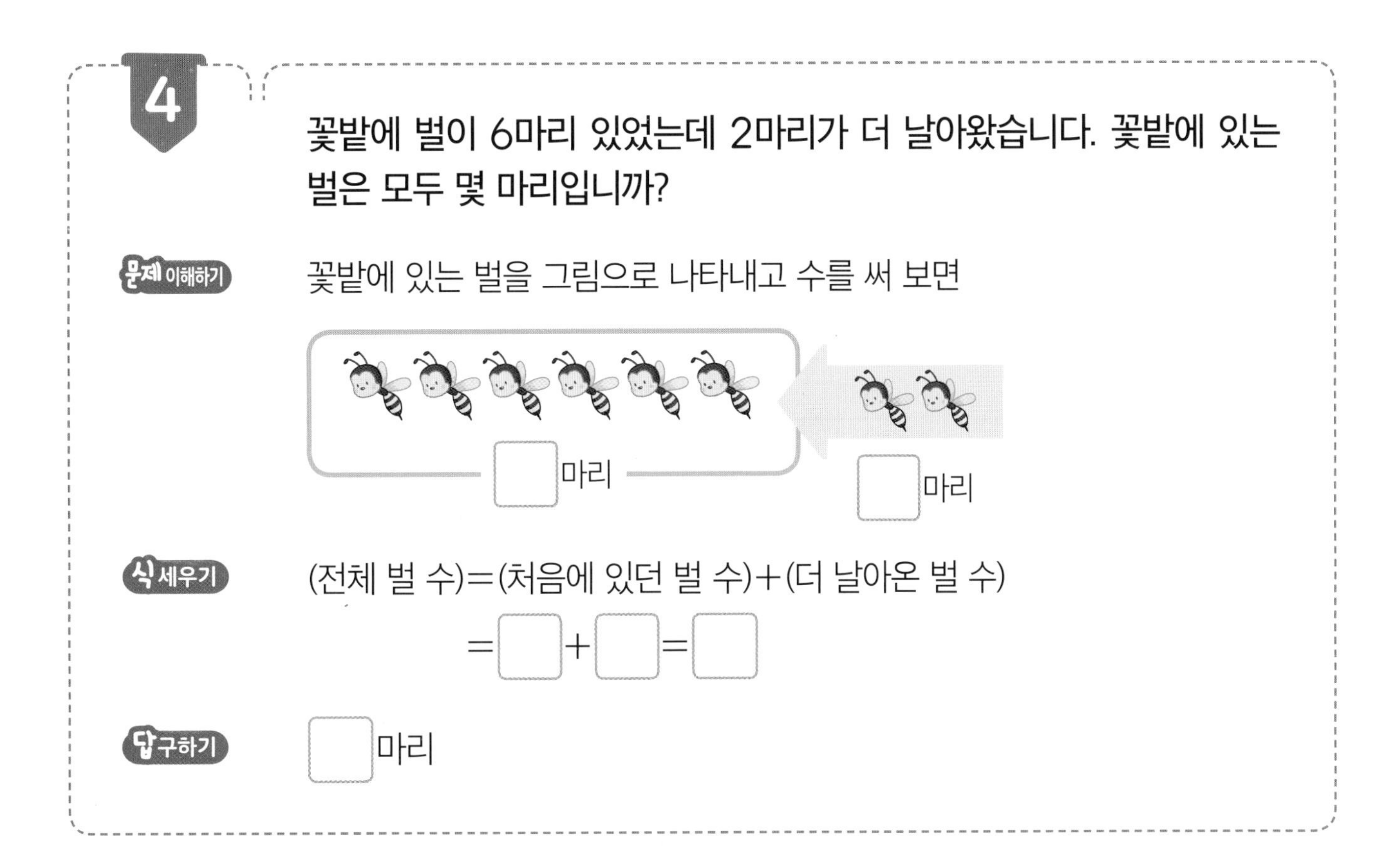

식 세우기 (전체 벌 수)=(처음에 있던 벌 수)+(더 날아온 벌 수)

=□+□=□

답 구하기 □마리

5

교실에 남학생 5명이 있었는데 여학생 4명이 더 왔습니다. 교실에 있는 학생은 모두 몇 명입니까?

문제 이해하기 교실에 있는 학생을 그림으로 나타내고 수를 써 보면

□명 □명

식 세우기 (전체 학생 수)

=(교실에 있던 남학생 수)

+(더 온 여학생 수)

=□+□=□

답 구하기 □명

6

아무것도 없는 어항에 물고기 3마리를 넣었습니다. 어항에 있는 물고기는 모두 몇 마리인지 구하는 덧셈식을 쓰시오.

문제 이해하기 어항에 있는 물고기를 그림으로 나타내고 수를 써 보면

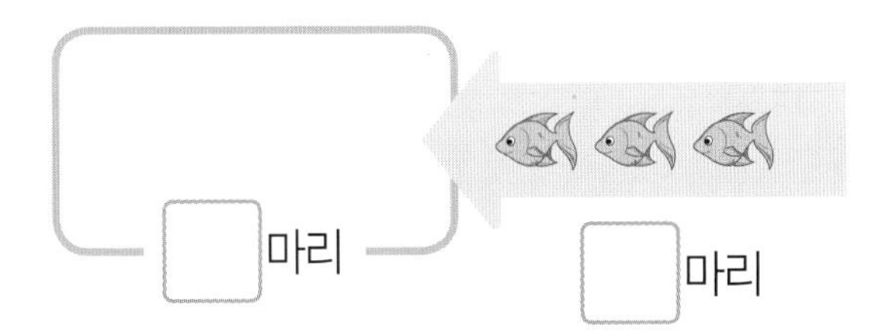

□마리 □마리

식 세우기 (전체 물고기 수)

=(처음에 있던 물고기 수)

+(더 넣은 물고기 수)

=□+□=□

답 구하기 □+□=□

정답 확인  오늘 나의 실력은?  부모님 확인

내 선물은?

나래가 다트 연습장에 갔어요.
다트 두 개를 던져 맞힌 두 수의 합이 점수가 된대요.
점수에 따라 선물을 주는군요. 나래가 받을 선물에 ○표 해 보세요.

교과서 덧셈과 뺄셈

합이 9까지인 수의 덧셈 ❷

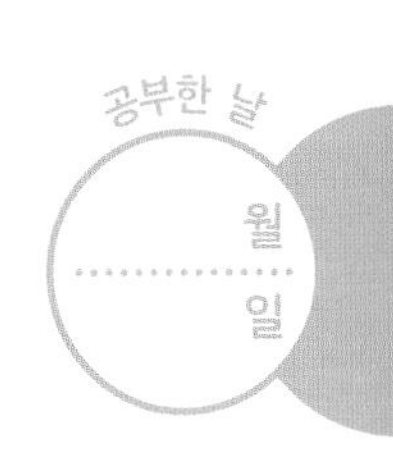

1

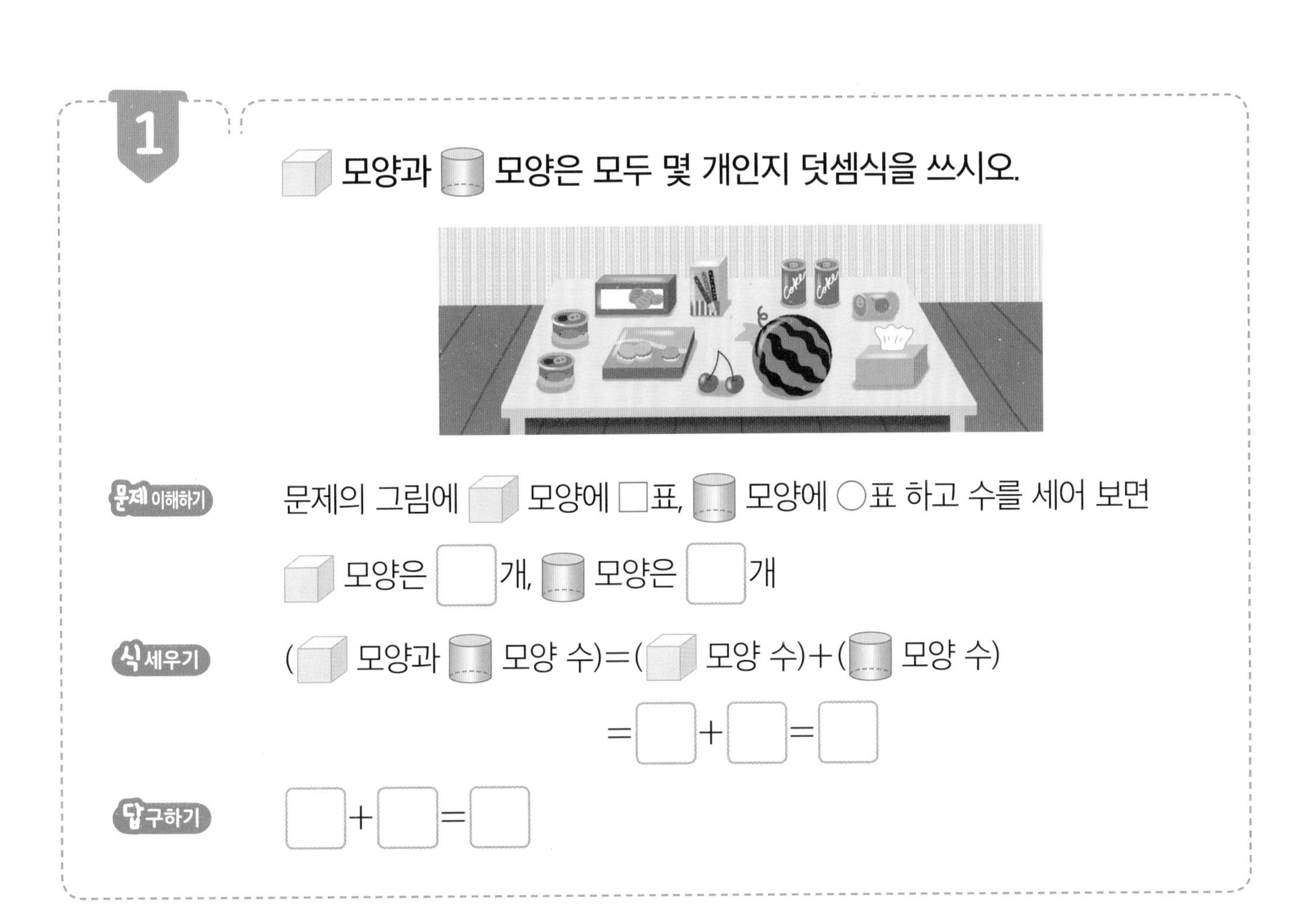

모양과 모양은 모두 몇 개인지 덧셈식을 쓰시오.

문제 이해하기 문제의 그림에 모양에 □표, 모양에 ○표 하고 수를 세어 보면

모양은 □개, 모양은 □개

식 세우기 (모양과 모양 수)=(모양 수)+(모양 수)

=□+□=□

답 구하기 □+□=□

2

모양과 모양은 모두 몇 개인지 덧셈식을 쓰시오.

문제 이해하기

식 세우기

답 구하기

3

동물원에 얼룩말이 3마리 있습니다. 기린은 얼룩말보다 2마리 더 많습니다. 동물원에 있는 얼룩말과 기린은 모두 몇 마리입니까?

문제 이해하기 얼룩말과 기린 수만큼 각각 ○를 그리고 수를 써 보면

									— □
									— □

기린은 얼룩말보다 ○를 2개 더!

식 세우기 (얼룩말과 기린 수)=(얼룩말 수)+(기린 수)

=□+□=□

답 구하기 □마리

동그라미 안에 연필이 1자루 있습니다. 색연필은 연필보다 3자루 더 많습니다. 필통 안에 있는 연필과 색연필은 모두 몇 자루입니까?

5

합이 모두 같게 되도록 빈 곳에 알맞은 덧셈식을 쓰시오.

문제 이해하기

더하는 수만큼 색칠하고 덧셈을 해 보면

$1+6=\square$

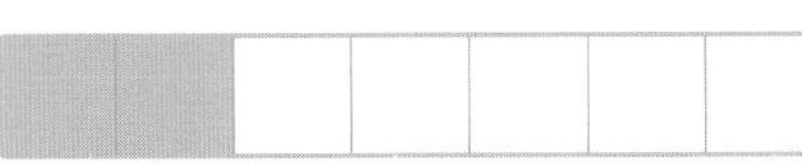

$2+5=\square$

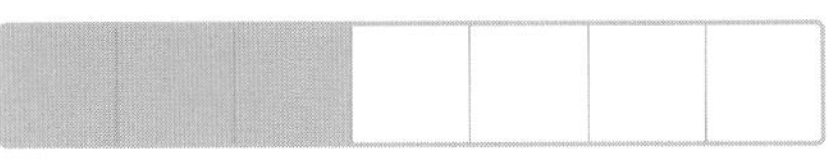

$3+4=\square$

$\square+\square=\square$

답 구하기 $\square$

6

합이 모두 같게 되도록 빈 곳에 알맞은 덧셈식을 쓰시오.

문제 이해하기

답 구하기

재미있는 보드 게임

미래와 대한이가 보드 게임을 시작했어요.
주사위 2개를 던져 나온 눈의 수의 합만큼 이동하는 게임이에요.
미래가 도착한 도시에 ○표, 대한이가 도착한 도시에 △표 해 주세요.

교과서 덧셈과 뺄셈

이야기 만들기_뺄셈

그림을 보고 빼는 상황의 이야기를 만들어 보면

➡ 꽃밭에 나비가 5마리, 벌이 2마리이므로 나비가 3마리 더 많습니다.

실력 확인하기

그림을 보고 빼는 상황에 알맞은 이야기에 ○표 하시오.

(1) 자전거를 타는 어린이는 4명, 걸어가는 어린이는 3명이므로 어린이는 모두 7명입니다. (　　)

(2) 자전거를 타는 어린이는 4명, 걸어가는 어린이는 3명이므로 자전거를 타는 어린이가 1명 더 많습니다. (　　)

1

그림을 보고 이야기를 만들려고 합니다. □ 안에 알맞은 수를 써넣으시오.

주차장에 자동차가 □대 주차되어 있었습니다. 그중에서 □대가 나갔습니다. 주차장에 남은 자동차는 □대입니다.

문제 이해하기 움직이는 자동차 수만큼 /으로 지워 보면

○ ○ ○ ○ ○ ○ Ø Ø Ø

처음에 주차장에 주차된 자동차 수만큼 ○를 그려 놨어.

답구하기 □, □, □

2 그림을 보고 이야기를 만들려고 합니다. □ 안에 알맞은 수를 써넣으시오.

마당에 장독이 □개 있습니다.

그중에서 뚜껑 □개를 열었습니다.

뚜껑이 닫혀 있는 장독은 □개입니다.

문제 이해하기 뚜껑이 열려 있는 장독 수만큼 /으로 지워 보면

○ ○ ○ ○ ○

답구하기 □, □, □

3 그림을 보고 빼는 상황의 이야기를 완성하시오.

연못에 개구리가 □마리 있었습니다.

그중에서 □마리가 밖으로 나갔습니다.

□.

문제 이해하기 연못 밖으로 나간 개구리 수만큼 /으로 지워 보면

○ ○ ○ ○ ○ ○ ○ ○

답구하기 □, □

□

4

그림을 보고 이야기를 만들려고 합니다. □ 안에 알맞은 수를 써넣으시오.

닭이 □ 마리, 병아리가 □ 마리이므로 병아리는 닭보다 □ 마리 더 많습니다.

문제 이해하기 닭과 병아리를 하나씩 짝 지어 보면

답 구하기 □, □, □

5

그림을 보고 이야기를 만들려고 합니다. □ 안에 알맞은 수를 써넣으시오.

책상이 □ 개, 의자가 □ 개이므로 책상이 의자보다 □ 개 더 많습니다.

문제 이해하기 책상과 의자를 하나씩 짝 지어 보면

답 구하기 □, □, □

6

그림을 보고 빼는 상황의 이야기를 완성하시오.

쿠키가 □ 개, 우유가 □ 개이므로
□.

문제 이해하기 쿠키와 우유를 하나씩 짝 지어 보면

답 구하기 □, □

□

정답 확인 | 오늘 나의 실력은? | 부모님 확인

달콤한 간식 시간

청희와 친구들이 케이크 가게에 왔어요.
사진을 먹기 전에 한 컷 찍고, 먹는 도중에 다시 한 컷을 찍었어요. 두 사진에서 달라진 점을 찾아 다음과 같이 정리했어요. 빈칸에 알맞은 수를 쓰세요.

- 조각 케이크가 3개 있었는데 1개를 먹어서 조각 케이크 ☐개가 남았습니다.
- 우유가 ☐잔 있었는데 2잔을 마셔서 우유 ☐잔이 남았습니다.

교과서 덧셈과 뺄셈

한 자리 수의 뺄셈 ①

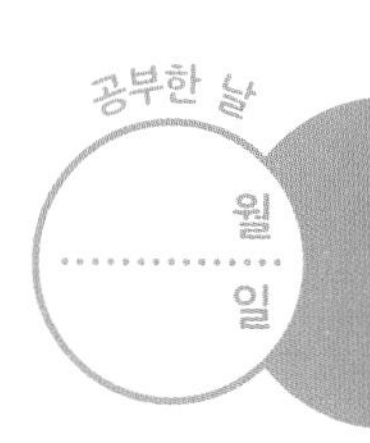

5−2를 계산할 때에는

[방법1] ○를 5개 그리고 그중에서 2개만큼 /으로 지웁니다.

○ ○ ○ ∅ ∅ ➜ 5−2=3

[방법2] 가르기를 이용합니다.

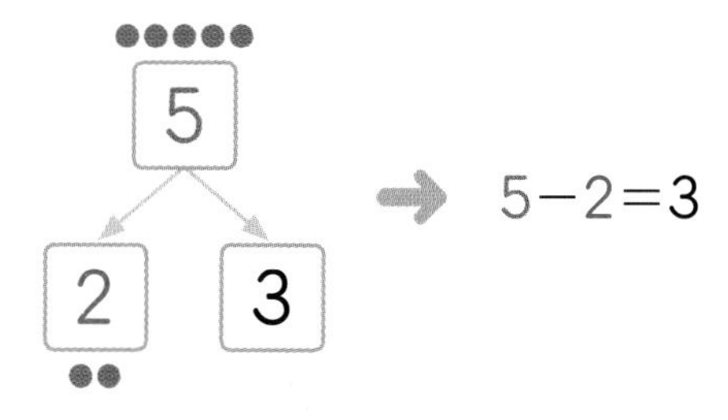

➜ 5−2=3

실력 확인하기

뺄셈을 하시오.

1 3−1=□

2 4−3=□

3 5−4=□

4 7−5=□

5 8−4=□

6 9−7=□

7 6−6=□

8 2−0=□

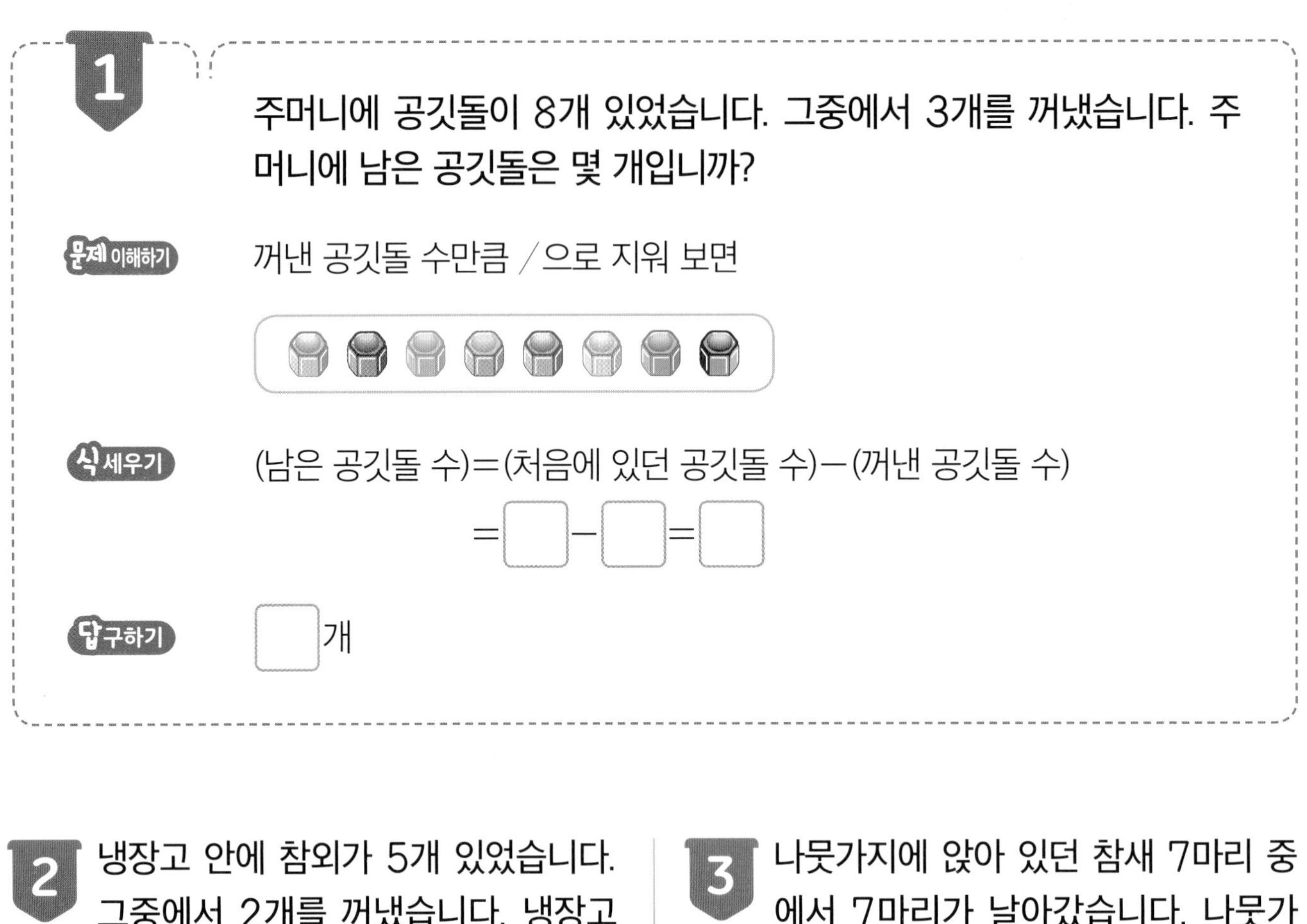

1

주머니에 공깃돌이 8개 있었습니다. 그중에서 3개를 꺼냈습니다. 주머니에 남은 공깃돌은 몇 개입니까?

문제 이해하기 꺼낸 공깃돌 수만큼 /으로 지워 보면

식 세우기 (남은 공깃돌 수)=(처음에 있던 공깃돌 수)−(꺼낸 공깃돌 수)

=□−□=□

답 구하기 □개

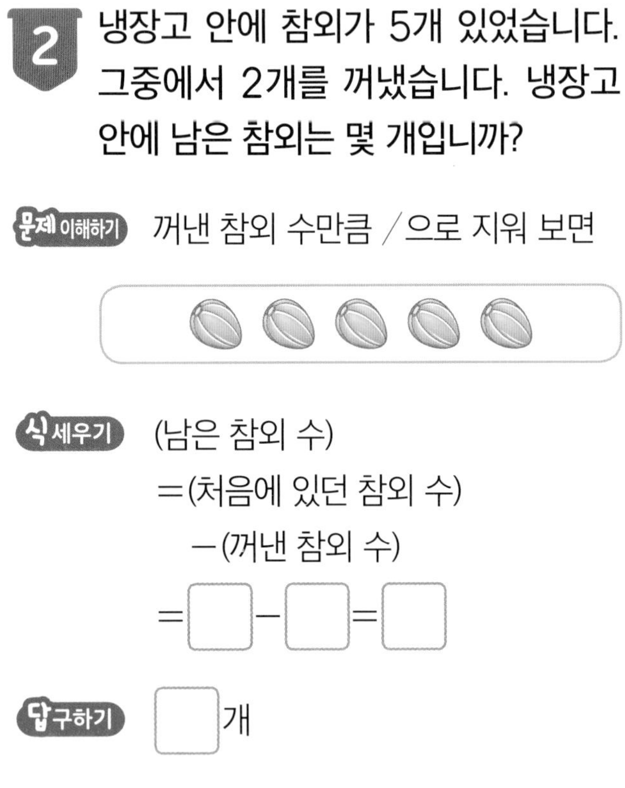

2

냉장고 안에 참외가 5개 있었습니다. 그중에서 2개를 꺼냈습니다. 냉장고 안에 남은 참외는 몇 개입니까?

문제 이해하기 꺼낸 참외 수만큼 /으로 지워 보면

식 세우기 (남은 참외 수)

=(처음에 있던 참외 수)

−(꺼낸 참외 수)

=□−□=□

답 구하기 □개

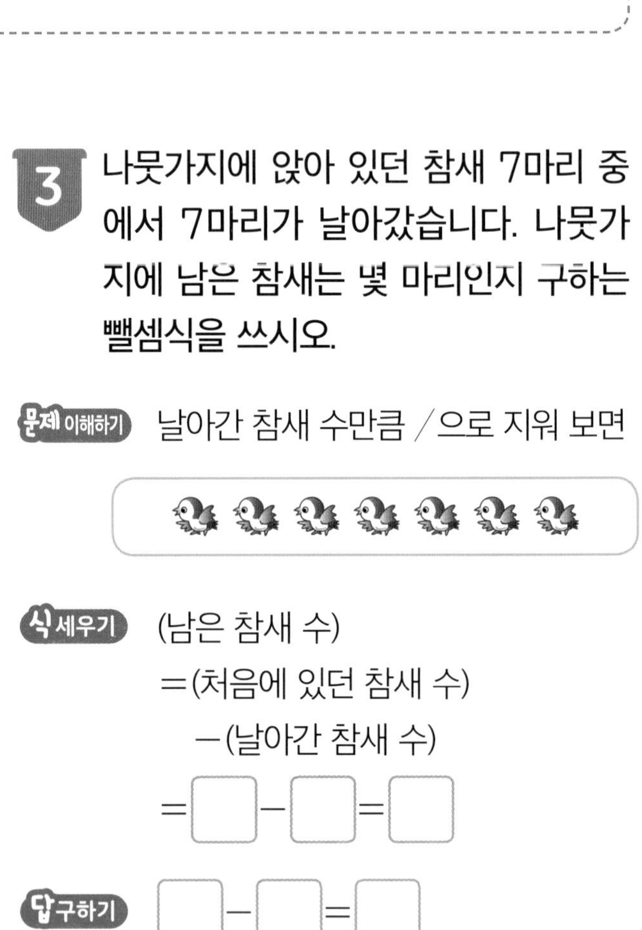

3

나뭇가지에 앉아 있던 참새 7마리 중에서 7마리가 날아갔습니다. 나뭇가지에 남은 참새는 몇 마리인지 구하는 뺄셈식을 쓰시오.

문제 이해하기 날아간 참새 수만큼 /으로 지워 보면

식 세우기 (남은 참새 수)

=(처음에 있던 참새 수)

−(날아간 참새 수)

=□−□=□

답 구하기 □−□=□

4

두발자전거가 6대, 세발자전거가 4대 있습니다. 두발자전거는 세발자전거보다 몇 대 더 많습니까?

문제 이해하기 두발자전거와 세발자전거를 하나씩 짝 지어 보면

식 세우기 (두발자전거 수)−(세발자전거 수)

=□−□=□

답 구하기 □대

5

숟가락이 7개, 포크가 8개 있습니다. 포크는 숟가락보다 몇 개 더 많습니까?

문제 이해하기 숟가락과 포크를 하나씩 짝 지어 보면

식 세우기 (포크 수)−(숟가락 수)

=□−□=□

답 구하기 □개

6

운동장에 야구 장갑 5개와 야구공 9개가 있습니다. 야구 장갑은 야구공보다 몇 개 더 적은지 구하는 뺄셈식을 쓰시오.

문제 이해하기 야구 장갑과 야구공을 하나씩 짝 지어 보면

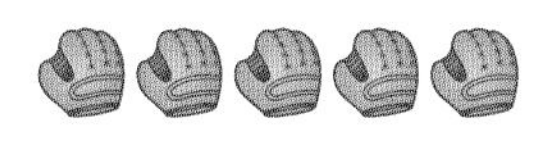

식 세우기 (야구공 수)−(야구 장갑 수)

=□−□=□

답 구하기 □−□=□

정답 확인  오늘 나의 실력은?  부모님 확인

남은 블록 수는?

찬이는 바구니에 담긴 블록으로 로봇을 만들려고 해요.

로봇을 만들고 나면 [상자] 모양과 [원기둥] 모양의 블록은 각각 몇 개씩 남을지 써 보세요.

교과서 덧셈과 뺄셈

한 자리 수의 뺄셈 ❷

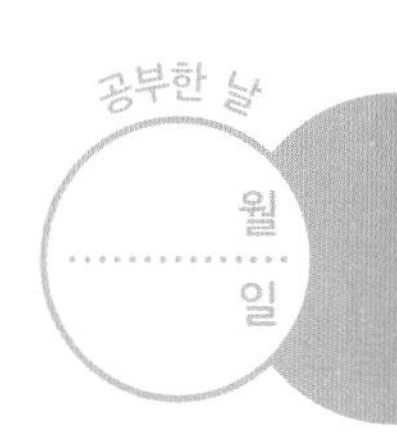

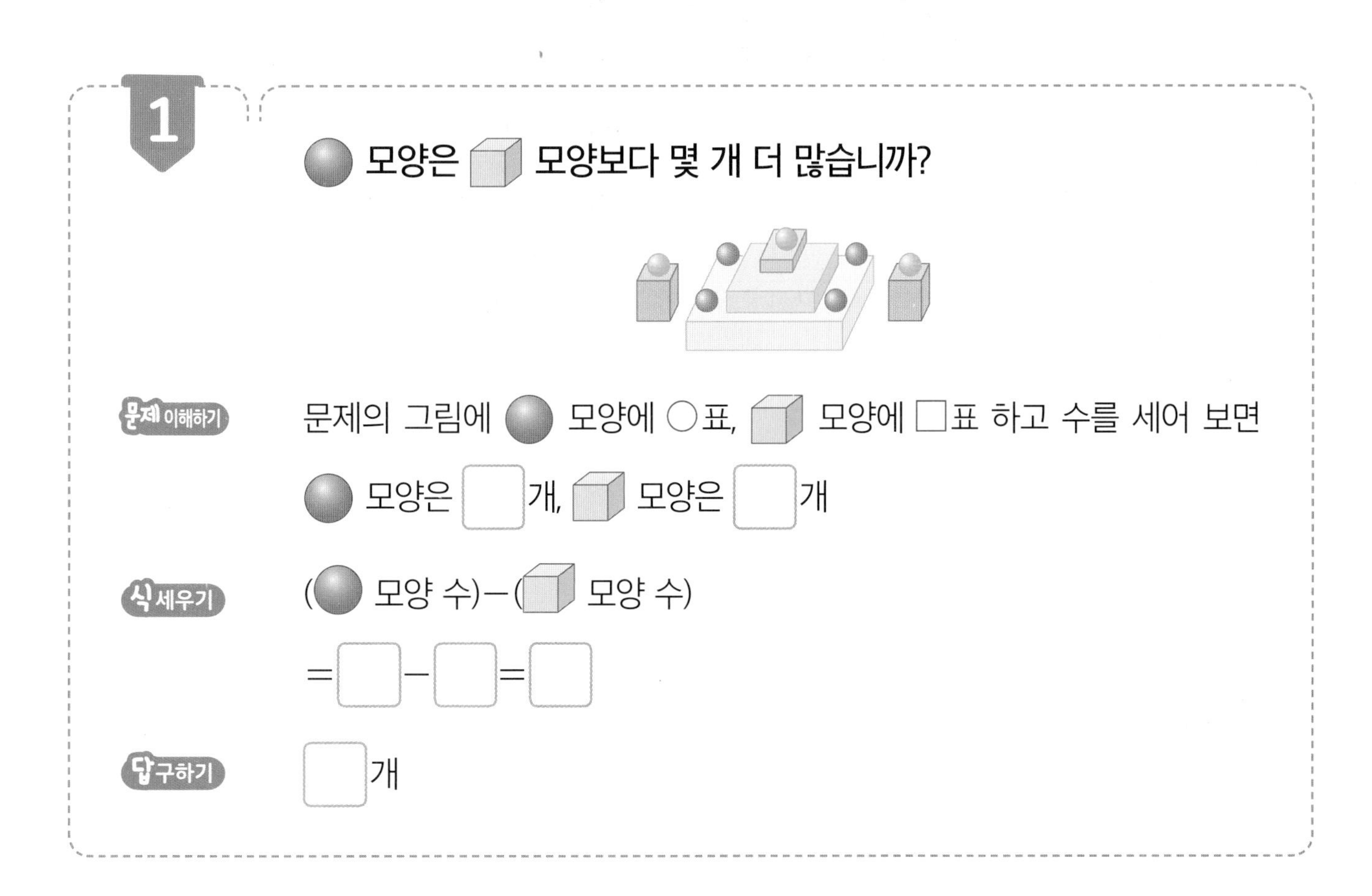

1 모양은 모양보다 몇 개 더 많습니까?

문제 이해하기 문제의 그림에 모양에 ○표, 모양에 □표 하고 수를 세어 보면

모양은 □개, 모양은 □개

식 세우기 (모양 수)−(모양 수)

=□−□=□

답 구하기 □개

2 모양은 모양보다 몇 개 더 많습니까?

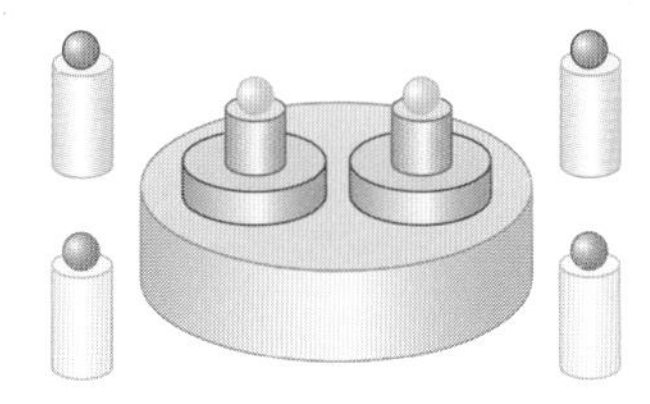

문제 이해하기

식 세우기

답 구하기

3

그림을 보고 뺄셈식을 2개 쓰시오.

□ − □ = □

□ − □ = □

문제 이해하기

• 남학생 수만큼 /으로 지워 보면

• 서 있는 학생 수만큼 /으로 지워 보면

식 세우기

• (여학생 수) = (전체 학생 수) − (남학생 수)

= □ − □ = □

• (앉아 있는 학생 수) = (전체 학생 수) − (서 있는 학생 수)

= □ − □ = □

답 구하기

□ − □ = □, □ − □ = □

그림을 보고 뺄셈식을 2개 쓰시오.

□ − □ = □

□ − □ = □

답 구하기

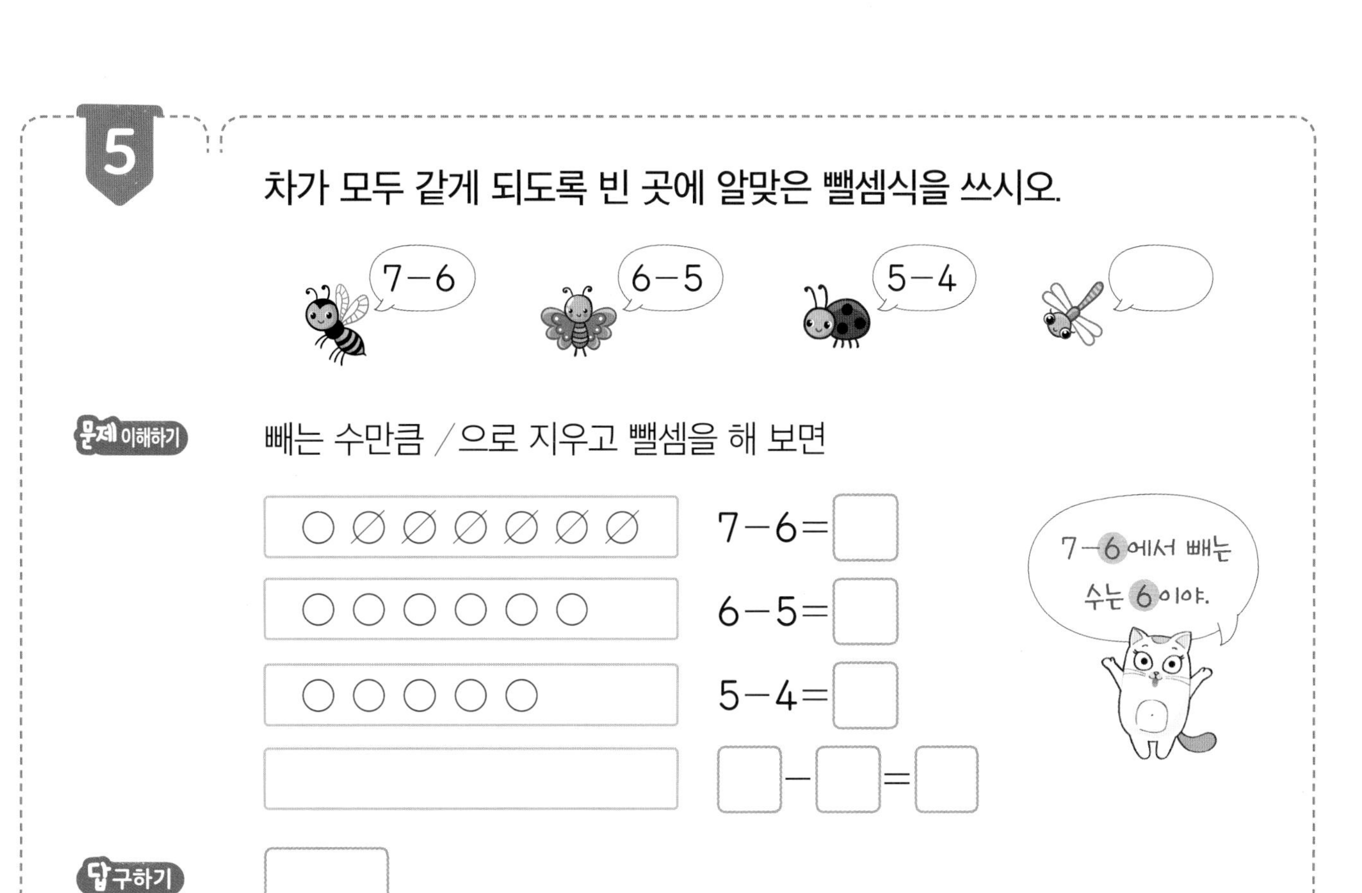

5

차가 모두 같게 되도록 빈 곳에 알맞은 뺄셈식을 쓰시오.

문제 이해하기 빼는 수만큼 /으로 지우고 뺄셈을 해 보면

○ ∅ ∅ ∅ ∅ ∅ ∅	$7-6=\square$
○ ○ ○ ○ ○ ○	$6-5=\square$
○ ○ ○ ○ ○	$5-4=\square$
	$\square-\square=\square$

답 구하기 $\square$

6

차가 모두 같게 되도록 빈 곳에 알맞은 뺄셈식을 쓰시오.

문제 이해하기

답 구하기

정답 확인

오늘 나의 실력은?

부모님 확인

남은 장난감 돈은?

너구리와 여우가 보드 게임을 하고 있어요.
너구리와 여우는 각각 1원짜리 장난감 동전 9개를 가지고 있어요.
너구리와 여우가 주사위를 던져 나온 눈의 수만큼 이동하여 각 칸에 적혀 있는 돈을 내거나 받으려고 해요. 너구리와 여우한테 남은 돈은 각각 얼마인지 쓰세요.

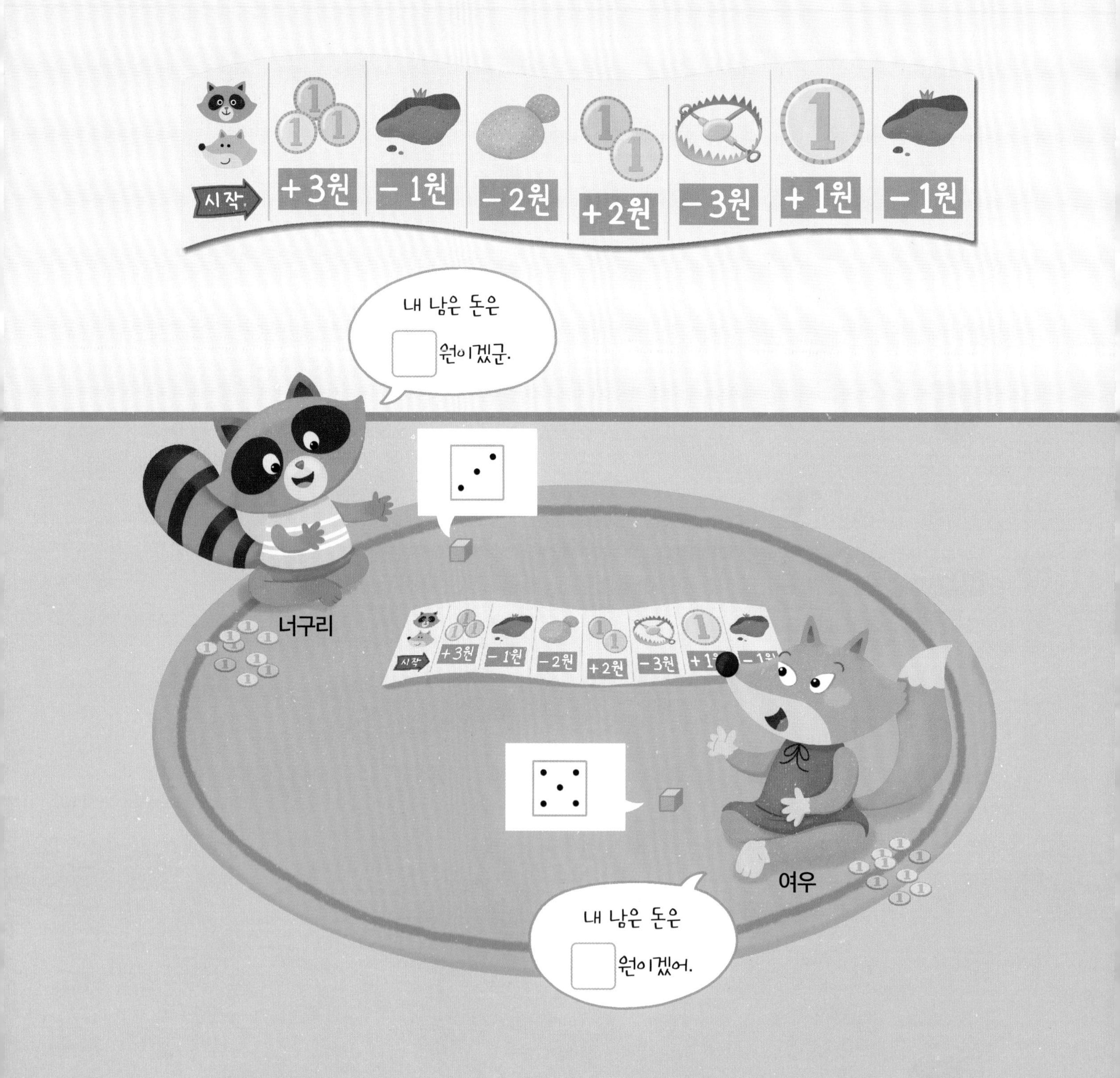

교과서 덧셈과 뺄셈

덧셈과 뺄셈하기 ❶

덧셈식과 뺄셈식에서 규칙을 찾아 보면

$4+1=5$
$4+2=6$
$4+3=7$
$4+4=8$
$4+5=9$

➜ 같은 수에 1씩 커지는 수를 더하면 결과도 1씩 커집니다.

$6-1=5$
$6-2=4$
$6-3=3$
$6-4=2$
$6-5=1$

➜ 같은 수에서 1씩 커지는 수를 빼면 결과는 1씩 작아집니다.

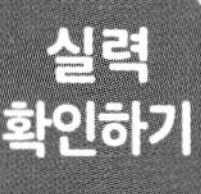

실력 확인하기

□ 안에 알맞은 수를 써넣으시오.

1
$3+1=\square$
$3+2=\square$
$3+3=\square$
$3+4=\square$

2
$5-1=\square$
$5-2=\square$
$5-3=\square$
$5-4=\square$

3
$1+3=\square$
$2+2=\square$
$3+1=\square$
$4+0=\square$

4
$6-1=\square$
$7-2=\square$
$8-3=\square$
$9-4=\square$

1

□ 안에 ＋가 들어갈 수 있는 식을 찾아 기호를 쓰시오.

㉠ 7 □ 5＝2　　　㉡ 4 □ 2＝6

문제 이해하기 식에 있는 세 수만큼 색칠해 보면

㉠ 7
5
2
㉡ 4
2
6

＝를 기준으로
오른쪽의 수가 왼쪽의
두 수보다 커지면 ＋야!

답 구하기 □

2

□ 안에 －가 들어갈 수 있는 식을 찾아 기호를 쓰시오.

㉠ 9 □ 4＝5　　㉡ 3 □ 5＝8

문제 이해하기 식에 있는 세 수만큼 색칠해 보면

㉠ 9
4
5
㉡ 3
5
8

답 구하기 □

3

□ 안에 ＋ 또는 －를 모두 넣을 수 있는 식을 찾아 기호를 쓰시오.

㉠ 5 □ 5＝0　　㉡ 5 □ 0＝5

문제 이해하기 식에 있는 세 수만큼 색칠해 보면

㉠ 5
5
0
㉡ 5
0
5

4

세 수를 모두 이용하여 2개의 덧셈식을 만들어 보시오.

6, 5, 1

□+□=□

□+□=□

문제 이해하기

❶ 세 수를 작은 수부터 순서대로 써 보면 □, □, □

❷ 세 수로 모으기를 해 보면 □ □ → □

답구하기 □+□=□, □+□=□

5

세 수를 모두 이용하여 2개의 뺄셈식을 만들어 보시오.

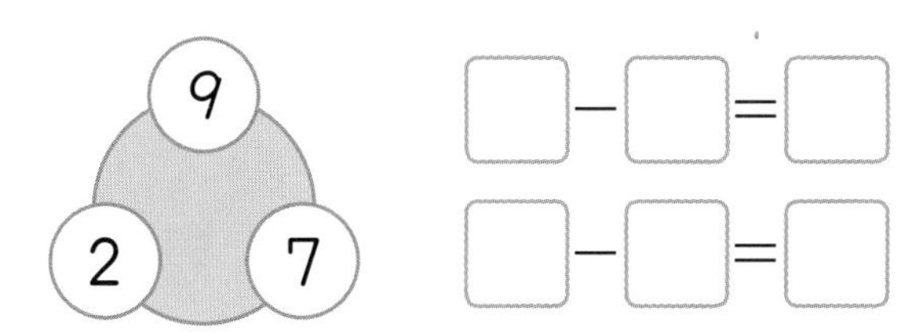

문제 이해하기

❶ 세 수를 작은 수부터 순서대로 써 보면 □, □, □

❷ 세 수로 가르기를 해 보면

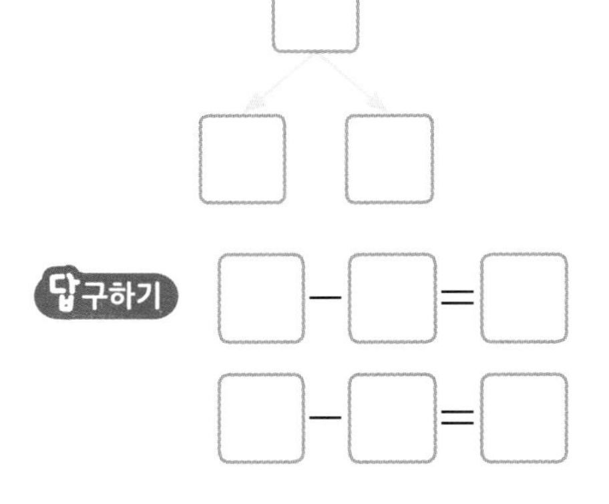

답구하기

6

3장의 수 카드를 한 번씩 모두 사용하여 덧셈식과 뺄셈식을 만들어 보시오.

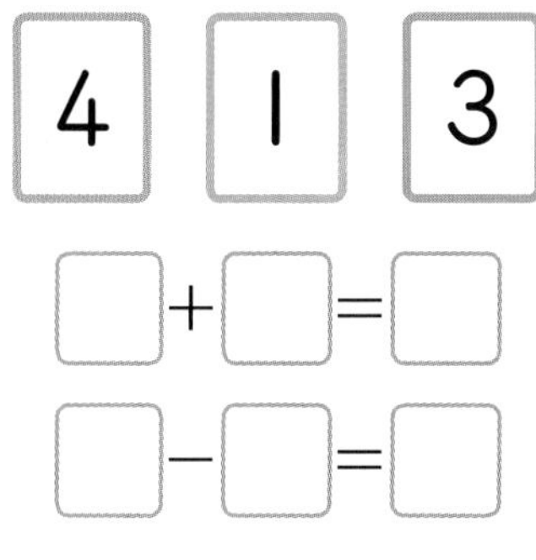

문제 이해하기

❶ 수 카드에 적힌 수를 작은 수부터 순서대로 써 보면 □, □, □

❷ 세 수로 모으기와 가르기를 해 보면

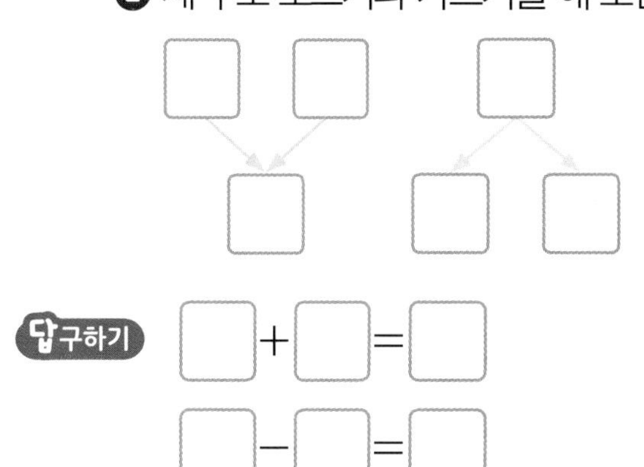

답구하기 □+□=□

□−□=□

오늘 나의 실력은?

부모님 확인

누리가 내야 할 카드는?

친구들이 카드 놀이를 해요.
같은 모양의 카드에는 같은 수가 적혀 있어요.
세 번째 식을 완성하려면 누리가 가지고 있는 카드 중 무엇을 내야 할까요?
내야 할 카드에 ○표 하세요.

교과서 덧셈과 뺄셈

덧셈과 뺄셈하기 ❷

1 구슬을 더 그리고 그림에 알맞은 덧셈식과 뺄셈식을 만들어 보시오.

□+□=□
□−□=□

문제 이해하기 구슬이 4개 있고 문제의 빈 곳에 구슬 □개를 더 그리면 모두 □개가 됩니다.

식 세우기
- (전체 구슬 수)=(처음에 있던 구슬 수)+(더 그린 구슬 수)
  =□+□=□
- (처음에 있던 구슬 수)=(전체 구슬 수)−(더 그린 구슬 수)
  =□−□=□

답 구하기 , □+□=□, □−□=□

2 과자를 더 그리고 그림에 알맞은 덧셈식과 뺄셈식을 만들어 보시오.

□+□=□
□−□=□

문제 이해하기

식 세우기

답 구하기

3

점자는 손가락으로 읽도록 만든 문자입니다. 다음은 0부터 9까지의 수를 나타내는 4점 점자입니다. 다음 덧셈을 하여 4점 점자로 나타내시오.

수	0	1	2	3	4	5	6	7	8	9
4점 점자	○● ●○	●○ ○○	○○ ●○	○● ○○	○○ ○●	●○ ○●	●● ○○	○○ ●●	●○ ●○	○● ○●

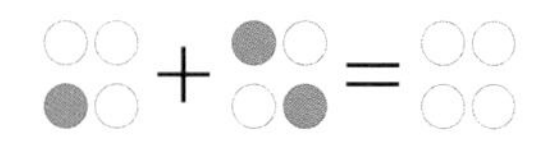

• ○○/●○ 가 나타내 는 수는 □

• ●○/○● 가 나타내는 수는 □

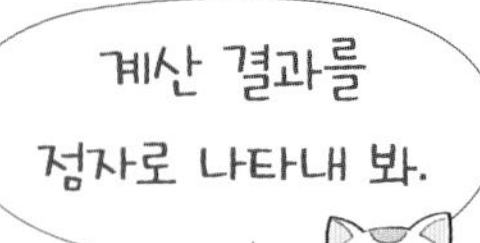

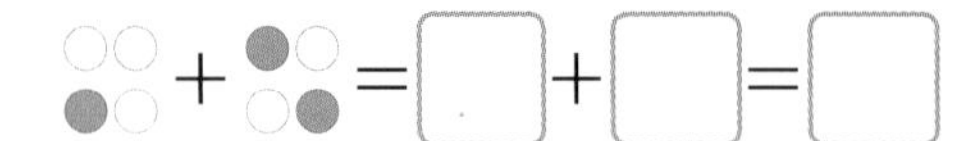

3번의 0부터 9까지의 수를 나타내는 점자를 보고 다음 뺄셈을 하여 점자로 나타내시오.

●●/○○ − ○●/●○ = ○○/○○

5

4장의 수 카드 중에서 2장을 골라 두 수의 차를 구하려고 합니다. 차가 가장 큰 뺄셈식을 만들어 보시오.

6	1	3	8

□ − □ = □

문제 이해하기

• 수 카드에 적힌 수를 그림으로 나타내어 보면

6 ■■■■■■
1 ■ ←—— 차 ——→
3 ■■■
8 ■■■■■■■■

➡ 두 수의 차가 크려면
가장 큰 수에서 (두 번째로 큰 , 가장 작은) 수를 빼야 합니다.

• 수 카드에 적힌 수를 작은 수부터 순서대로 써 보면

□, □, □, □

답 구하기

□ − □ = □

4장의 수 카드 중에서 2장을 골라 두 수의 합을 구하려고 합니다. 합이 가장 큰 덧셈식을 만들어 보시오.

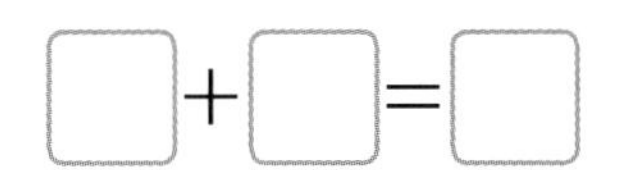

동굴 문을 열어라!

미래가 동굴 문을 열어 동굴에서 탈출해야 해요.
그런데 동굴 문이 굳게 닫혀 있네요.
힌트를 보고 미래가 동굴 문을 몇 번 두드려야 하는지 써 보세요.

힌트 1. 동굴 문 앞에 놓인 돌멩이에 적힌 수 중에서 세 개를 뽑아 뺄셈식을 만드시오.
□ − ㉠ = ㉡
힌트 2. ㉠과 ㉡의 차만큼 동굴 문을 두드리면 문이 열릴 것이오.
문을 □번 두드려야 해.
7
5
4
2

교과서 덧셈과 뺄셈

연속해서 계산하기

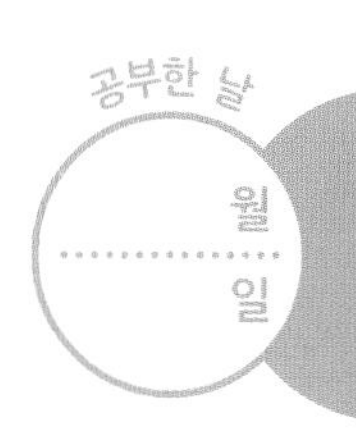

버스에 타고 있는 사람 수를 덧셈식과 뺄셈식으로 나타내 보면

남자 어린이 3명,
여자 어린이 2명이
있어요.
남자 어린이
1명이 내려요.
버스정류장
3+2=5
5−1=4

실력 확인하기

㉠에 알맞은 수를 구하시오.

1

+3, −2

1 → ☐ → ㉠

2

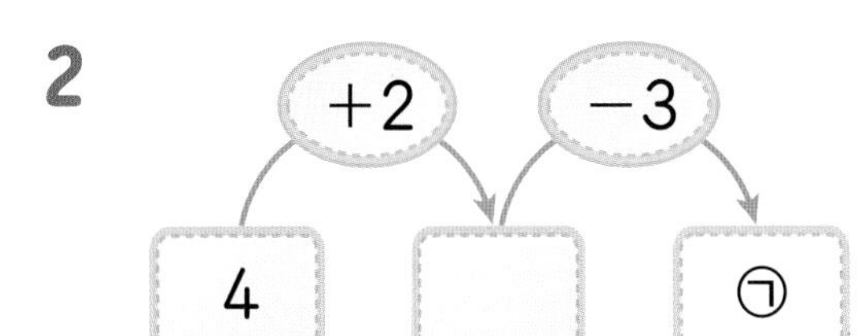

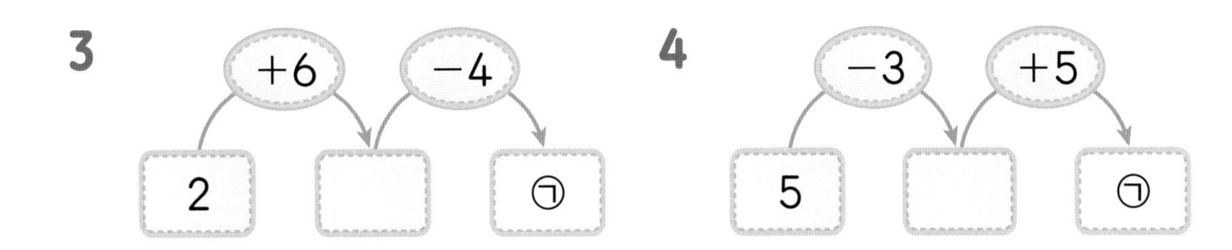

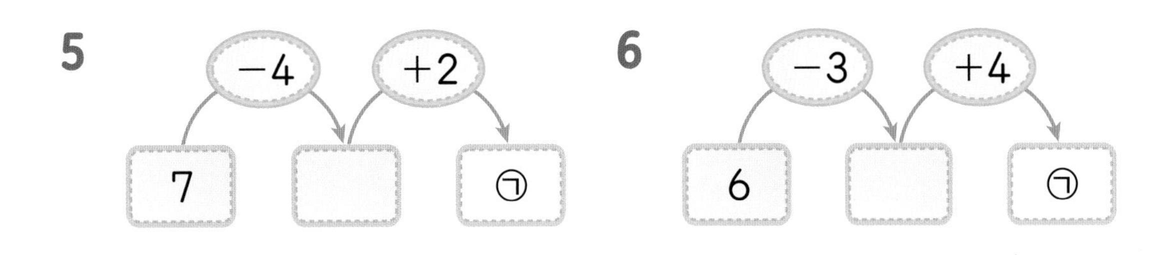

1

운동장에 남자 어린이 5명과 여자 어린이 3명이 있었습니다. 잠시 후에 1명이 집으로 돌아갔습니다. 지금 운동장에 남아 있는 어린이는 몇 명입니까?

문제 이해하기 (덧셈식 , 뺄셈식)을 만들어 처음 운동장에 있던 어린이 수를 구한 다음, (덧셈식 , 뺄셈식)을 만들어 지금 운동장에 남아 있는 어린이 수를 구합니다.

식 세우기 (처음 운동장에 있던 어린이 수)=☐+☐=☐

➡ (지금 운동장에 남아 있는 어린이 수)

=(처음 운동장에 있던 어린이 수)−☐

=☐−☐=☐

답 구하기 ☐명

2

강당 안에 어른 3명과 어린이 4명이 있었습니다. 잠시 후에 2명이 강당 밖으로 나갔습니다. 지금 강당 안에 남아 있는 사람은 몇 명입니까?

문제 이해하기 (덧셈식 , 뺄셈식)을 만들어 처음 강당 안에 있던 사람 수를 구한 다음, (덧셈식 , 뺄셈식)을 만들어 지금 강당 안에 남아 있는 사람 수를 구합니다.

식 세우기 (처음 강당 안에 있던 사람 수)

=☐+☐=☐

➡ (지금 강당 안에 남아 있는 사람 수)

=(처음 강당 안에 있던 사람 수)

−☐

=☐−☐=☐

답 구하기 ☐명

3

노랑 구슬 7개와 파랑 구슬 1개를 우주와 동생이 똑같이 나누어 가졌습니다. 우주는 구슬 몇 개를 가졌습니까?

문제 이해하기 전체 구슬 수만큼 ○를 그리고 수를 써 보면

— ☐

➡ 전체 구슬 수를 똑같은 두 수로 가르기를 해 보면

☐

☐ ☐

우주 동생

답 구하기 ☐개

4

사과를 수민이는 5개 땄고, 진우는 수민이보다 1개 더 적게 땄습니다. 수민이와 진우가 딴 사과는 모두 몇 개입니까?

문제 이해하기 (덧셈식 , 뺄셈식)을 만들어 진우가 딴 사과 수를 구한 다음,
(덧셈식 , 뺄셈식)을 만들어 수민이와 진우가 딴 사과 수를 구합니다.

식 세우기 (진우가 딴 사과 수)=□−□=□

➜ (수민이와 진우가 딴 사과 수)
=(수민이가 딴 사과 수)+(진우가 딴 사과 수)
=□+□=□

답 구하기 □개

5

감자를 지원이는 4개 캤고, 지호는 지원이보다 1개 더 적게 캤습니다. 지원이와 지호가 캔 감자는 모두 몇 개입니까?

문제 이해하기 (덧셈식 , 뺄셈식)을 만들어 지호가 캔 감자 수를 구한 다음,
(덧셈식 , 뺄셈식)을 만들어 지원이와 지호가 캔 감자 수를 구합니다.

식 세우기 (지호가 캔 감자 수)
=□−□=□

➜ (지원이와 지호가 캔 감자 수)
=(지원이가 캔 감자 수)
+(지호가 캔 감자 수)
=□+□=□

답 구하기 □개

6

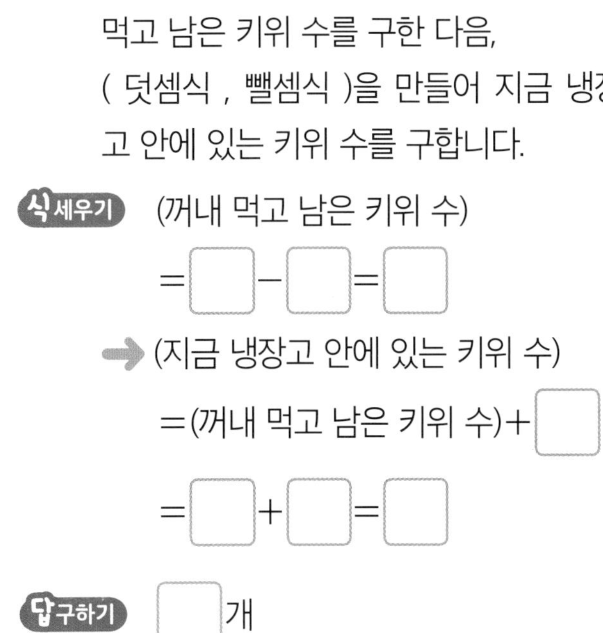

냉장고 안에 있던 키위 7개 중에서 4개를 꺼내 먹고, 잠시 후에 3개를 더 넣었습니다. 지금 냉장고 안에 있는 키위는 몇 개입니까?

문제 이해하기 (덧셈식 , 뺄셈식)을 만들어 꺼내 먹고 남은 키위 수를 구한 다음,
(덧셈식 , 뺄셈식)을 만들어 지금 냉장고 안에 있는 키위 수를 구합니다.

식 세우기 (꺼내 먹고 남은 키위 수)
=□−□=□

➜ (지금 냉장고 안에 있는 키위 수)
=(꺼내 먹고 남은 키위 수)+□
=□+□=□

답 구하기 □개

정답 확인  오늘 나의 실력은?  부모님 확인

미래와 대한이가 만난 층은?

미래가 쇼핑몰에서 대한이와 만나기로 했어요.
3층에 있던 미래가 대한이의 연락을 받고 네 층을 더 올라갔어요.
그런데 대한이와 길이 엇갈려 다시 두 층을 내려왔어요.
미래와 대한이가 드디어 만났네요. 몇 층에서 만났는지 ○표 하세요.

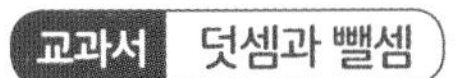

□의 값 구하기 ❶

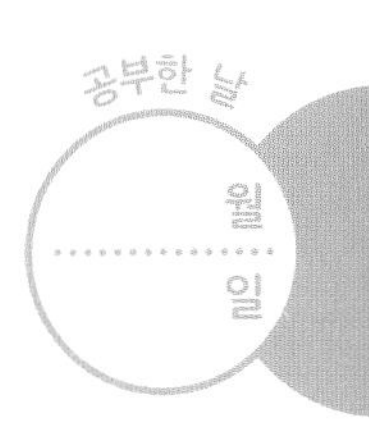

2+□=5를 계산할 때에는

[방법1] ○가 전체 5개 되려면 ○를 3개 더 그려야 합니다.

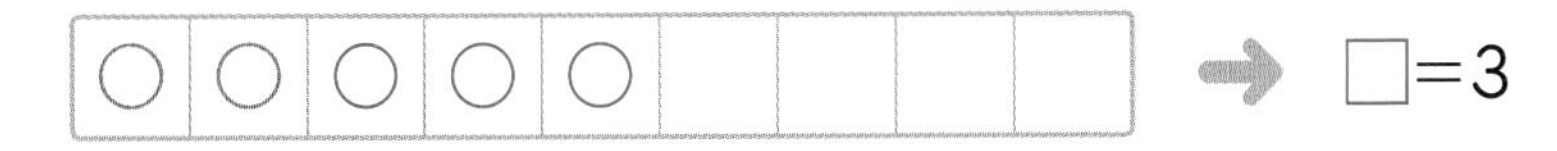

➜ □=3

[방법2] 모으기를 이용합니다.

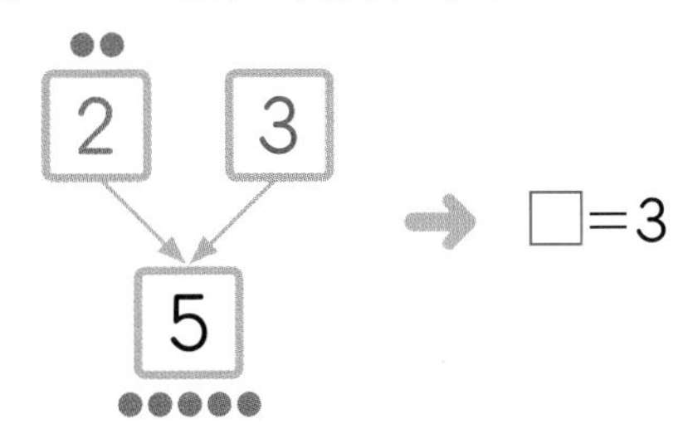

➜ □=3

실력 확인하기

□ 안에 알맞은 수를 구하시오.

1

+□

1 → 3

2

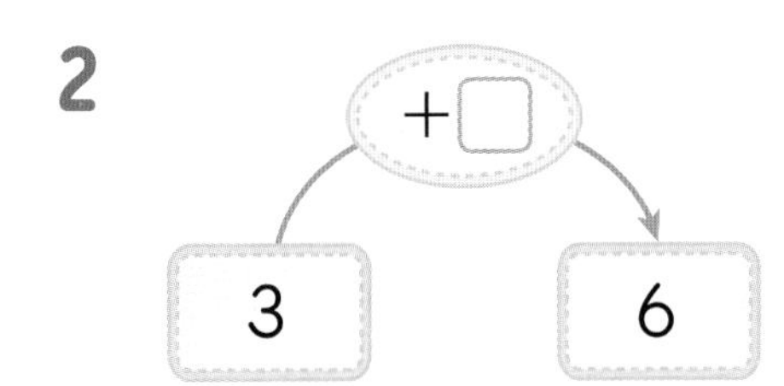

3

+□

4 → 5

4

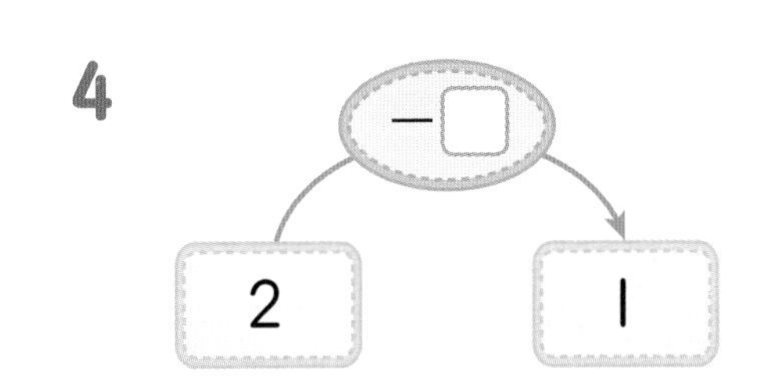

5

−□

5 → 3

6

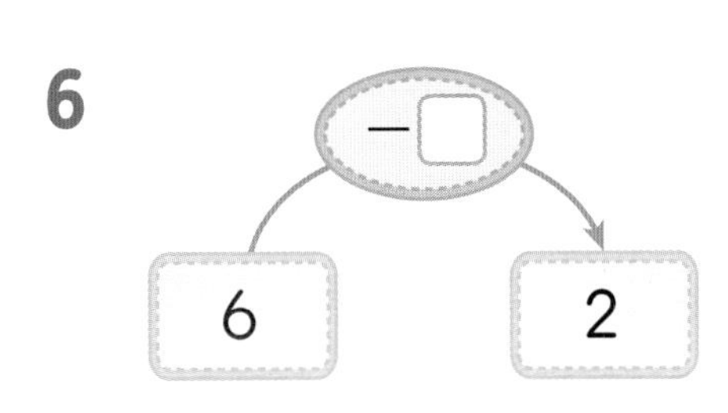

1 주머니에 공깃돌이 3개 있었는데 몇 개를 더 넣었더니 모두 8개가 되었습니다. 더 넣은 공깃돌은 몇 개입니까?

문제 이해하기 공깃돌이 8개가 되도록 빈 곳에 ○를 그리고 수를 써 보면

식 세우기 더 넣은 공깃돌 수를 □로 나타내면

(처음에 있던 공깃돌 수)+□=(전체 공깃돌 수)

□+□=□, □=□

답 구하기 □개

2 상자에 배가 5개 있었는데 몇 개를 더 넣었더니 모두 9개가 되었습니다. 더 넣은 배는 몇 개입니까?

문제 이해하기 배가 9개가 되도록 빈 곳에 ○를 그리고 수를 써 보면

식 세우기 더 넣은 배 수를 □로 나타내면

(처음에 있던 배 수)+□=(전체 배 수)

□+□=□, □=□

답 구하기 □개

3 주차장에 자동차가 몇 대 있었는데 6대가 더 와서 모두 7대가 되었습니다. 처음 주차장에 있던 자동차는 몇 대입니까?

문제 이해하기 자동차가 7대가 되도록 빈 곳에 ○를 그리고 수를 써 보면

식 세우기 처음에 있던 자동차 수를 □로 나타내면

□+(더 온 자동차 수)=(전체 자동차 수)

□+□=□, □=□

답 구하기 □대

4

용진이가 로봇 6개 중에서 몇 개를 잃어버렸더니 2개가 남았습니다. 용진이가 잃어버린 로봇은 몇 개입니까?

문제 이해하기 로봇이 2개가 남도록 /으로 지워 보면

식 세우기 용진이가 잃어버린 로봇 수를 □로 나타내면
(처음에 있던 로봇 수)−□=(남은 로봇 수)
□−□=□, □=□

답 구하기 □개

5

토끼가 당근 7개 중에서 몇 개를 먹었더니 4개가 남았습니다. 토끼가 먹은 당근은 몇 개입니까?

문제 이해하기 당근이 4개가 남도록 /으로 지워 보면

식 세우기 토끼가 먹은 당근 수를 □로 나타내면
(처음에 있던 당근 수)−□=(남은 당근 수)
□−□=□, □=□

답 구하기 □개

6

나뭇가지에 참새 몇 마리가 앉아 있었습니다. 그중에서 2마리가 날아가 6마리가 되었습니다. 처음 나뭇가지에 앉아 있던 참새는 몇 마리입니까?

문제 이해하기 남은 참새와 날아간 참새를 그림으로 나타내고 수를 써 보면

□마리 □마리

식 세우기 처음에 있던 참새 수를 □로 나타내면
□−(날아간 참새 수)=(남은 참새 수)
□−□=□, □=□

답 구하기 □마리

정답 확인 | 오늘 나의 실력은? | 부모님 확인

재미있는
수학
놀이터

형이 준 쿠키의 개수는?

찬이가 쿠키를 7개 가지고 있었어요. 그런데 형이 몰래 쿠키를 3개 먹었어요. 찬이가 울자 형이 쿠키를 다시 사다 주었어요. 찬이의 쿠키가 9개가 되었네요. 형은 찬이에게 쿠키 몇 개를 주었는지 써 보세요.

형이 쿠키 □ 개를 줘서
9개가 되었어.
찬이
형

□의 값 구하기 ❷

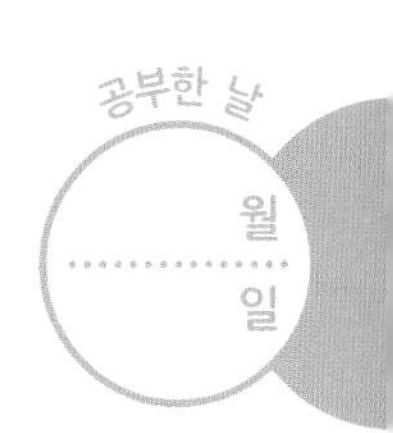

1 같은 그림은 같은 수를 나타냅니다. 그림이 나타내는 수를 각각 구하시오.

7－4＝☁ ☀＋☁＝8

문제 이해하기 ☁을 알면 ☀를 구할 수 있습니다.

➜ ☁을 먼저 구합니다.

식 세우기 ❶ 7－4＝☁이므로 ☁＝□

❷ ☀＋☁＝8에 ☁＝□을 넣으면

☀＋□＝8 ➜ ☀＝□

답 구하기 ☁＝□, ☀＝□

2 같은 그림은 같은 수를 나타냅니다. 그림이 나타내는 수를 각각 구하시오.

3＋6＝★ ★－☽＝4

문제 이해하기

식 세우기

답 구하기

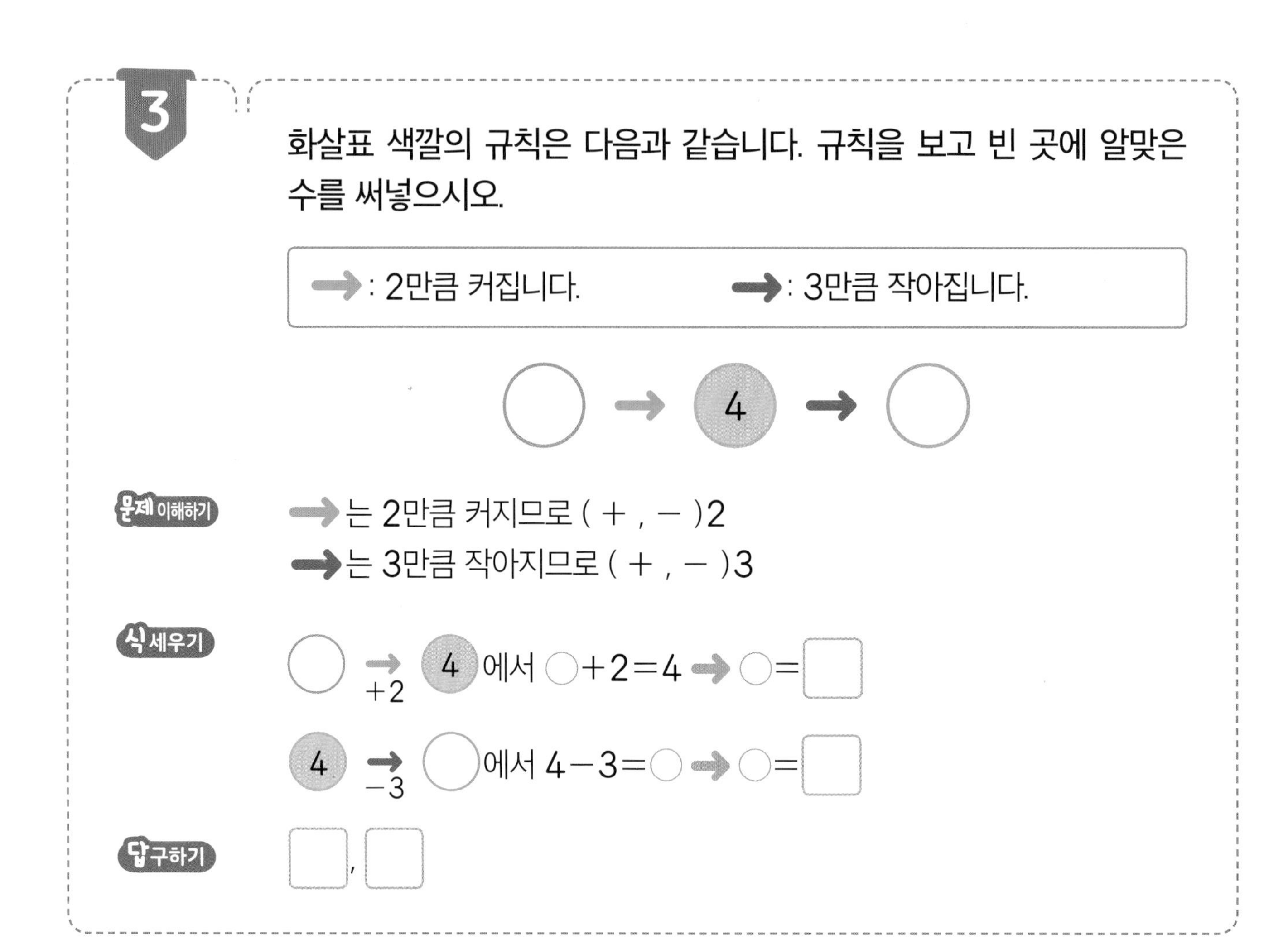

3

화살표 색깔의 규칙은 다음과 같습니다. 규칙을 보고 빈 곳에 알맞은 수를 써넣으시오.

→ : 2만큼 커집니다.　　→ : 3만큼 작아집니다.

○ → 4 → ○

문제 이해하기

→ 는 2만큼 커지므로 (+ , −)2

→ 는 3만큼 작아지므로 (+ , −)3

식 세우기

○ →(+2) 4 에서 ○+2=4 → ○=□

4 →(−3) ○ 에서 4−3=○ → ○=□

답 구하기

□, □

화살표 색깔의 규칙은 다음과 같습니다. 규칙을 보고 빈 곳에 알맞은 수를 써넣으시오.

→ : 1만큼 작아집니다.　　→ : 4만큼 커집니다.

문제 이해하기

식 세우기

답 구하기

5

어떤 수와 3의 차는 얼마입니까?

2에 어떤 수를 더하면 7이야.

준상

문제 이해하기 어떤 수와 3의 차를 구하려면 어떤 수를 알아야 합니다.
➜ 준상이의 말을 이용해서 어떤 수를 먼저 구합니다.

식 세우기 준상이의 말을 식으로 나타내 보면

2＋(어떤 수)＝☐

어떤 수는 ☐ 이므로

어떤 수와 3의 차는 ☐－☐＝☐

답 구하기 ☐

6

어떤 수와 4의 합은 얼마입니까?

은희

정답 확인 | 오늘 나의 실력은? | 부모님 확인

얼마일까요?

동물 친구들이 마트에 갔어요.
그런데 과자의 가격표에 가격이 적혀 있지 않네요. 코끼리와 사자가 계산한 결과를 보고, 과자의 가격과 기린이 내야 하는 금액을 써 보세요.

교과서 덧셈과 뺄셈

계산 결과의 크기 비교

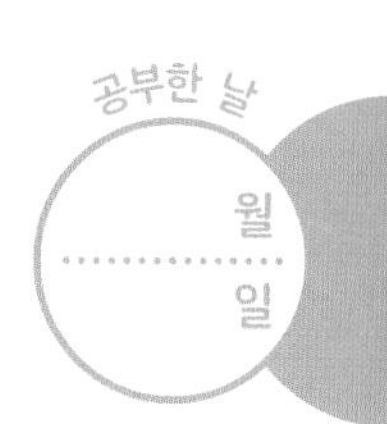

2+2를 그림으로 나타내 보면 ○○○○

6−3을 그림으로 나타내 보면 ○○○⊘⊘⊘

→ 2+2=4, 6−3=3이고, 4가 3보다 크므로
2+2는 6−3보다 계산 결과가 더 큽니다.

계산 결과가 큰 것에 ○표 하시오.

1 | 1+4 | 2+1 |

2 | 2+4 | 5+3 |

3 | 0+6 | 3+4 |

4 | 5+3 | 2+7 |

5 | 4−2 | 5−1 |

6 | 8−5 | 6−4 |

7 | 5−2 | 7−3 |

8 | 9−5 | 6−0 |

1 채은이와 윤주 중 누가 사탕을 더 많이 가지고 있는지 구하시오.

채은: 내가 가지고 있는 사탕은 9개야.

윤주: 나는 딸기 맛 사탕 7개, 포도 맛 사탕 1개를 가지고 있어.

문제 이해하기 윤주가 가지고 있는 사탕 수를 구한 다음, 채은이가 가지고 있는 사탕 수 □와 비교합니다.

식 세우기 (윤주가 가지고 있는 사탕 수)＝(딸기 맛 사탕 수)＋(포도 맛 사탕 수)

＝□＋□＝□

답 구하기 □

2 준기와 선우 중 누가 구슬을 더 적게 가지고 있는지 구하시오.

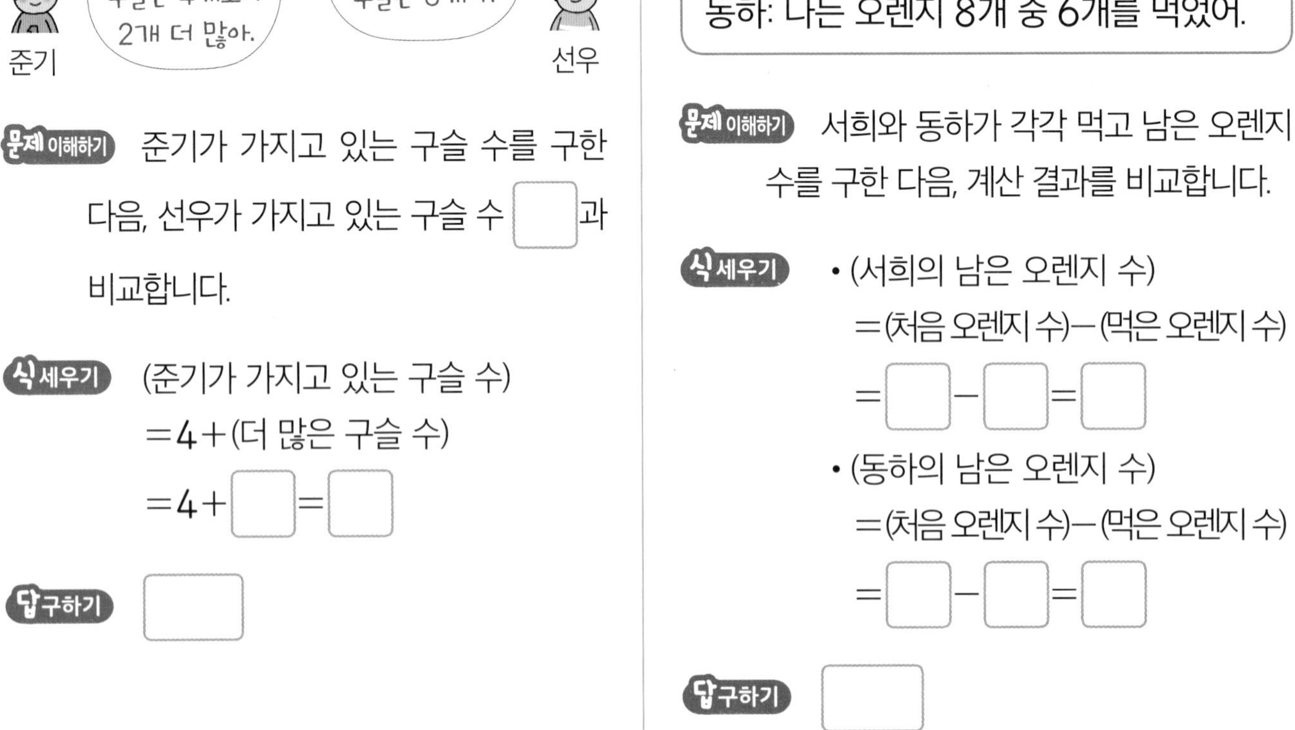

내가 가진 구슬은 4개보다 2개 더 많아.
준기
내가 가진 구슬은 8개야.
선우

문제 이해하기 준기가 가지고 있는 구슬 수를 구한 다음, 선우가 가지고 있는 구슬 수 □과 비교합니다.

식 세우기 (준기가 가지고 있는 구슬 수)

＝4＋(더 많은 구슬 수)

＝4＋□＝□

답 구하기 □

3 서희와 동하 중 먹고 남은 오렌지가 더 많은 사람을 구하시오.

서희: 나는 오렌지 7개 중 3개를 먹었어.

동하: 나는 오렌지 8개 중 6개를 먹었어.

문제 이해하기 서희와 동하가 각각 먹고 남은 오렌지 수를 구한 다음, 계산 결과를 비교합니다.

식 세우기

- (서희의 남은 오렌지 수)

＝(처음 오렌지 수)－(먹은 오렌지 수)

＝□－□＝□

- (동하의 남은 오렌지 수)

＝(처음 오렌지 수)－(먹은 오렌지 수)

＝□－□＝□

답 구하기 □

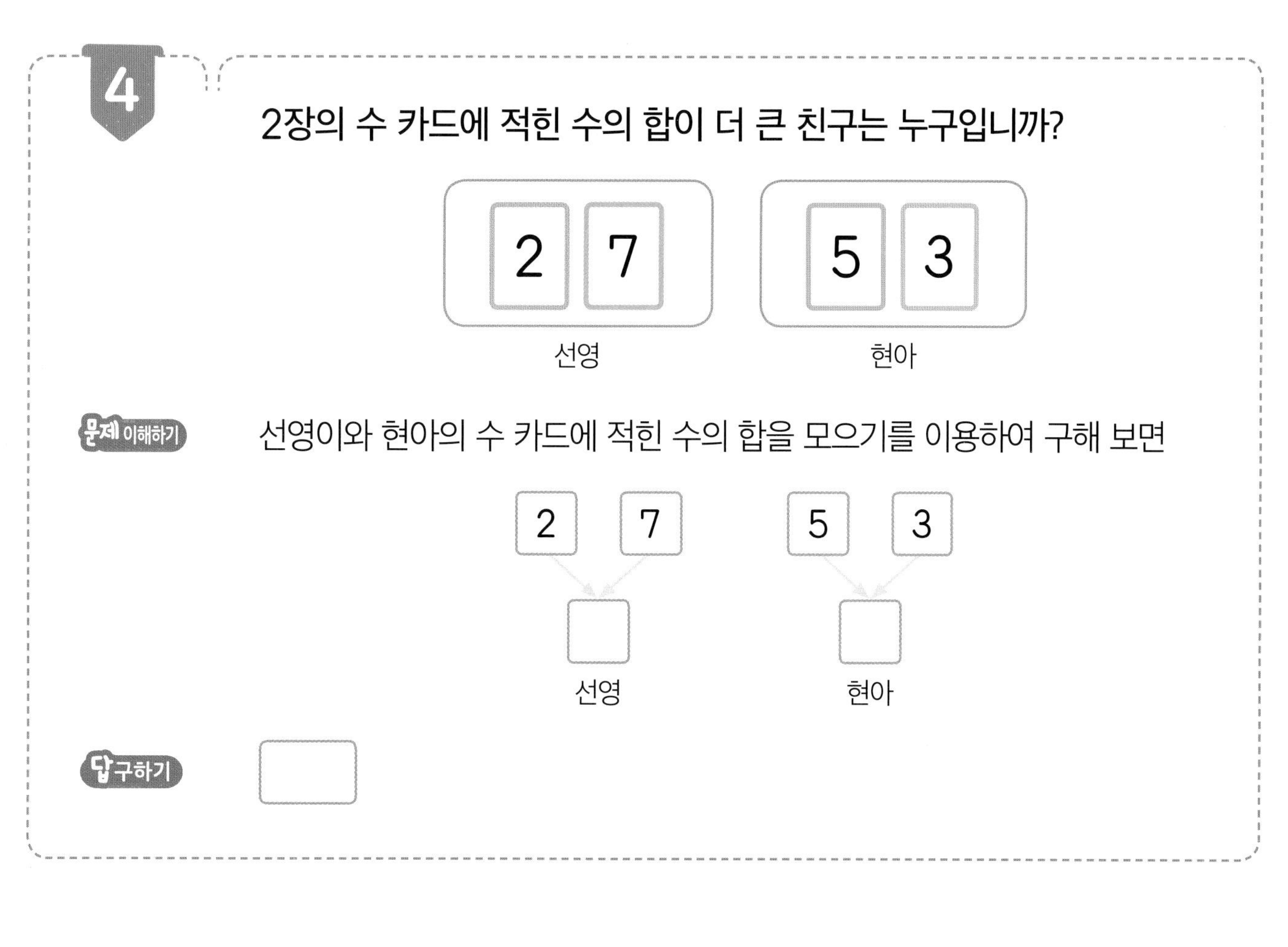

4

2장의 수 카드에 적힌 수의 합이 더 큰 친구는 누구입니까?

문제 이해하기 선영이와 현아의 수 카드에 적힌 수의 합을 모으기를 이용하여 구해 보면

답구하기

5

2장의 수 카드에 적힌 수의 합이 더 작은 친구는 누구입니까?

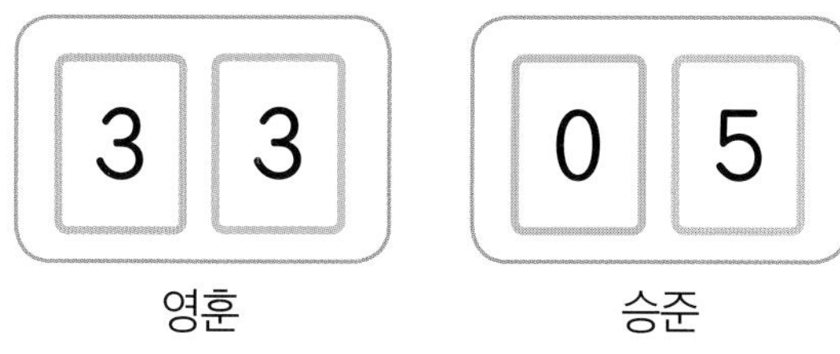

문제 이해하기 영훈이와 승준이의 수 카드에 적힌 수의 합을 모으기를 이용하여 구해 보면

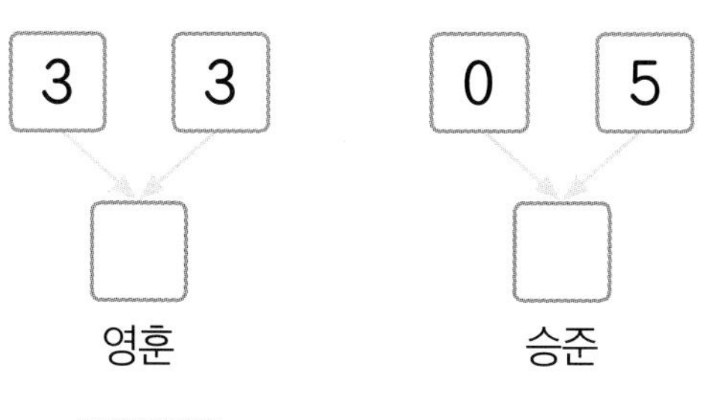

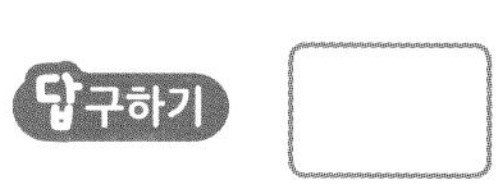

6

2장의 수 카드에 적힌 수의 차가 더 작은 친구는 누구입니까?

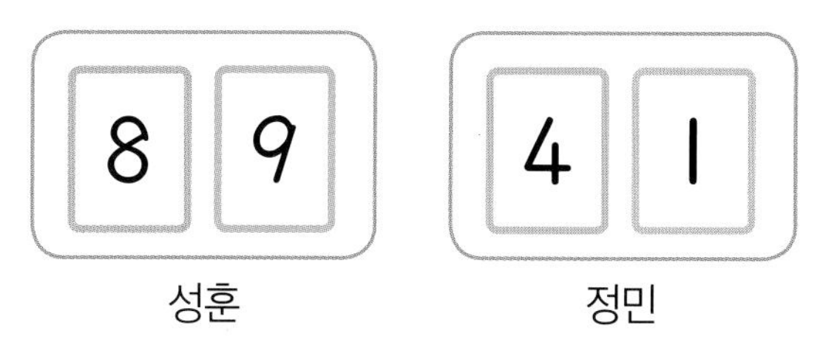

문제 이해하기 성훈이와 정민이의 수 카드에 적힌 수의 차를 가르기를 이용하여 구해 보면

9 → 8, □ (성훈)

4 → 1, □ (정민)

답구하기

정답 확인 | 오늘 나의 실력은? | 부모님 확인

간식 보관함을 열어라!

간식 보관함이 잠겨 있어요.
계산 결과가 작은 수부터 순서대로 선을 이으면 열린대요.
간식을 먹을 수 있게 간식 보관함을 열어 주세요.

교과서 덧셈과 뺄셈

단원 마무리

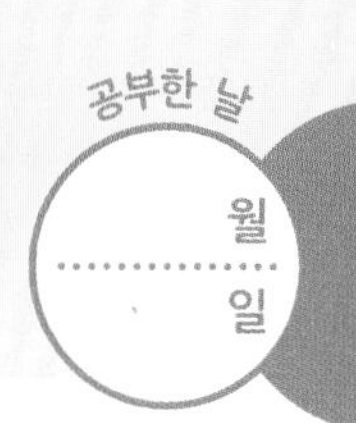

01

★에 알맞은 수는 얼마입니까?

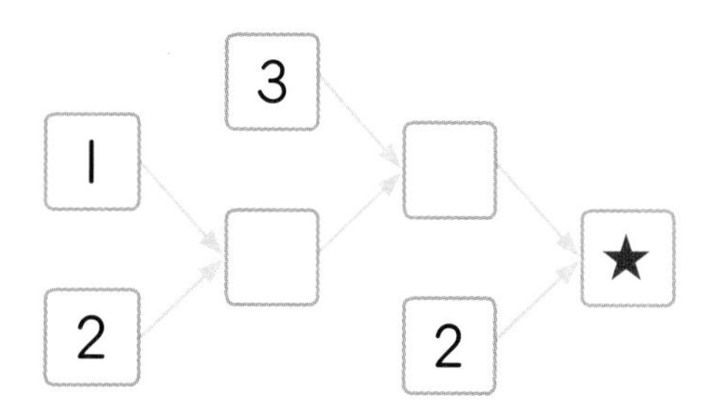

02

이야기를 읽고 알맞은 뺄셈식을 써 보시오.

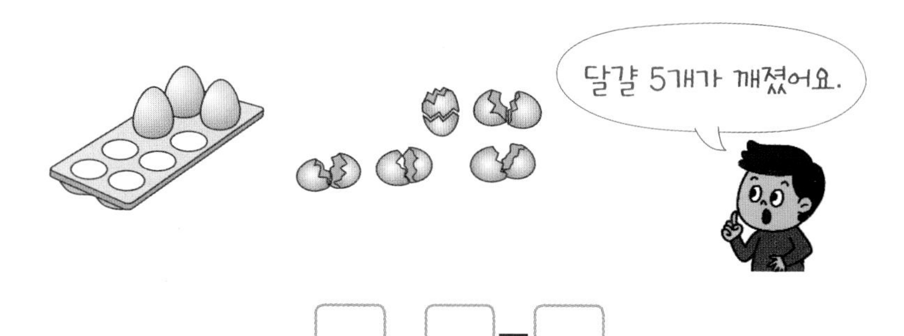

□−□=□

윤호와 창민이는 초콜릿 6개를 똑같이 나누어 먹으려고 합니다. 윤호와 창민이는 몇 개씩 먹어야 합니까?

그림을 보고 더하는 상황과 빼는 상황의 이야기를 만들어 보시오.

05

진희가 키우는 원숭이는 매일 바나나를 같은 개수만큼 먹습니다. 어제는 아침에 5개, 저녁에 4개를 먹었습니다. 오늘은 아침에 4개를 먹었다면 저녁에 몇 개를 먹어야 합니까?

06

석호는 색종이 9장을 가지고 있었습니다. 이 중에서 5장을 동생에게 주고 1장을 사용했습니다. 남은 색종이는 몇 장입니까?

07

4장의 수 카드 중에서 3장을 골라 덧셈식과 뺄셈식을 만들어 보시오.

9 3 2 6

□+□=□, □−□=□

08 다람쥐가 도토리를 아침에 7개, 저녁에 2개 모았습니다. 그중에서 3개를 먹었습니다. 지금 다람쥐에게 남은 도토리는 몇 개입니까?

09 (잠자리)가 나타내는 수를 구하시오. (단, 같은 그림은 같은 수를 나타냅니다.)

9−5=(나비), (나비)+(나비)=(개미), (개미)+(잠자리)=9

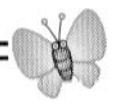

10 신혜는 강아지 1마리와 고양이 5마리를 기르고, 현우는 강아지 4마리와 고양이 3마리를 기릅니다. 누가 동물을 몇 마리 더 많이 기릅니까?

정답 확인 | 오늘 나의 실력은? | 부모님 확인

50까지의 수

이렇게 배우고 있어요!

배운 내용

[1-1]
- 9까지의 수

단원 내용

- 9 다음 수, 십몇 알아보기
- 19까지의 수 모으기와 가르기
- 50까지의 수 읽고 쓰기
- 50까지 수의 순서
- 50까지 수의 크기 비교하기

배울 내용

[1-2]
- 100까지의 수

학습 계획 세우기

공부할 내용에 대한 계획을 세우고,
학습해 보아요!

		학습 계획일	
6주 3일	9 다음 수, 십몇 ❶	월	일
6주 4일	9 다음 수, 십몇 ❷	월	일
6주 5일	19까지의 수 모으기 ❶	월	일
7주 1일	19까지의 수 모으기 ❷	월	일
7주 2일	19까지의 수 가르기 ❶	월	일
7주 3일	19까지의 수 가르기 ❷	월	일
7주 4일	50까지의 수 ❶	월	일
7주 5일	50까지의 수 ❷	월	일
8주 1일	50까지 수의 순서 ❶	월	일
8주 2일	50까지 수의 순서 ❷	월	일
8주 3일	수의 크기 비교 ❶	월	일
8주 4일	수의 크기 비교 ❷	월	일
8주 5일	단원 마무리	월	일

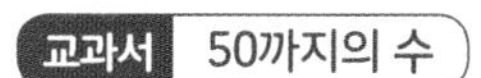

9 다음 수, 십몇 ❶

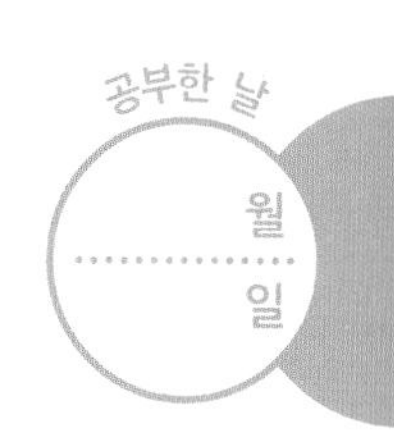

10개씩 묶음 1개와 낱개 △개는 1△입니다.

➜ 10개씩 묶음 1개와 낱개 6개는 16으로 쓰고, 십육 또는 열여섯이라고 읽습니다.

실력 확인하기

빈칸에 알맞은 수를 써넣으시오.

1

10개씩 묶음	낱개
1	0

➜ □

2

10개씩 묶음	낱개
1	5

➜ □

3

10개씩 묶음	낱개
1	3

➜ □

4

10개씩 묶음	낱개
1	8

➜ □

5

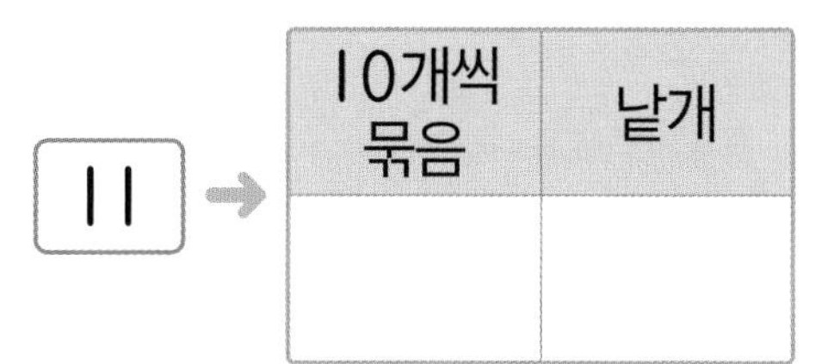

11 ➜

10개씩 묶음	낱개

6

17 ➜

10개씩 묶음	낱개

7

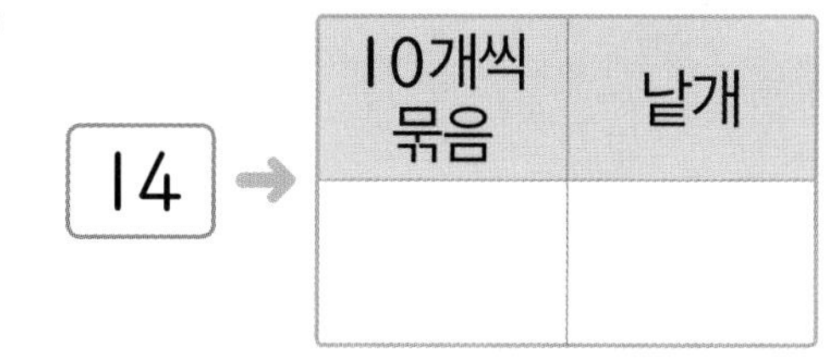

14 ➜

10개씩 묶음	낱개

8

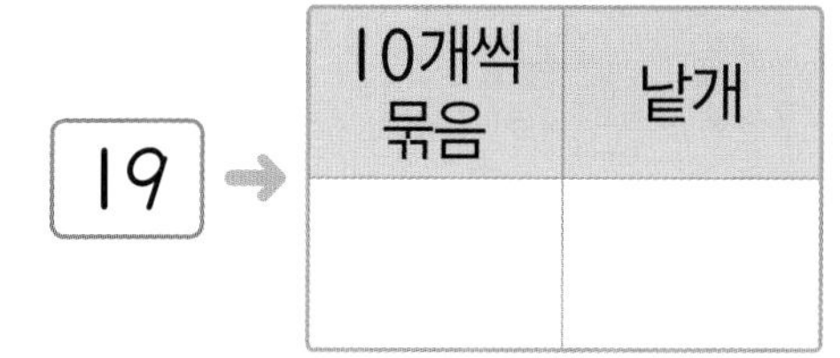

19 ➜

10개씩 묶음	낱개

1 10을 알맞게 읽어 보시오.

버스 정류장에 모두 10 (십 , 열) 명이 있습니다.

문제 이해하기 사람 수를 읽어 보면

한 명 ☐ 명 세 명 네 명 ☐ 명 ☐ 명 일곱 명 ☐ 명 ☐ 명 ☐ 명

답구하기 ☐

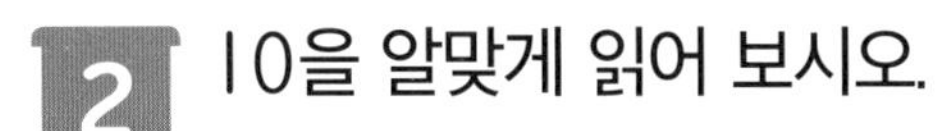

2 10을 알맞게 읽어 보시오.

할아버지네 과수원에서 사과를
10 (십 , 열) 개 땄습니다.

문제 이해하기 사과 수를 읽어 보면

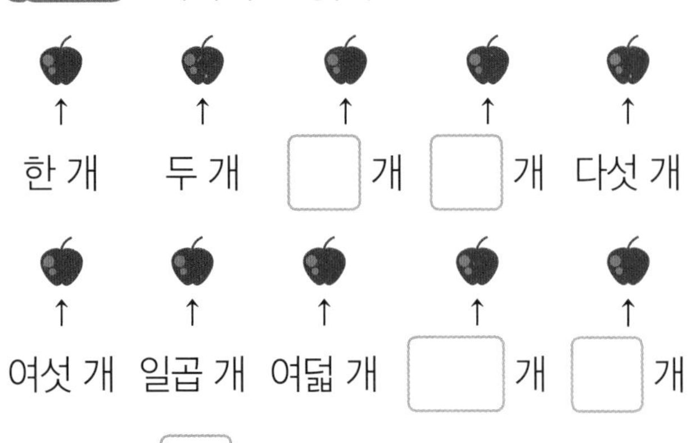

한 개 두 개 ☐ 개 ☐ 개 다섯 개

여섯 개 일곱 개 여덟 개 ☐ 개 ☐ 개

답구하기 ☐

3 10을 알맞게 읽어 보시오.

누나의 생일

6월 10일은 누나의 생일입니다.
누나에게 줄 예쁜 머리핀을 샀습니다.
누나가 기뻐했으면 좋겠습니다.

문제 이해하기 날짜를 읽어 보면

6월				
1일	2일	3일	4일	5일
☐ 일	☐ 일	☐ 일	☐ 일	☐ 일
6일	7일	8일	9일	10일
☐ 일	☐ 일	☐ 일	☐ 일	☐ 일

답구하기 ☐

4

□ 안에 알맞은 수를 써넣으시오.

생선은 10이 □개, 1이 □개 있습니다.

생선은 모두 □마리입니다.

문제 이해하기 생선 수를 10개씩 묶음과 낱개의 수로 나타내 보면

10개씩 묶음	낱개
□	□

답 구하기 □, □, □

5

□ 안에 알맞은 수를 써넣으시오.

야구공은 10이 □개, 1이 □개 있습니다. 야구공은 모두 □개입니다.

문제 이해하기 야구공 수를 10개씩 묶음과 낱개의 수로 나타내 보면

10개씩 묶음	낱개
□	□

답 구하기 □, □, □

6

달걀이 한 묶음 있습니다. 옆에 원하는 수만큼 낱개 달걀을 그리고 □ 안에 알맞은 수를 써넣으시오.

달걀은 10이 □개, 1이 □개 있습니다. 달걀은 모두 □개입니다.

문제 이해하기 ❶ 달걀 한 묶음에 들어 있는 달걀은 □개

❷ 문제의 빈 곳에 낱개 달걀을 □개 더 그리면 달걀 수는 10개씩 묶음 □개와 낱개 □개

답 구하기 □, □, □, □

정답 확인 | 오늘 나의 실력은? | 부모님 확인

재미있는
수학
놀이터

내 자리는?

정우와 민아가 비즈로 팔찌 만들기 수업을 듣고 있어요.
정우와 민아가 잠깐 나갔다 왔는데 자신의 자리가 어디인지 잘 기억이 나지 않는대요. 대화를 보고 두 친구의 자리를 찾아 선으로 이어 주세요.

나는 비즈가 열여덟 개 있었어.
정우
나는 비즈가 열네 개 있었는데.
민아

교과서 50까지의 수

9 다음 수, 십몇 ❷

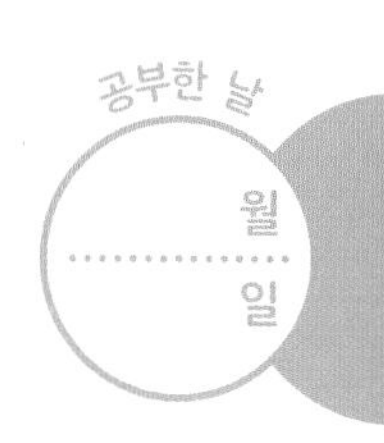

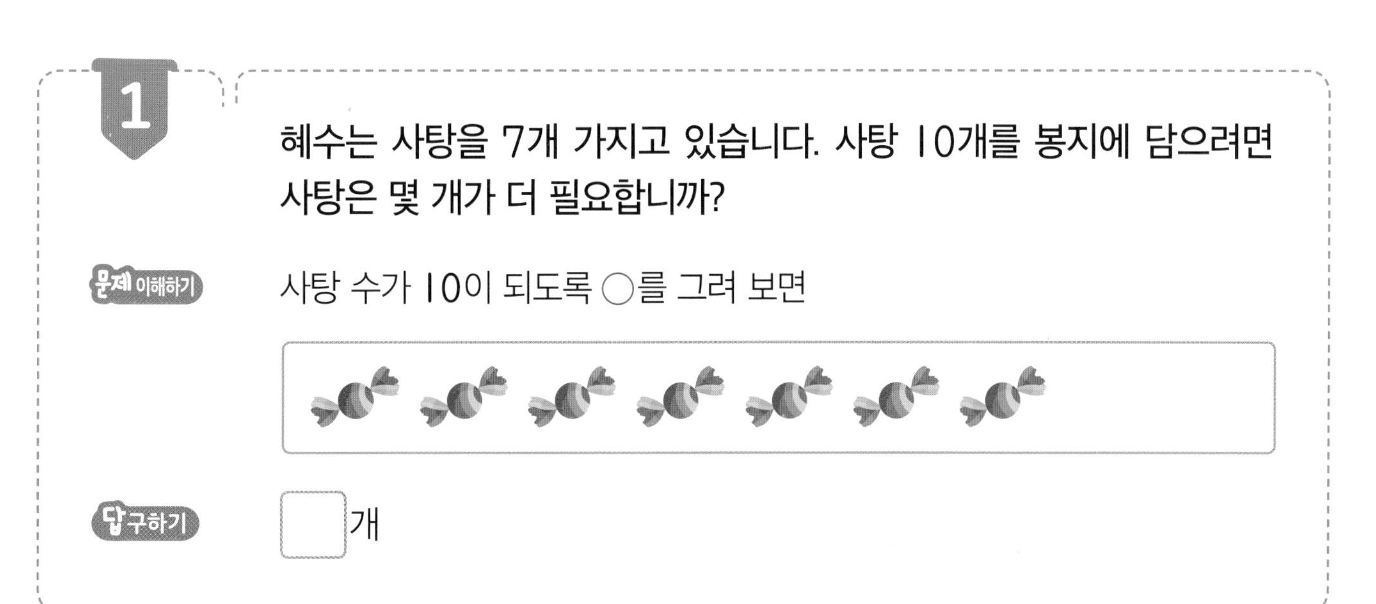

1

혜수는 사탕을 7개 가지고 있습니다. 사탕 10개를 봉지에 담으려면 사탕은 몇 개가 더 필요합니까?

문제 이해하기 사탕 수가 10이 되도록 ○를 그려 보면

답구하기 □개

2

지연이는 붙임 딱지를 8장 가지고 있습니다. 붙임 딱지가 10장이 되려면 붙임 딱지는 몇 장이 더 필요합니까?

문제 이해하기

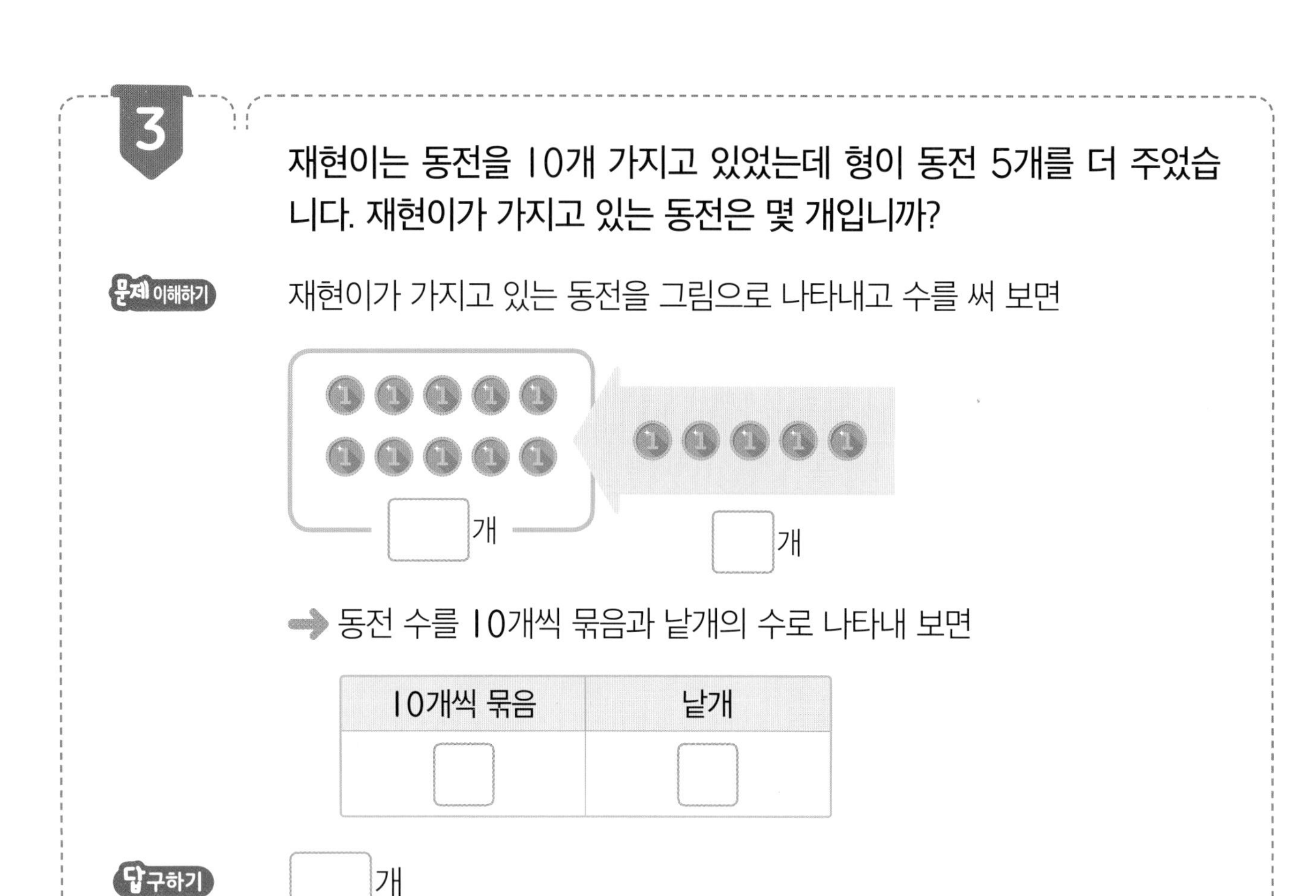

3

재현이는 동전을 10개 가지고 있었는데 형이 동전 5개를 더 주었습니다. 재현이가 가지고 있는 동전은 몇 개입니까?

문제 이해하기 재현이가 가지고 있는 동전을 그림으로 나타내고 수를 써 보면

➡ 동전 수를 10개씩 묶음과 낱개의 수로 나타내 보면

10개씩 묶음	낱개
□	□

답 구하기 □개

4

영하는 구슬을 10개 가지고 있었는데 구슬치기를 하여 8개를 더 땄습니다. 영하가 가지고 있는 구슬은 몇 개입니까?

문제 이해하기

답 구하기

5

민지와 윤상이가 사용한 블록의 수를 각각 쓰시오.

민지　　　윤상

문제 이해하기

• 민지의 블록을 10개씩 묶어 보면

➜ 10개씩 묶음 ☐ 개와 낱개 ☐ 개

• 윤상이의 블록을 10개씩 묶어 보면

➜ 10개씩 묶음 ☐ 개와 낱개 ☐ 개

답구하기 민지: ☐ 개, 윤상: ☐ 개

정원이와 수현이가 사용한 블록의 수를 각각 쓰시오.

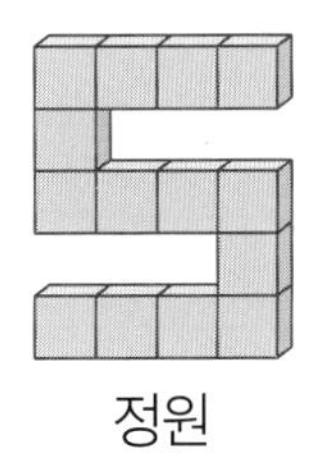

정원

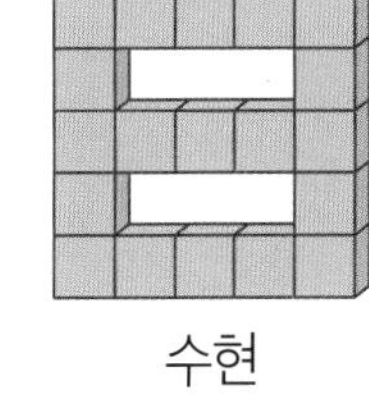

수현

답구하기

정답 확인

오늘 나의 실력은?

부모님 확인

친구는 어디에?

장난꾸러기 친구가 쪽지에 자신이 있는 곳을 암호로 남기고 가 버렸어요. 쪽지에 적힌 암호를 수로 쓴 다음, 암호 해독표에서 그 수에 해당하는 글자를 찾아 차례대로 쓰면 암호를 풀 수 있어요. 친구가 있는 곳에 ○표 하세요.

<암호 해독표>

10	11	12	13	14	15	16	17	18	19
봉	나	식	빛	달	헤	맛	어	페	카

<쪽지>

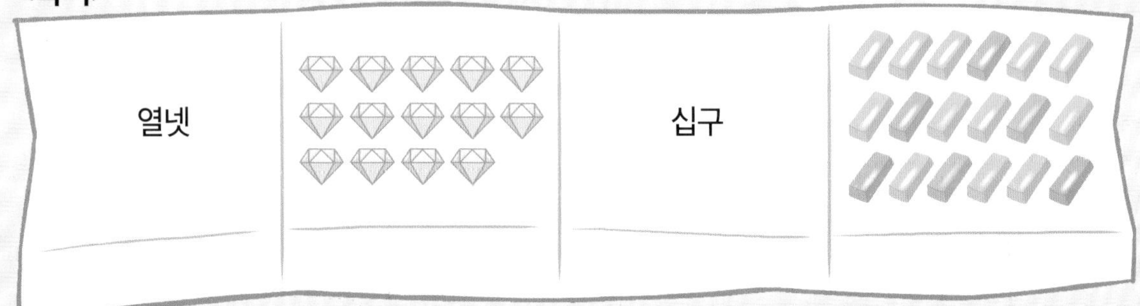

19까지의 수 모으기 ①

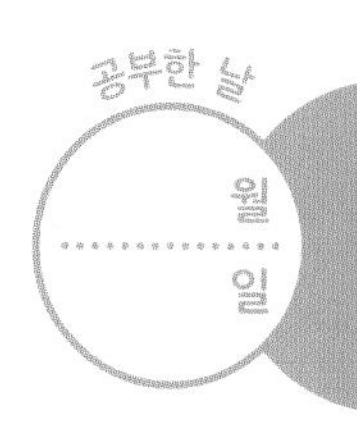

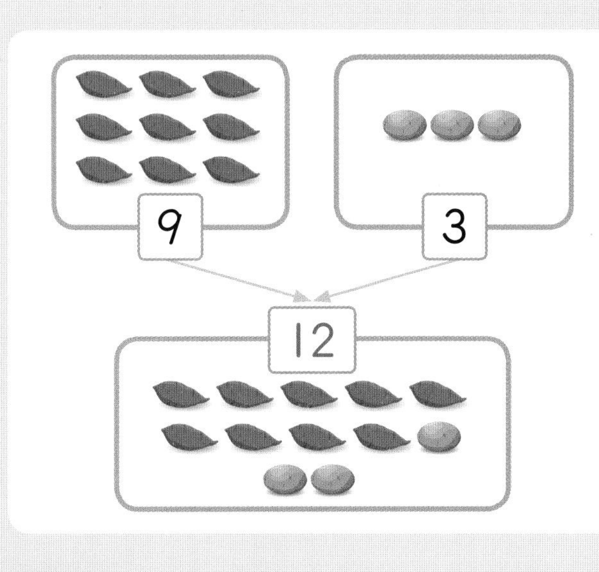

[방법1] 와 의 수를 모두 세어 보면 12개 입니다.

[방법2] 는 9개이므로 9에서 시작하여 의 수를 이어서 세어 보면 10, 11, 12입니다.

→ 9와 3을 모으기 하면 12가 됩니다.

□ 안에 알맞은 수를 써넣으시오.

1
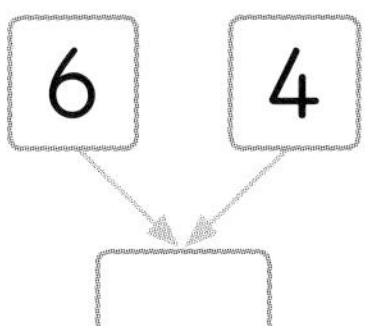

2
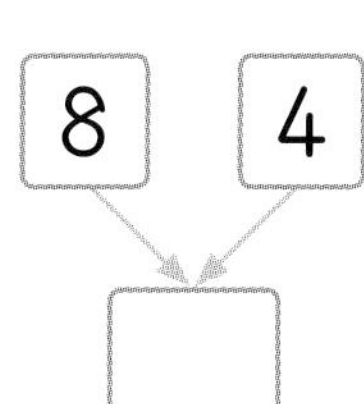

3
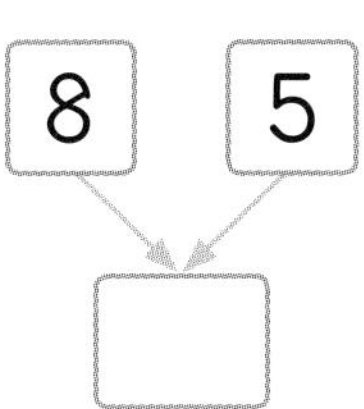

4
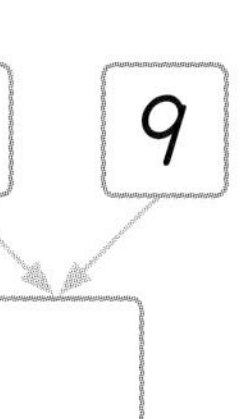

5
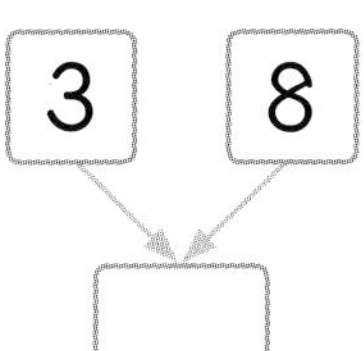

6

1 동물 병원에 강아지 7마리와 고양이 4마리가 있습니다. 강아지와 고양이를 모으면 모두 몇 마리입니까?

문제 이해하기 빈 곳에 고양이 수만큼 ○를 그리고 모으기를 해 보면

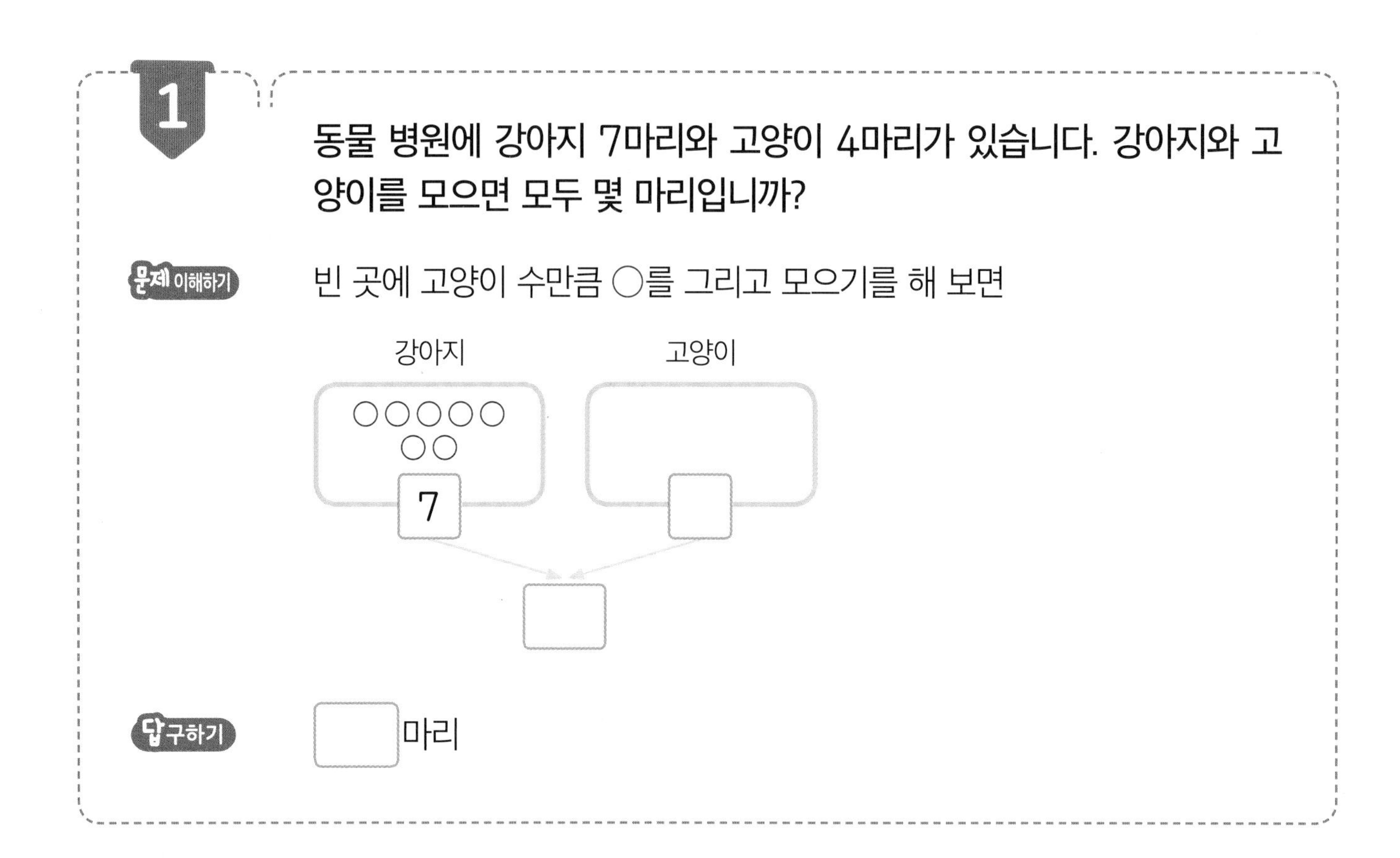

답 구하기 □마리

2 운동장에 축구공 3개와 야구공 9개가 있습니다. 운동장에 있는 공을 모으면 모두 몇 개입니까?

문제 이해하기 빈 곳에 축구공과 야구공 수만큼 ○를 그리고 모으기를 해 보면

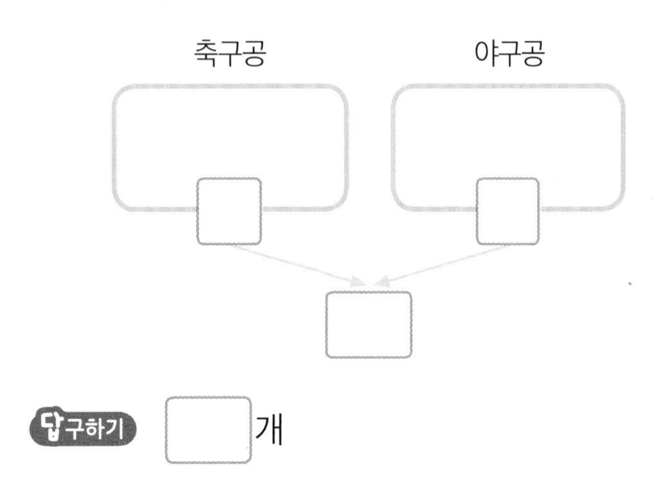

답 구하기 □개

3 바둑판 위에 검은 바둑돌 8개와 흰 바둑돌 8개가 놓여 있습니다. 검은 바둑돌과 흰 바둑돌을 모으면 모두 몇 개입니까?

문제 이해하기 빈 곳에 알맞은 바둑돌 수만큼 ○를 그리고 모으기를 해 보면

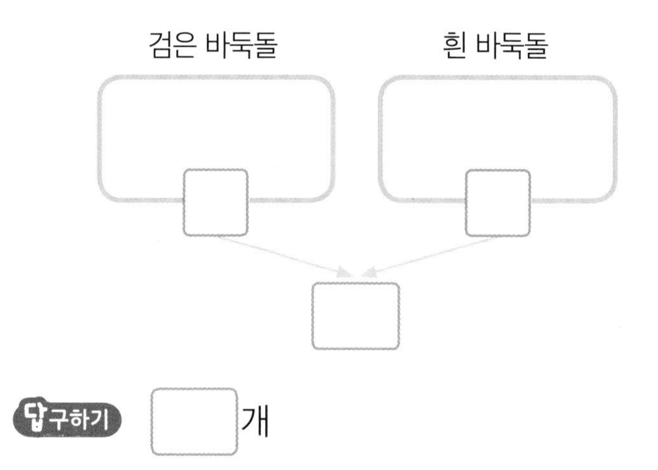

답 구하기 □개

4

2개의 공에 적힌 수를 모으기 했을 때, 모으기 한 수가 14인 친구는 누구입니까?

7 6 — 선희

5 9 — 윤재

문제 이해하기

• 선희의 공에 적힌 수를 모으기 할 때에는
7에서 시작해서 1씩 6번 이어서 세면 됩니다.

① ② ③ ④ ⑤ ⑥

7 8 9 ☐ ☐ ☐ ☐

• 윤재의 공에 적힌 수를 모으기 할 때에는
5에서 시작해서 1씩 9번 이어서 세면 됩니다.

5 6 7 ☐ ☐ ☐ ☐ ☐ ☐ ☐

답 구하기 ☐

5

2개의 공에 적힌 수를 모으기 했을 때, 모으기 한 수가 10인 친구는 누구입니까?

7 4 — 수민

5 5 — 선아

문제 이해하기 공에 적힌 수를 이어서 세어 보면

[수민] 7 8 9 ☐ ☐

[선아] 5 6 7 ☐ ☐ ☐

답 구하기 ☐

6

2개의 공에 적힌 수를 모으기 했을 때, 모으기 한 수가 친구들과 다른 한 명은 누구입니까?

9 6 — 지훈

11 5 — 석희

12 3 — 민호

문제 이해하기 공에 적힌 수를 이어서 세어 보면

[지훈]

9 10 ☐ ☐ ☐ ☐ ☐

[석희]

11 12 ☐ ☐ ☐ ☐

[민호]

12 13 ☐ ☐

답 구하기 ☐

정답 확인 | 오늘 나의 실력은? | 부모님 확인

블록 모으기

동생이 블록을 찾고 있어요.
유나는 부모님께 받은 블록 8개와 자신이 찾은 블록 7개를 모아서 동생에게 주었어요. 유나가 동생에게 준 블록은 모두 몇 개인지 써 보세요.

교과서 50까지의 수

19까지의 수 모으기 ❷

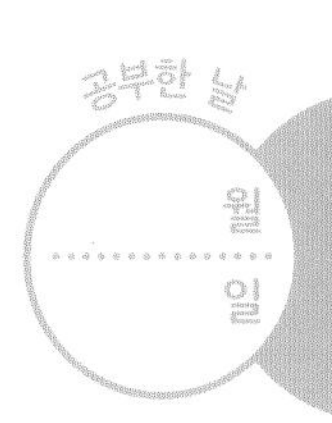
공부한 날
월
일

1

규칙을 찾아 빈 곳에 알맞은 수를 써넣으시오.

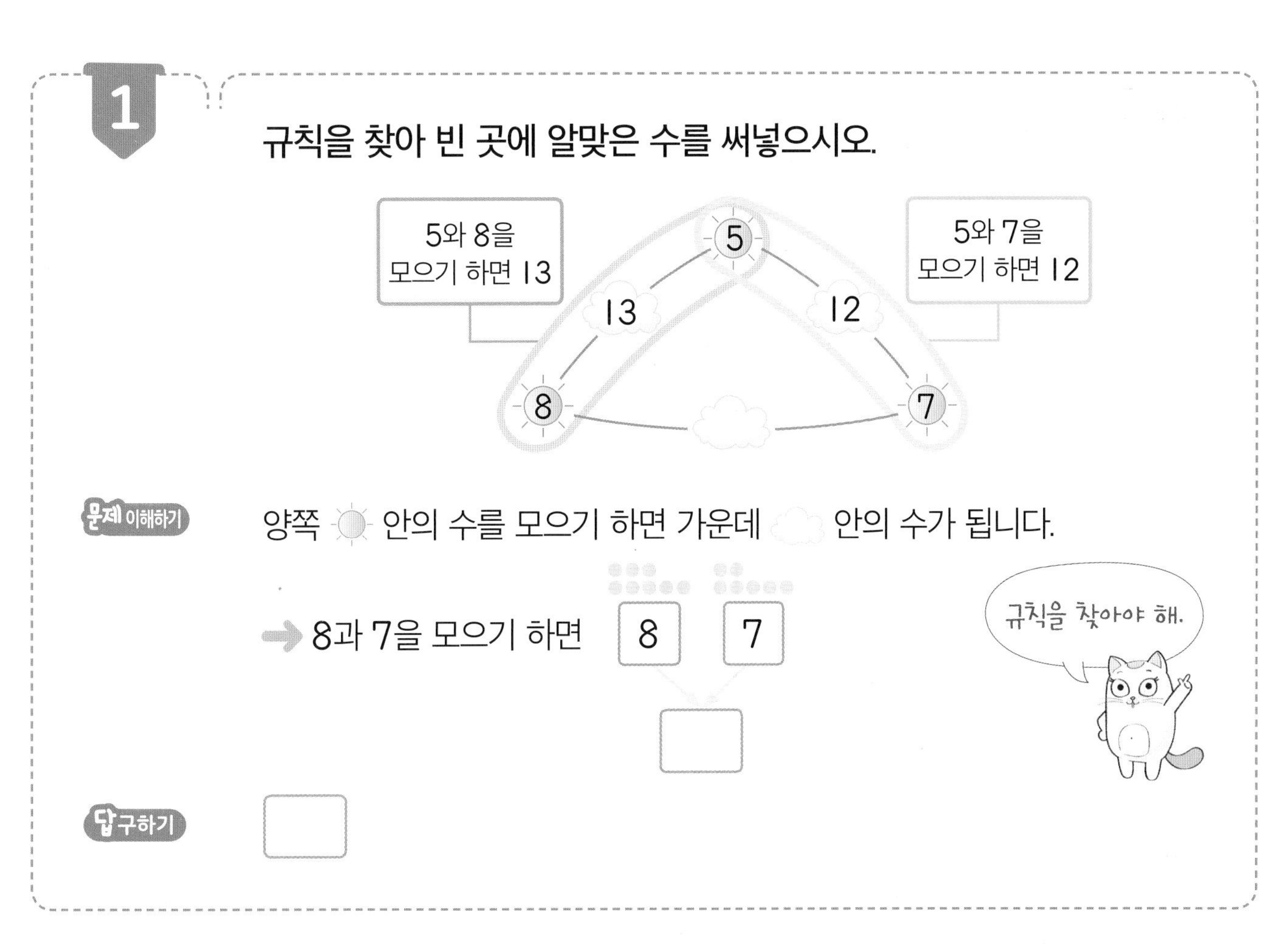
5와 8을
모으기 하면 13
5와 7을
모으기 하면 12
5
13
12
8
7
규칙을 찾아야 해.

문제 이해하기

양쪽 ☀ 안의 수를 모으기 하면 가운데 ☁ 안의 수가 됩니다.

➡ 8과 7을 모으기 하면 8 7 □

답 구하기 □

2

규칙을 찾아 빈 곳에 알맞은 수를 써넣으시오.

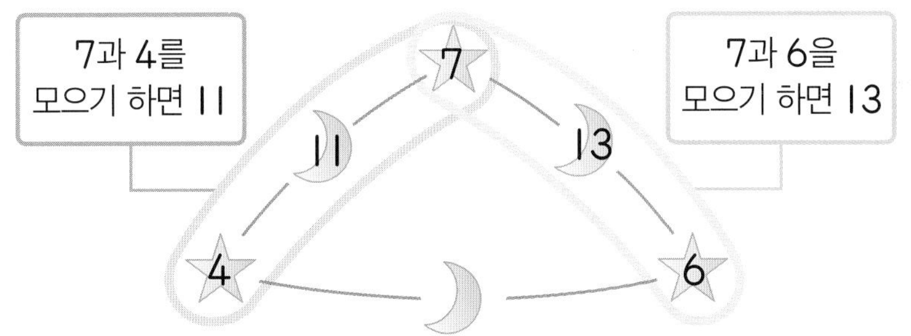
7과 4를
모으기 하면 11
7과 6을
모으기 하면 13
7
11
13
4
6

문제 이해하기

답 구하기

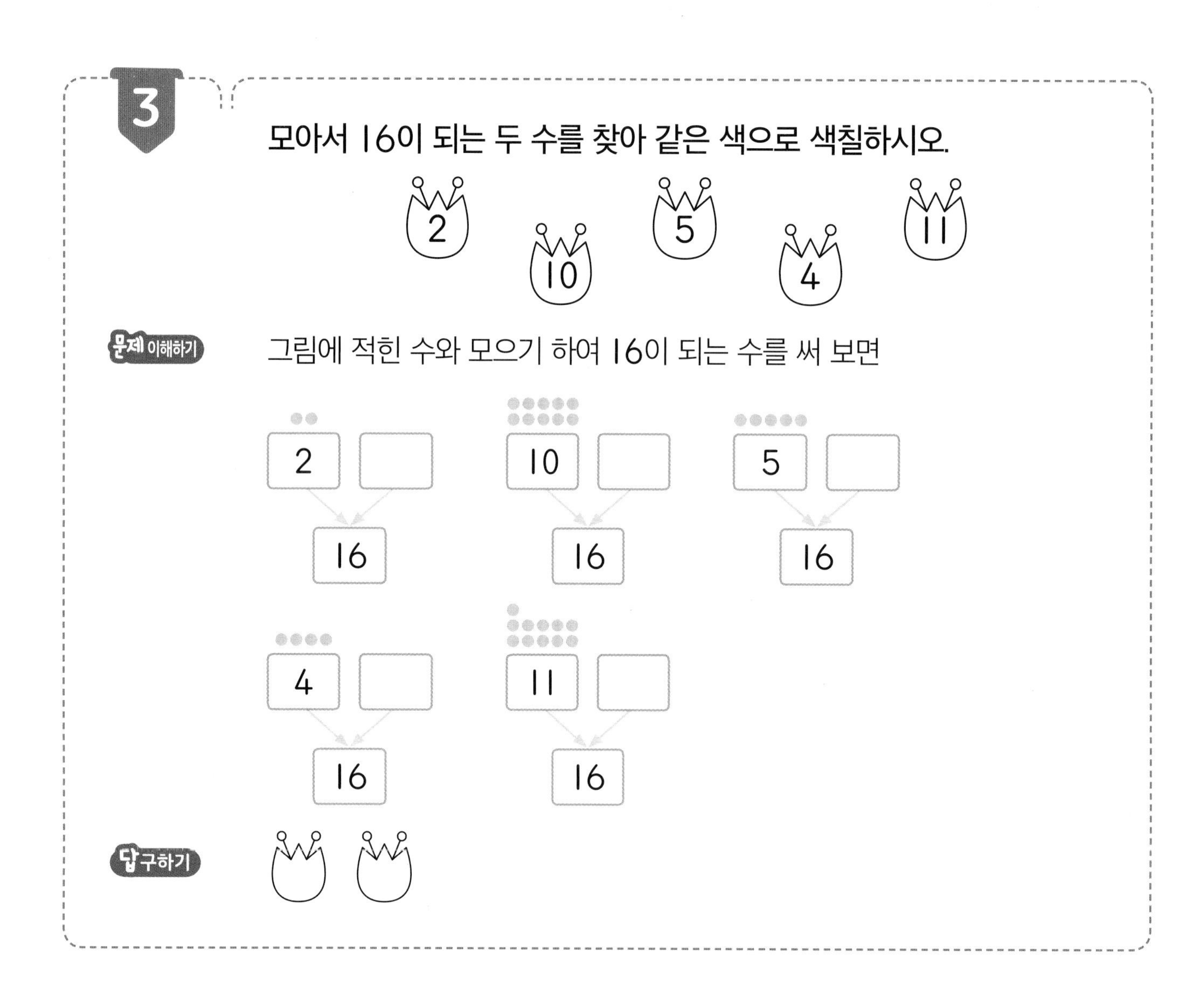

3
모아서 16이 되는 두 수를 찾아 같은 색으로 색칠하시오.
2
10
5
4
11
문제 이해하기
그림에 적힌 수와 모으기 하여 16이 되는 수를 써 보면
2
16
10
16
5
16
4
16
11
16
답 구하기

모아서 13이 되는 두 수를 찾아 같은 색으로 색칠하시오.

문제 이해하기

답 구하기

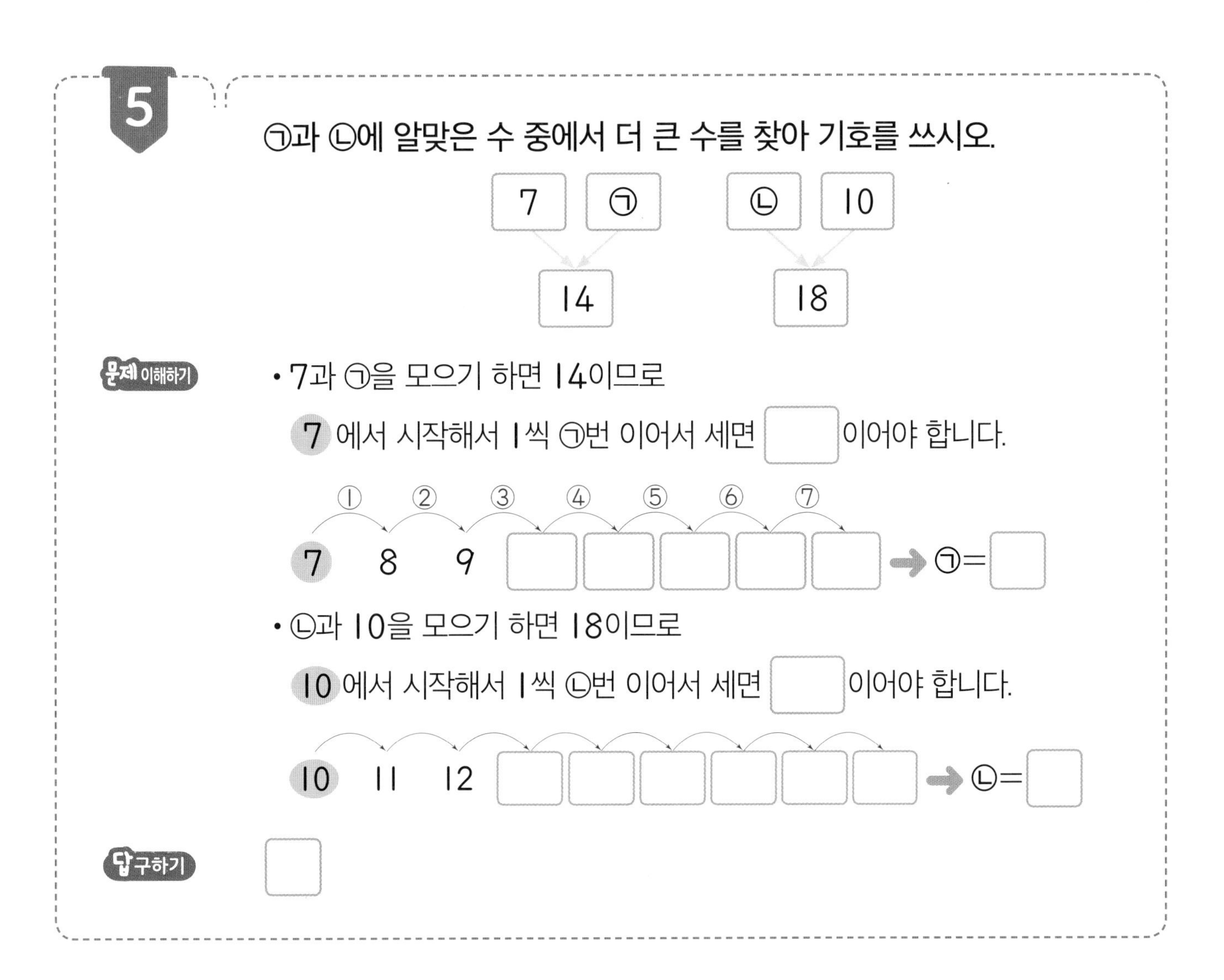

5 ㉠과 ㉡에 알맞은 수 중에서 더 큰 수를 찾아 기호를 쓰시오.

7, ㉠ → 14 ㉡, 10 → 18

문제 이해하기

• 7과 ㉠을 모으기 하면 14이므로

7 에서 시작해서 1씩 ㉠번 이어서 세면 ☐ 이어야 합니다.

① ② ③ ④ ⑤ ⑥ ⑦

7 8 9 ☐ ☐ ☐ ☐ ☐ → ㉠= ☐

• ㉡과 10을 모으기 하면 18이므로

10 에서 시작해서 1씩 ㉡번 이어서 세면 ☐ 이어야 합니다.

10 11 12 ☐ ☐ ☐ ☐ ☐ ☐ → ㉡= ☐

답 구하기 ☐

6 ㉠과 ㉡에 알맞은 수 중에서 더 작은 수를 찾아 기호를 쓰시오.

㉠, 6 → 10 9, ㉡ → 15

문제 이해하기

답 구하기

정답 확인 | 오늘 나의 실력은? | 부모님 확인

즐거운 쿠키 만들기

지호와 민아가 이틀 동안 쿠키를 만들었어요.
두 친구는 각자 만든 쿠키를 모아 한 상자에 담았어요. 어제와 오늘 민아가 만든 쿠키 수를 각각 쓰고, 쿠키를 더 많이 만든 날에 ○표 하세요.

교과서 50까지의 수

19까지의 수 가르기 ❶

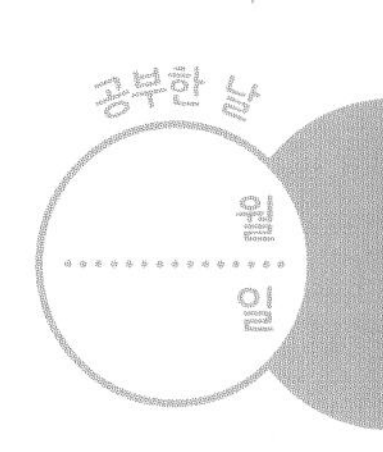

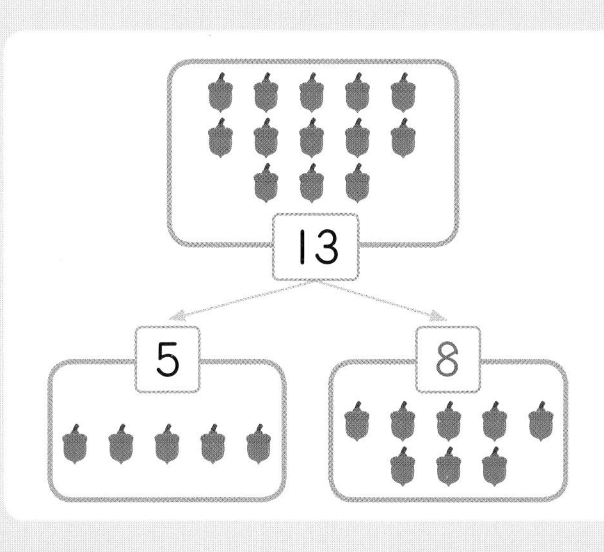

[방법1] 13개에서 5개를 지우고 남은 의 수를 모두 세어 보면 8개입니다.

[방법2] 는 13개이므로 13에서 시작하여 5만큼 거꾸로 세어 보면 12, 11, 10, 9, 8입니다.

➡ 13은 5와 8로 가르기 할 수 있습니다.

실력 확인하기

□ 안에 알맞은 수를 써넣으시오.

1 11 → 6, □

2

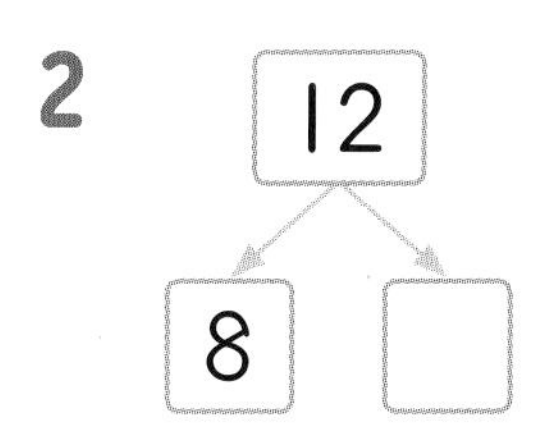

3 14 → 6, □

4

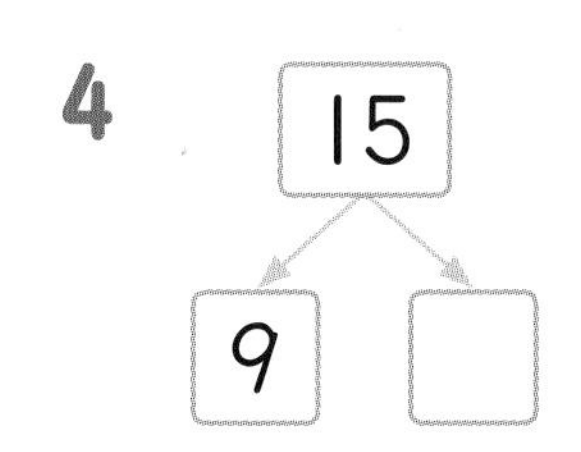

5 17 → 13, □

6

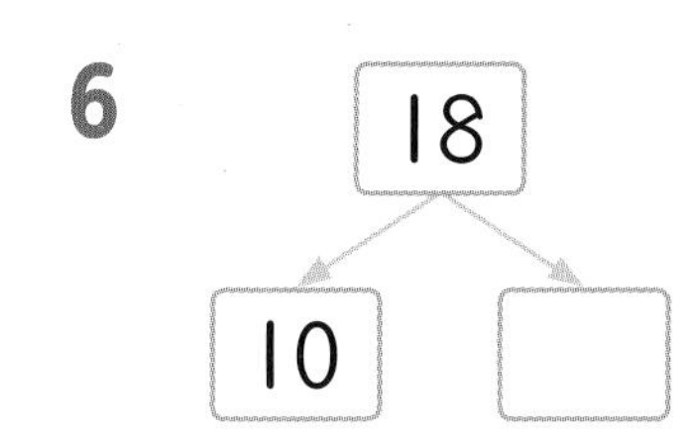

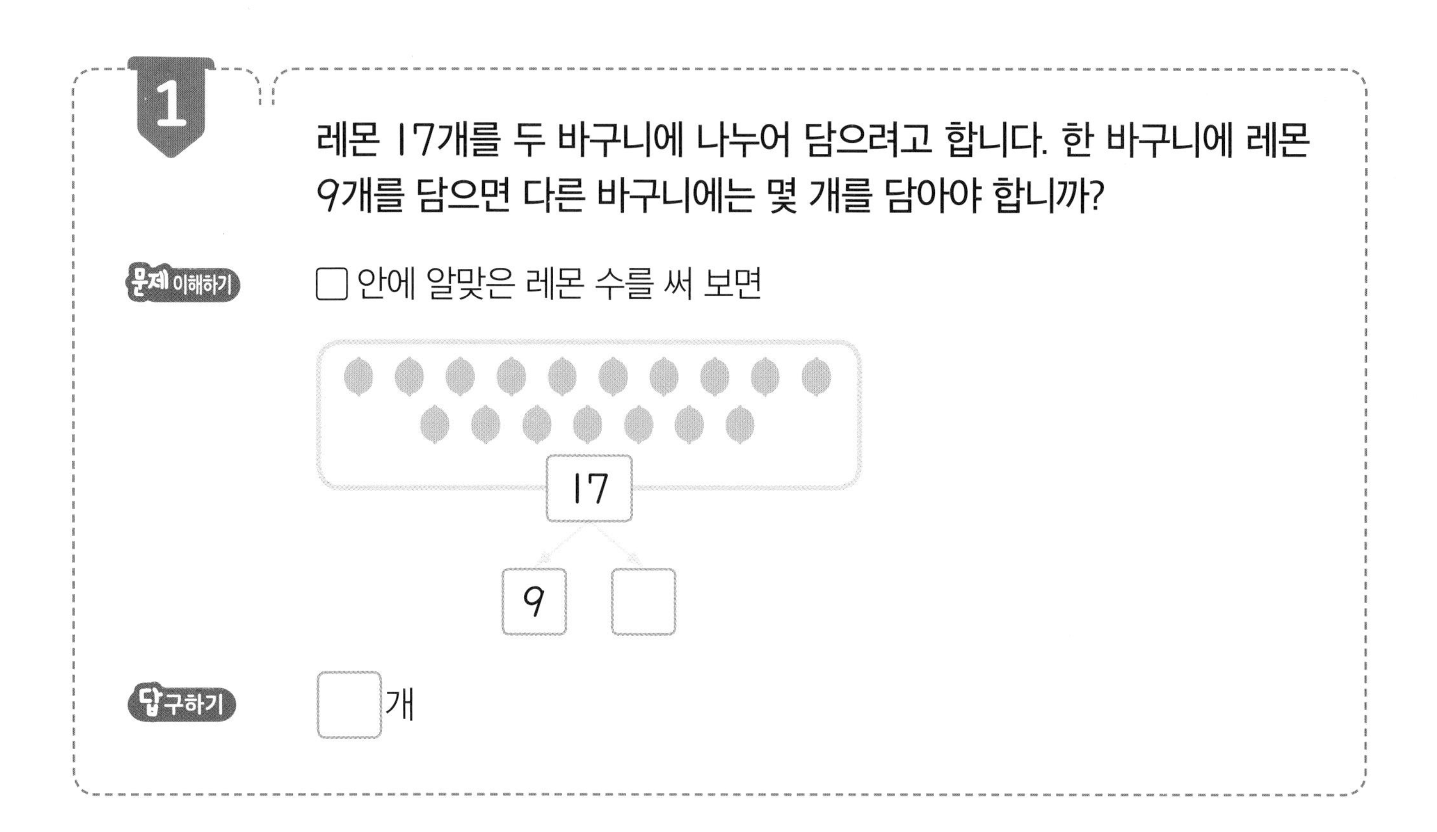

1 레몬 17개를 두 바구니에 나누어 담으려고 합니다. 한 바구니에 레몬 9개를 담으면 다른 바구니에는 몇 개를 담아야 합니까?

문제 이해하기 □ 안에 알맞은 레몬 수를 써 보면

17

9 □

답 구하기 □개

2 로봇 15개를 두 상자에 나누어 담으려고 합니다. 한 상자에 로봇 8개를 담으면 다른 상자에는 몇 개를 담아야 합니까?

문제 이해하기 □ 안에 알맞은 로봇 수를 써 보면

15

8 □

답 구하기 □개

3 화단에 핀 튤립 14송이 중에서 5송이가 시들었습니다. 화단에 시들지 않고 남아 있는 튤립은 몇 송이입니까?

문제 이해하기 □ 안에 알맞은 튤립 수를 써 보면

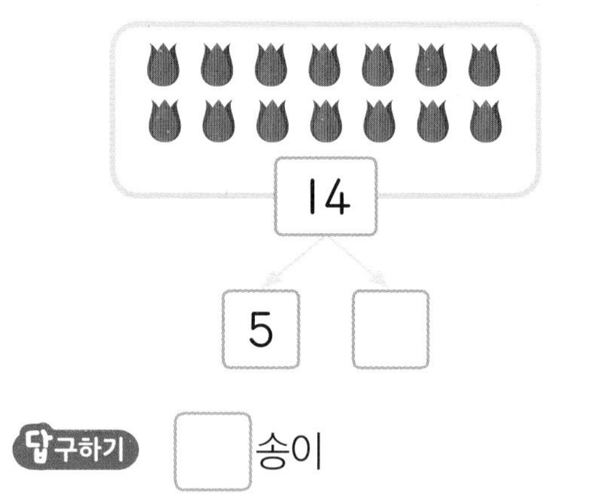

답 구하기 □송이

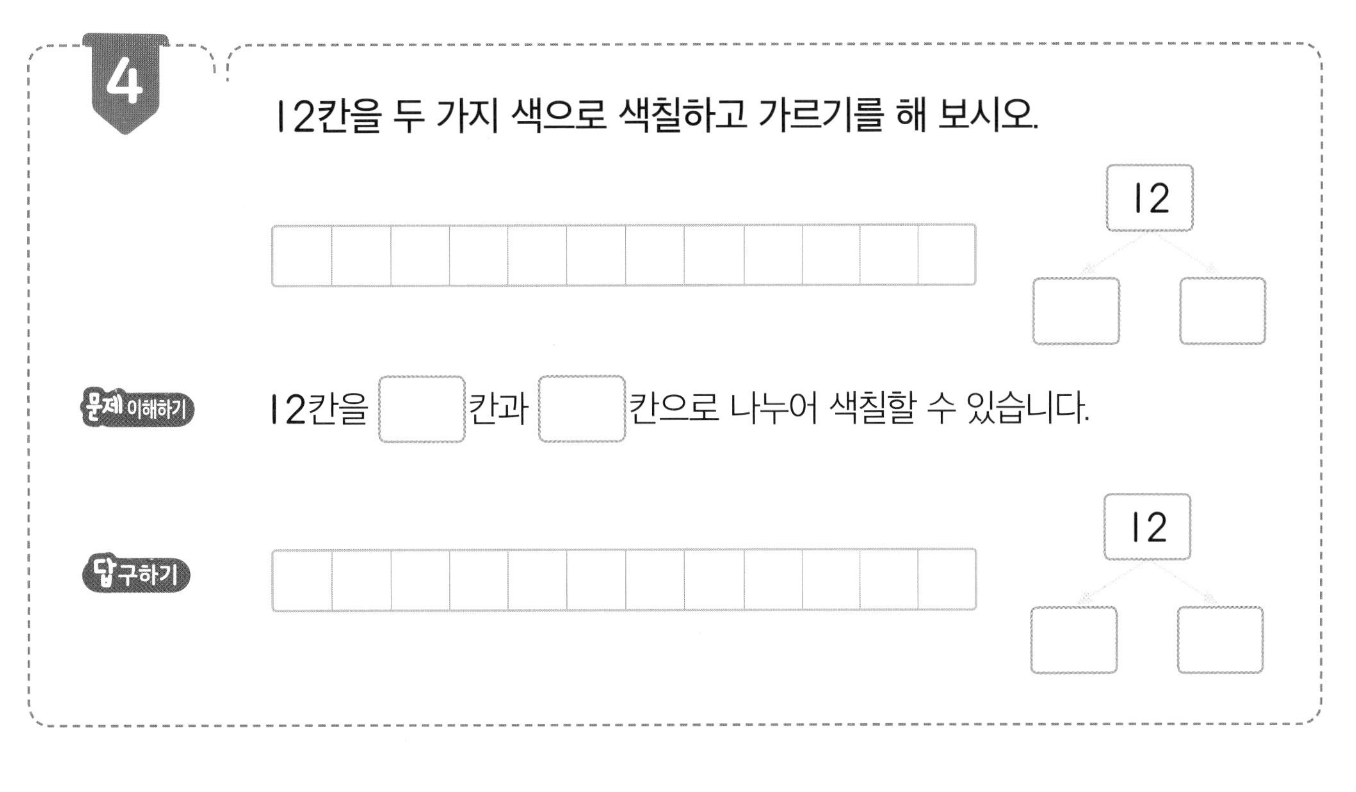

4

12칸을 두 가지 색으로 색칠하고 가르기를 해 보시오.

12

문제 이해하기 12칸을 [ ] 칸과 [ ] 칸으로 나누어 색칠할 수 있습니다.

답 구하기

12

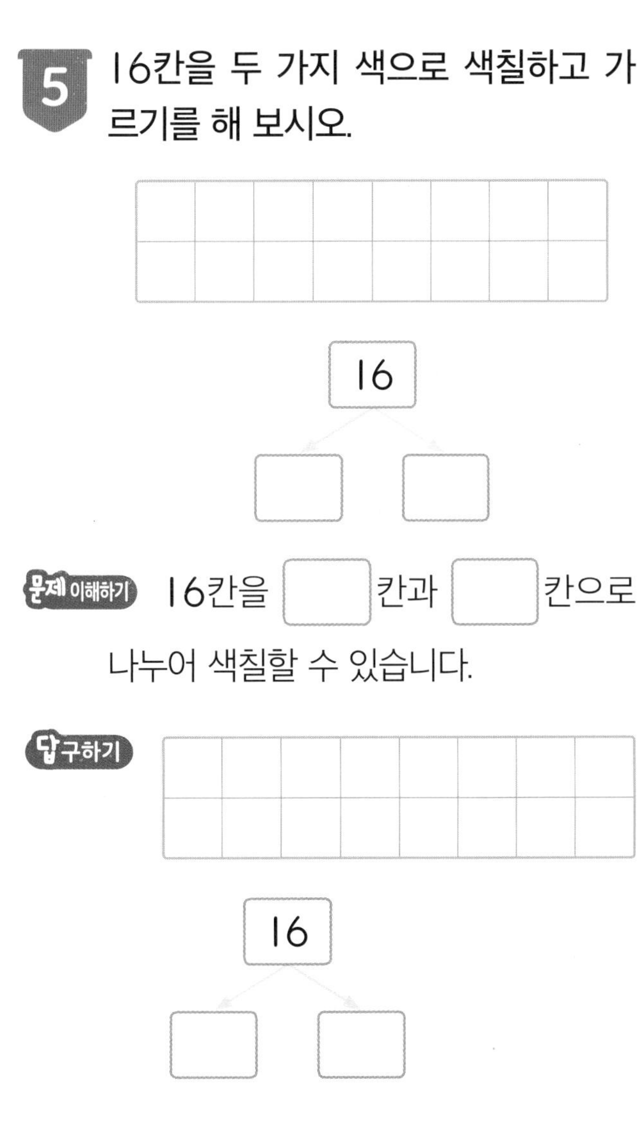

5 16칸을 두 가지 색으로 색칠하고 가르기를 해 보시오.

16

문제 이해하기 16칸을 [ ] 칸과 [ ] 칸으로 나누어 색칠할 수 있습니다.

답 구하기

16

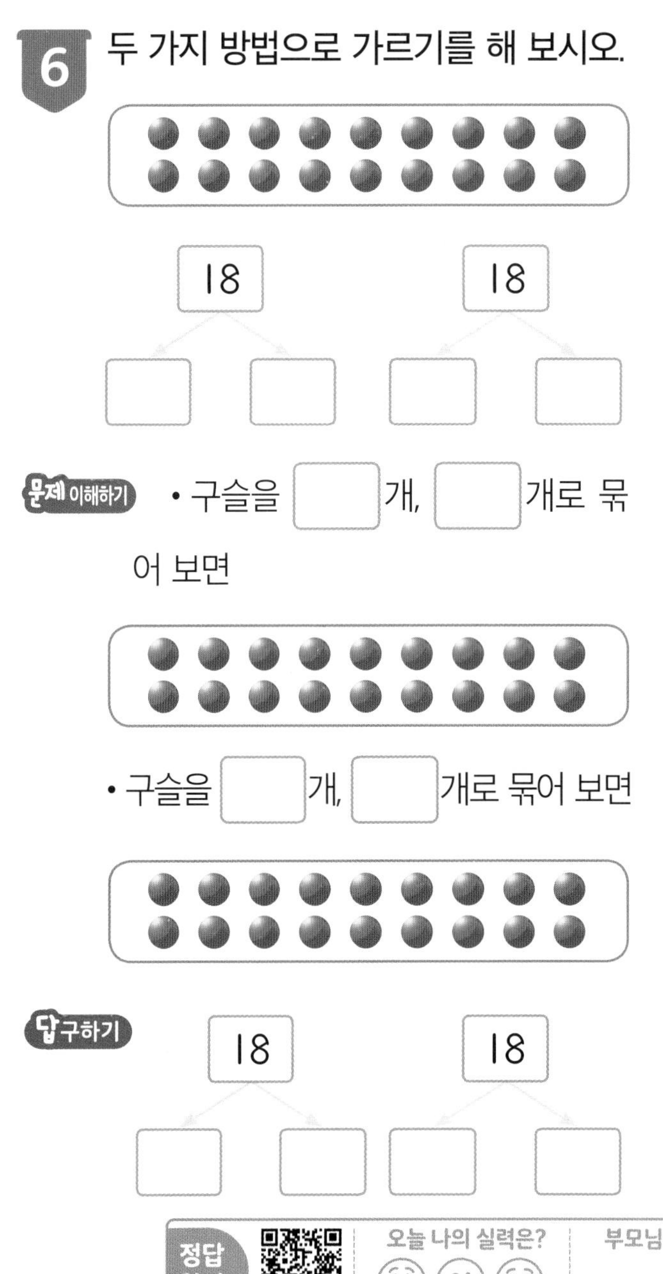

6 두 가지 방법으로 가르기를 해 보시오.

18 18

문제 이해하기 • 구슬을 [ ] 개, [ ] 개로 묶어 보면

• 구슬을 [ ] 개, [ ] 개로 묶어 보면

답 구하기

18 18

정답 확인

오늘 나의 실력은?

부모님 확인

금을 나누어 주세요!

형제가 보물 상자를 찾았어요. 그 안에는 금이 들어 있었어요.
형제는 금을 서로 더 많이 가지겠다고 싸웠어요.
그러자 산신령이 나타나 금을 똑같은 개수로 나누어 주겠다고 했어요.
형제에게 나누어 줄 수 있도록 금을 두 묶음으로 묶어 주세요.

교과서 50까지의 수

19까지의 수 가르기 ❷

1

♥에 알맞은 수를 구하시오.

16 → 4, ★

★ → 7, ♥

문제 이해하기

• 16에서 시작해서 1씩 4번 거꾸로 세면

④ ③ ② ①

☐ ☐ 14 15 16 ➜ ★=☐

• ★에서 시작해서 1씩 7번 거꾸로 세면

☐ ☐ ☐ ☐ ☐ ☐ ☐ ★

답 구하기 ☐

2

◆에 알맞은 수를 구하시오.

15 → ▲, 6

▲ → ◆, 3

문제 이해하기

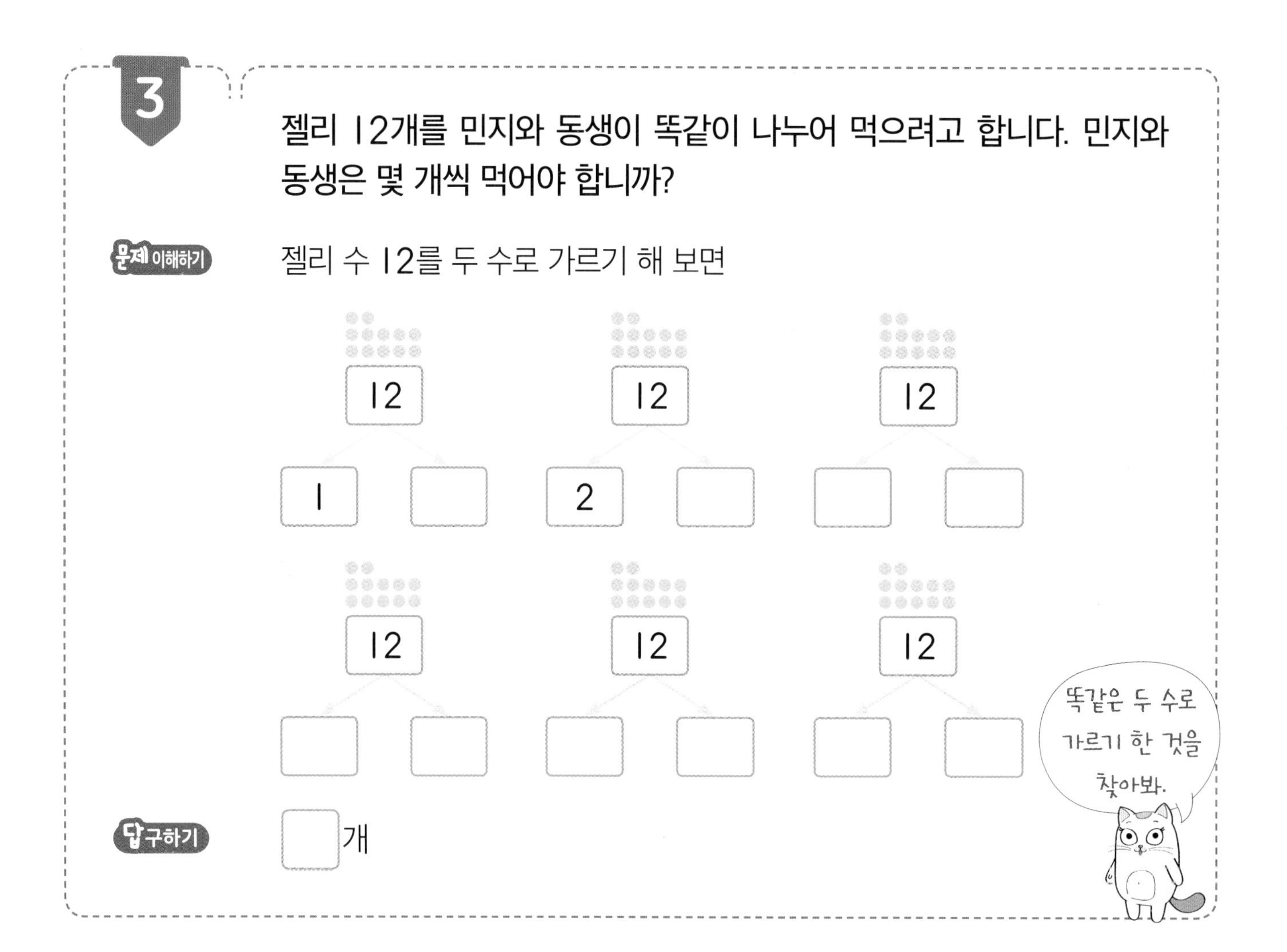

3

젤리 12개를 민지와 동생이 똑같이 나누어 먹으려고 합니다. 민지와 동생은 몇 개씩 먹어야 합니까?

문제 이해하기 젤리 수 12를 두 수로 가르기 해 보면

답구하기 □개

4

지호는 동화책 16권을 두 칸의 책꽂이에 똑같이 나누어 꽂으려고 합니다. 책꽂이 한 칸에 몇 권씩 꽂아야 합니까?

5

승희는 구슬 11개를 민석이와 나누어 가지려고 합니다. 민석이가 승희보다 더 많이 가지도록 구슬을 ○로 나타내어 보시오.

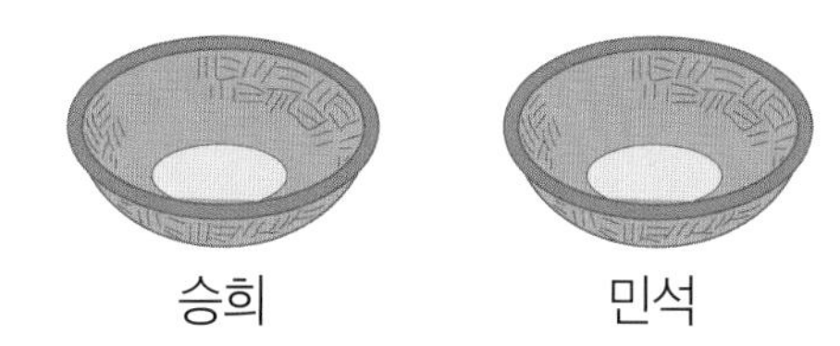

승희　　민석

문제 이해하기　민석이가 승희보다 더 많이 가지도록 구슬 수 11을 두 수로 가르기 해 보면

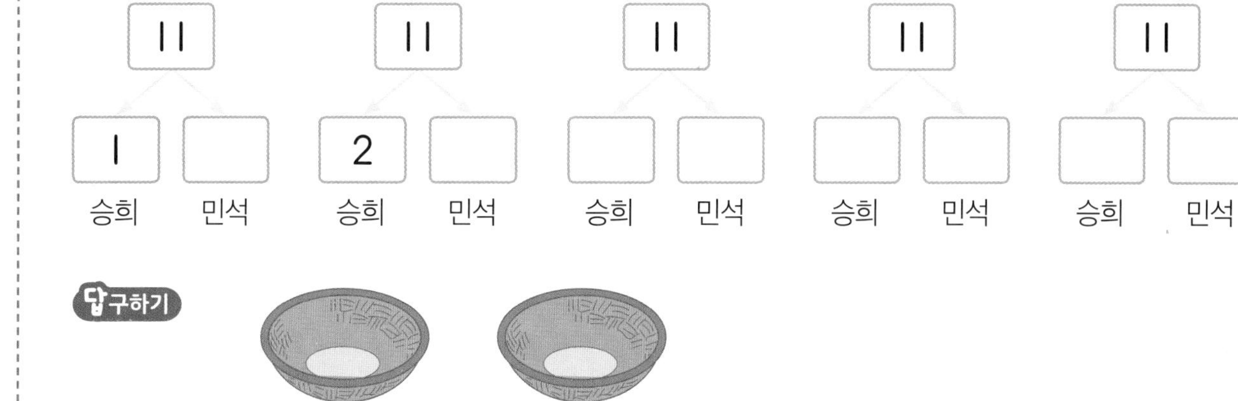

6

곶감 13개를 정우와 동생이 나누어 먹으려고 합니다. 동생이 정우보다 더 많이 먹도록 곶감을 ○로 나타내어 보시오.

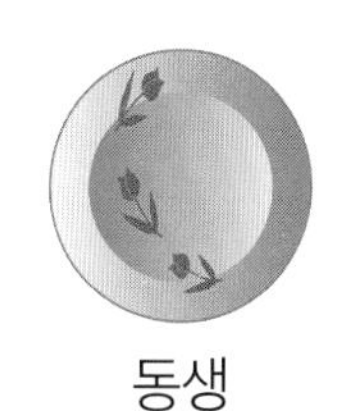

동생

다람쥐가 받을 도토리 개수는?

길에 도토리가 많이 떨어져 있네요.
여우는 도토리 5개, 사자는 도토리 7개를 주워 너구리와 다람쥐에게 나누어 주려고 해요. 다람쥐에게 몇 개의 도토리를 줄 수 있는지 써 보세요.

50까지의 수 ❶

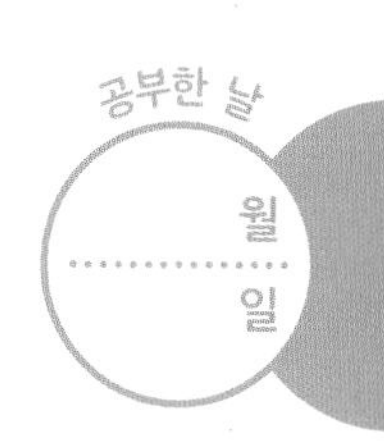

10개씩 묶음 ■개와 낱개 △개는 ■△입니다.

➡ 10개씩 묶음 3개와 낱개 5개는 35라 쓰고, 삼십오 또는 서른다섯이라고 읽습니다.

빈칸에 알맞은 수를 써넣으시오.

1

10개씩 묶음	낱개
2	4

→ ☐

2

10개씩 묶음	낱개
3	1

→ ☐

3

10개씩 묶음	낱개
4	2

→ ☐

4

10개씩 묶음	낱개
5	0

→ ☐

5

28 →

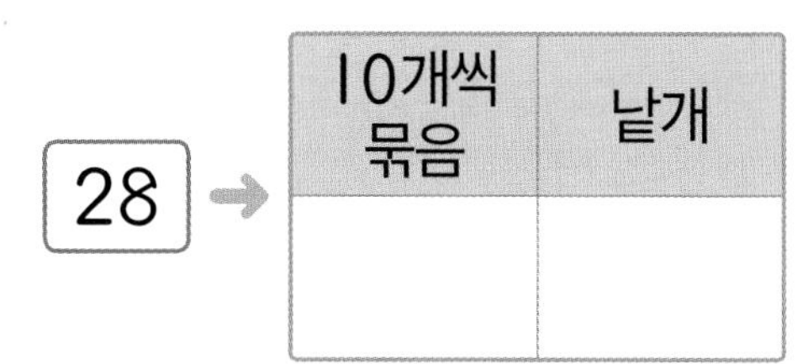

10개씩 묶음	낱개

6

33 →

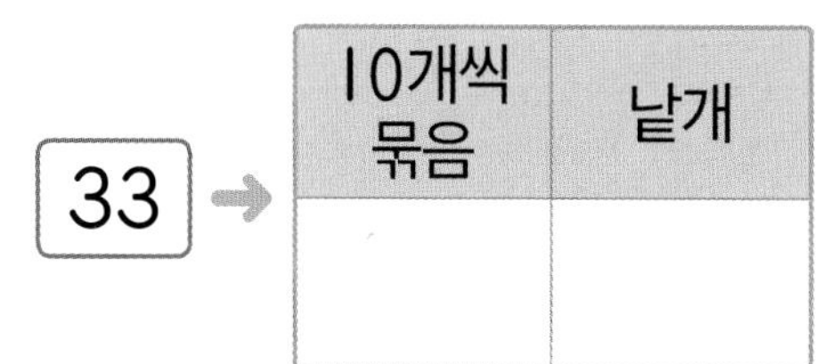

10개씩 묶음	낱개

7

40 →

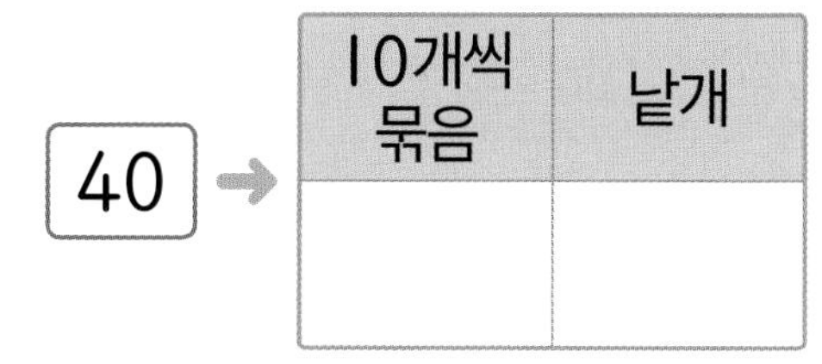

10개씩 묶음	낱개

8

49 →

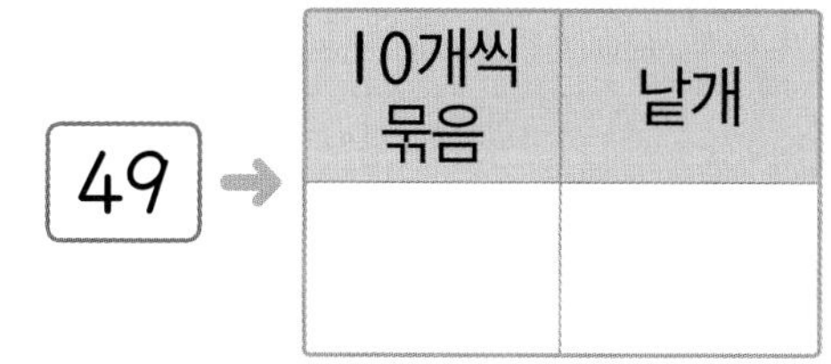

10개씩 묶음	낱개

1

수수깡이 10개씩 묶음으로 4개 있습니다. 수수깡은 모두 몇 개입니까?

문제 이해하기 수수깡의 수를 10개씩 묶음과 낱개의 수로 나타내 보면

10 10 10 10

10개씩 묶음	낱개
□	□

답 구하기 □개

2

구슬이 10개씩 꿰인 목걸이가 5개 있습니다. 구슬은 모두 몇 개입니까?

문제 이해하기 구슬 수를 10개씩 묶음과 낱개의 수로 나타내 보면

10개씩 묶음	낱개
□	□

답 구하기 □개

3

달걀 한 판에 30개의 달걀이 있습니다. 한 판에 있는 달걀을 10개씩 묶으면 몇 묶음이 됩니까?

문제 이해하기 달걀 수를 10개씩 묶음과 낱개의 수로 나타내 보면

10개씩 묶음	낱개
□	□

답 구하기 □묶음

4 감을 한 바구니에 10개씩 담았더니 4바구니가 되고 9개가 남았습니다. 감은 모두 몇 개입니까?

문제 이해하기 감 수를 10개씩 묶음과 낱개의 수로 나타내 보면

10개씩 묶음	낱개
☐	☐

답 구하기 ☐개

5 감자를 한 봉지에 10개씩 담았더니 3봉지가 되고 6개가 남았습니다. 감자는 모두 몇 개입니까?

문제 이해하기 감자 수를 10개씩 묶음과 낱개의 수로 나타내 보면

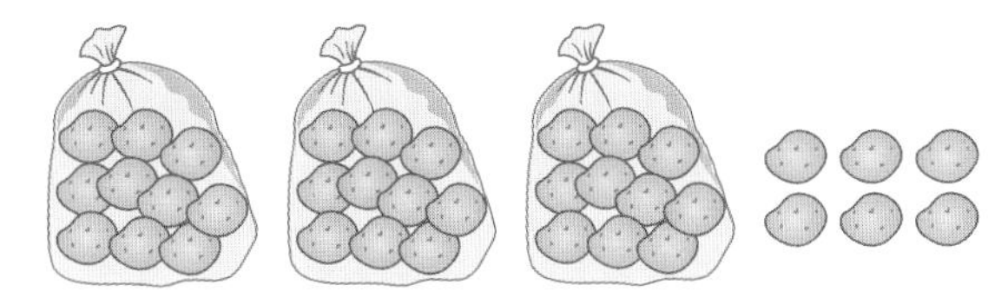

10개씩 묶음	낱개
☐	☐

답 구하기 ☐개

6 세찬이는 동화책 27권을 가지고 있습니다. 이 책을 10권씩 묶으면 몇 묶음이 되고 몇 권이 남는지 차례대로 써 보시오.

문제 이해하기 동화책 수를 10개씩 묶음과 낱개의 수로 나타내 보면

10개씩 묶음	낱개
☐	☐

답 구하기 ☐묶음, ☐권

정답 확인  오늘 나의 실력은?  부모님 확인

마트에서 장 보기

미연이네 가족이 마트에서 장을 보고 있어요.
아빠와 미연이는 라면을, 엄마와 오빠는 귤을 사러 갔어요.
미연이네 가족이 라면과 귤을 각각 몇 개씩 샀을지 써 보세요.

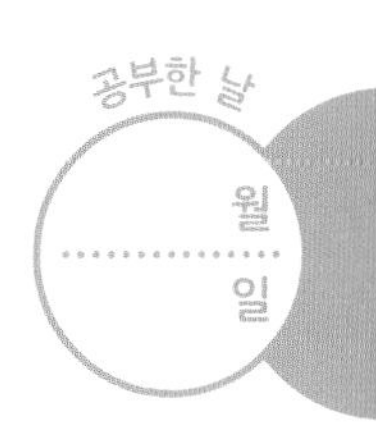

1

●이 몇 개입니까?

문제 이해하기

●을 10개씩 묶어 보면

→ 10개씩 묶음 ☐개와 낱개 ☐개

답구하기

☐개

2

●이 몇 개입니까?

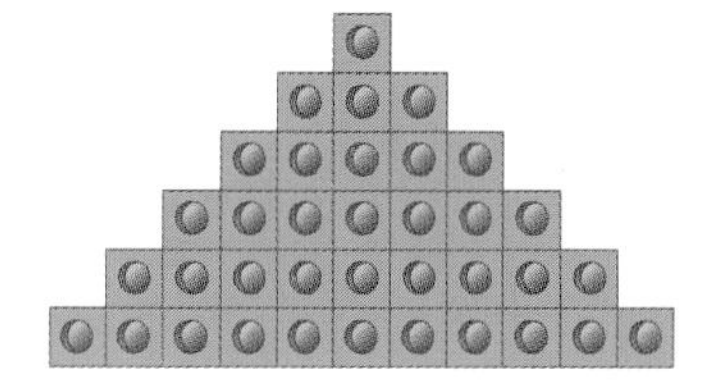

3

으로 보기 의 모양을 몇 개 만들 수 있습니까?

문제 이해하기

❶ 보기 의 모양을 한 개 만드는 데 필요한 은 ☐개

❷ 을 10개씩 묶어 보면

답구하기

☐개

4

으로 보기 의 모양을 몇 개 만들 수 있습니까?

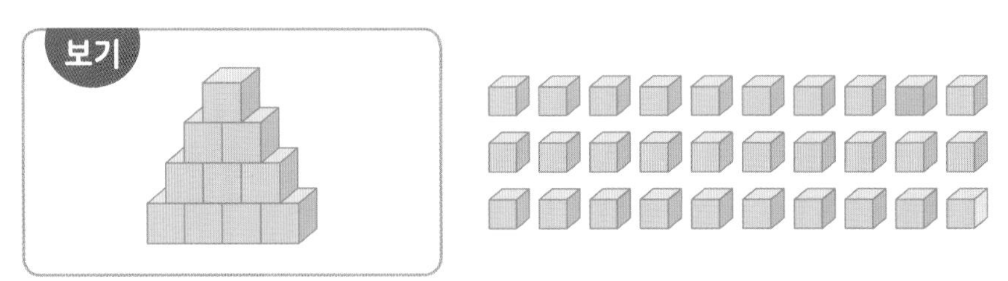

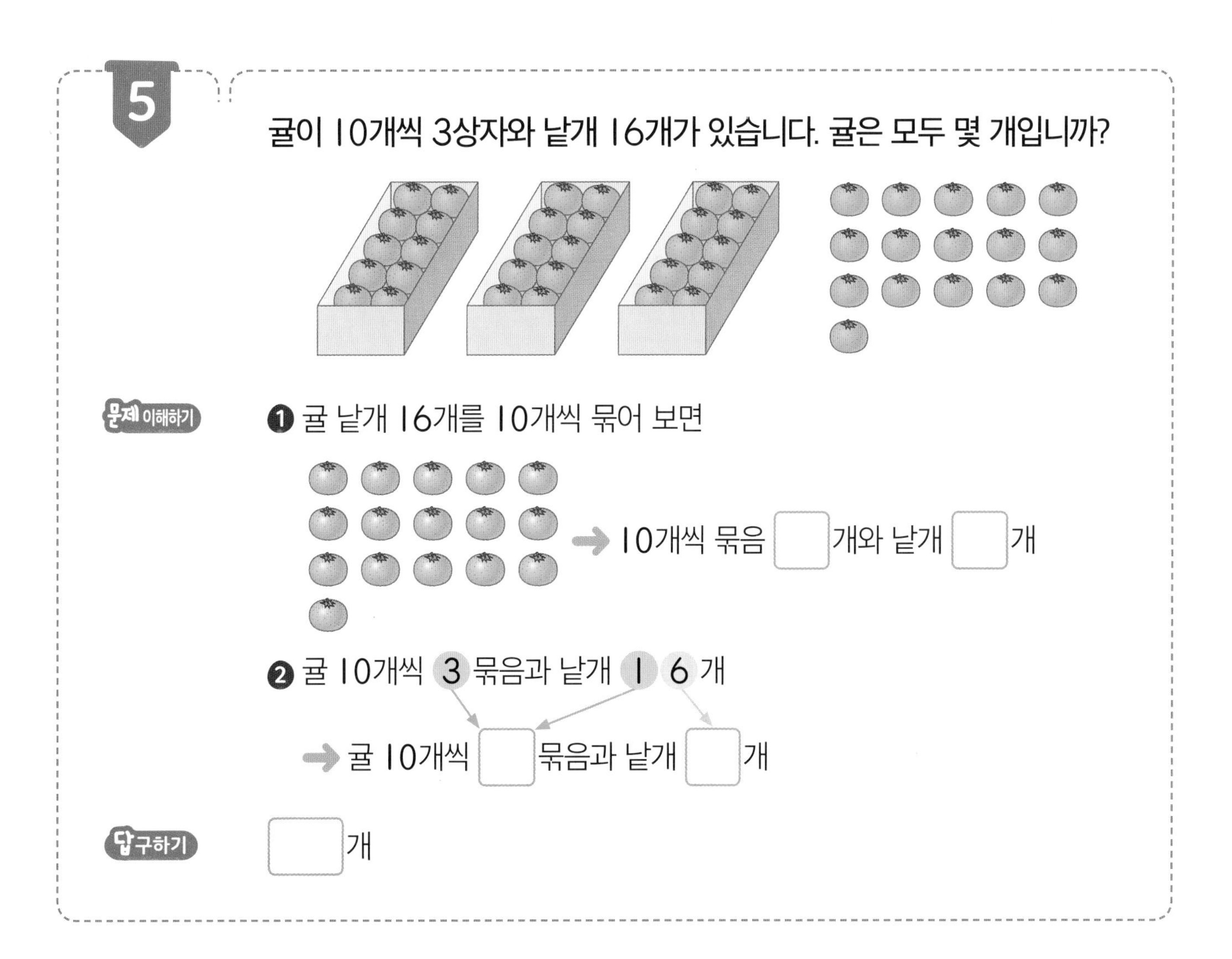

5

귤이 10개씩 3상자와 낱개 16개가 있습니다. 귤은 모두 몇 개입니까?

문제 이해하기

❶ 귤 낱개 16개를 10개씩 묶어 보면

→ 10개씩 묶음 ☐개와 낱개 ☐개

❷ 귤 10개씩 3 묶음과 낱개 1 6 개

→ 귤 10개씩 ☐묶음과 낱개 ☐개

답구하기

☐개

6

초콜릿이 10개씩 2상자와 낱개 14개가 있습니다. 초콜릿은 모두 몇 개입니까?

마카롱의 개수는?

태준이가 마카롱을 한 선물 상자에 10개씩 담았어요.
선물 상자 3개를 모두 만들었는데도 마카롱이 저만큼이나 남았네요.
처음 태준이가 가지고 있던 마카롱은 모두 몇 개였는지 써 보세요.

50까지 수의 순서 ❶

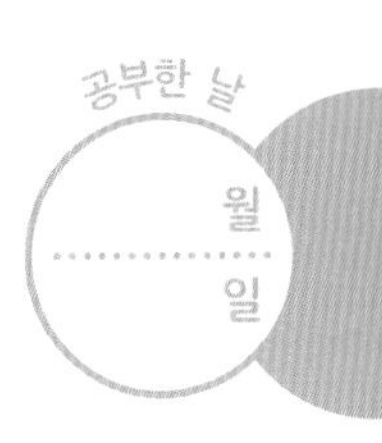

수를 순서대로 셀 때, 바로 앞의 수가 1 작은 수, 바로 뒤의 수가 1 큰 수입니다.

24보다 1 작은 수는 23이고, 24보다 1 큰 수는 25입니다.

1 15 – 16 – □ – □

2 20 – □ – □ – 23

3 31 – 32 – □ – □

4 35 – □ – □ – 38

5 39 – □ – 41 – □

6 47 – □ – 49 – □

7 □ – 19 – □ – 21

8 □ – □ – 46 – 47

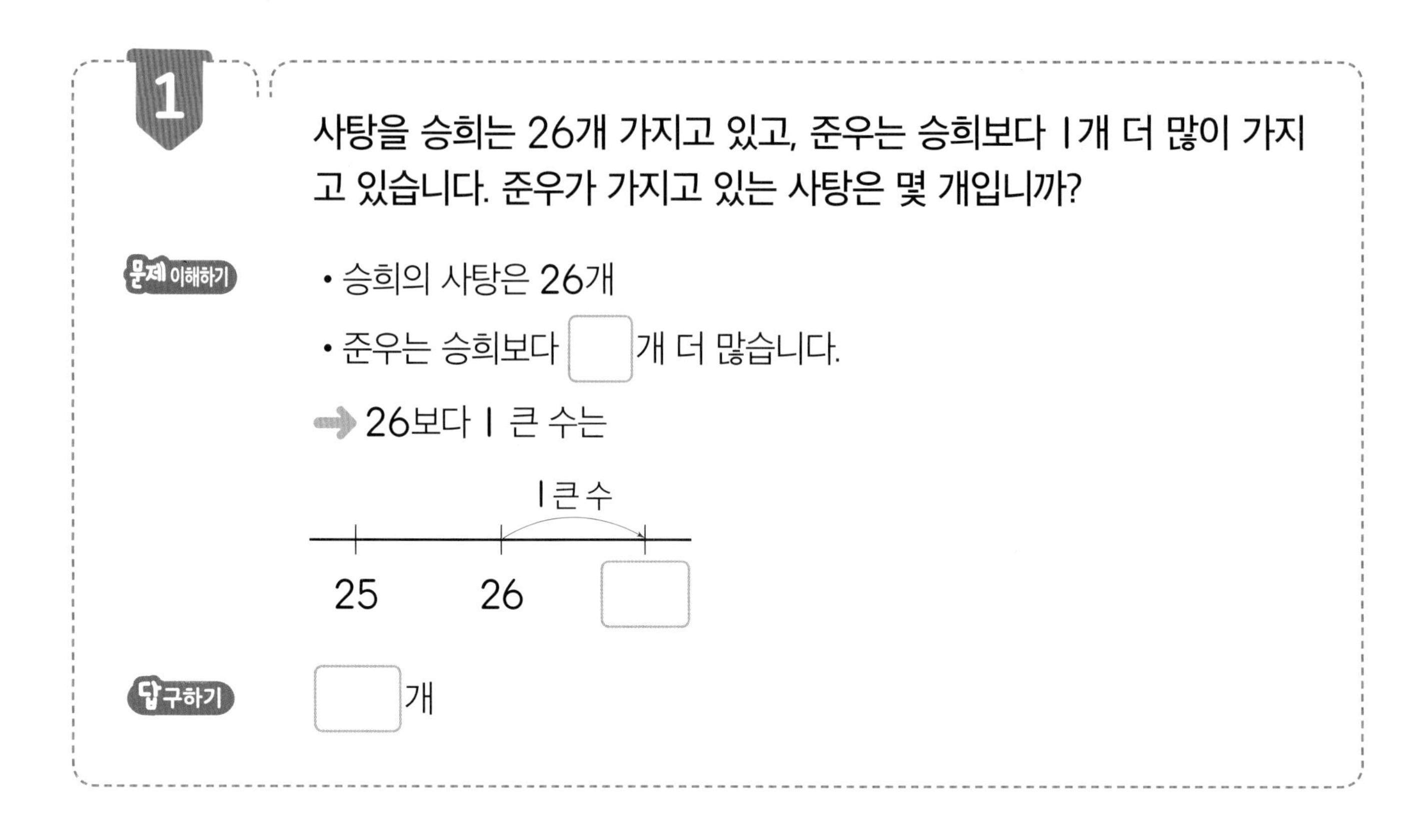

1 사탕을 승희는 26개 가지고 있고, 준우는 승희보다 1개 더 많이 가지고 있습니다. 준우가 가지고 있는 사탕은 몇 개입니까?

문제 이해하기

- 승희의 사탕은 26개
- 준우는 승희보다 ☐개 더 많습니다.

➡ 26보다 1 큰 수는

답 구하기 ☐개

2 붙임 딱지를 민주는 43장 모았고, 정연이는 민주보다 1장 더 적게 모았습니다. 정연이가 모은 붙임 딱지는 몇 장입니까?

문제 이해하기

- 민주의 붙임 딱지는 43장
- 정연이는 민주보다 ☐장 더 적습니다.

➡ 43보다 1 작은 수는

1 작은 수

☐ 43 44

답 구하기 ☐장

3 줄넘기를 지호는 서른여덟 번 넘었고, 준형이는 지호보다 1번 더 적게 넘었습니다. 준형이는 줄넘기를 몇 번 넘었습니까?

문제 이해하기

❶ 서른여덟을 수로 나타내 보면 ☐

❷ 준형이는 지호보다 ☐번 더 적습니다.

➡ ☐보다 1 작은 수는

1 작은 수

☐ 서른 여덟 39

☐

답 구하기 ☐번

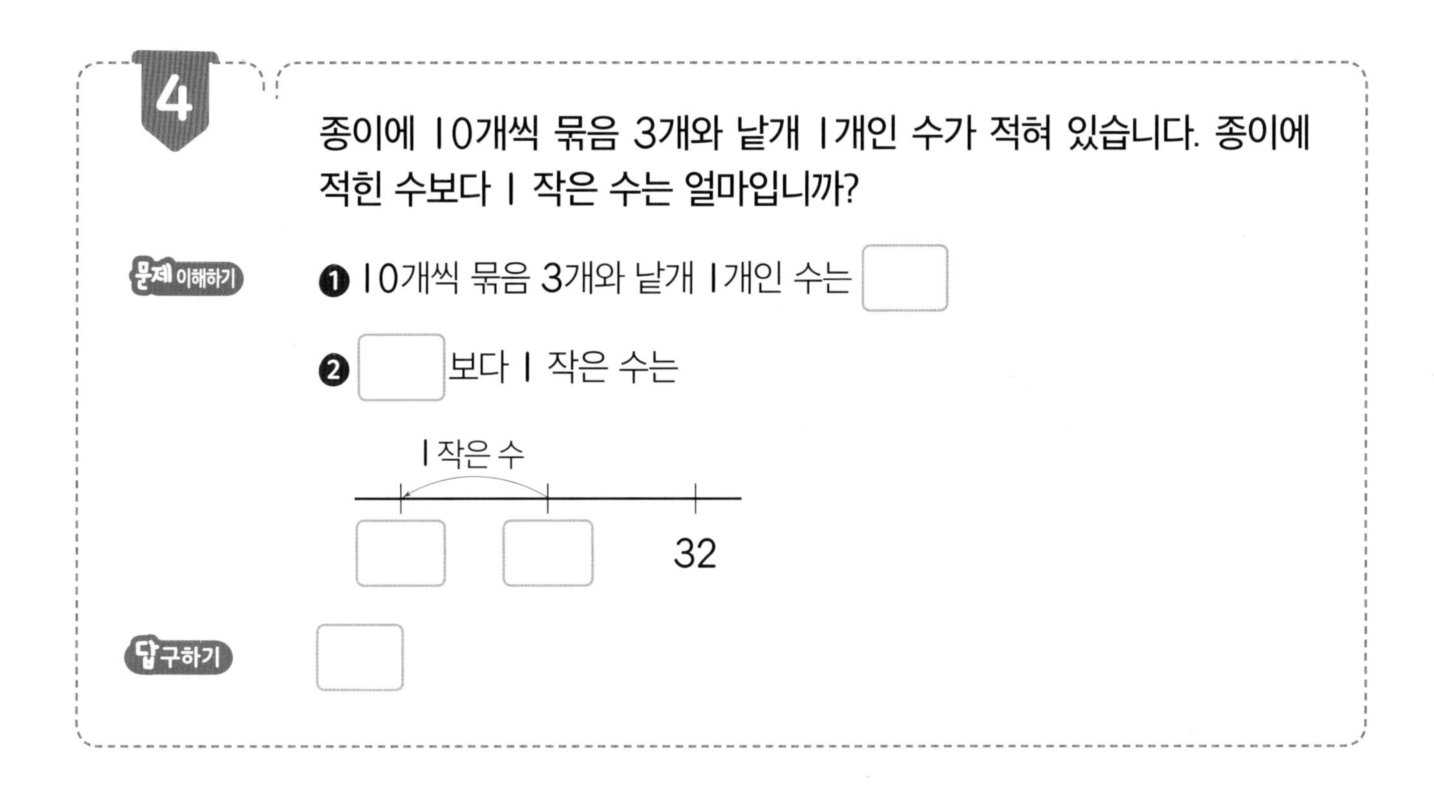

4

종이에 10개씩 묶음 3개와 낱개 1개인 수가 적혀 있습니다. 종이에 적힌 수보다 1 작은 수는 얼마입니까?

문제 이해하기

❶ 10개씩 묶음 3개와 낱개 1개인 수는 ☐

❷ ☐보다 1 작은 수는

답 구하기 ☐

5

칠판에 10개씩 묶음 1개와 낱개 9개인 수가 적혀 있습니다. 칠판에 적힌 수보다 1 큰 수는 얼마입니까?

문제 이해하기 ❶ 10개씩 묶음 1개와 낱개 9개인 수는 ☐

❷ ☐보다 1 큰 수는

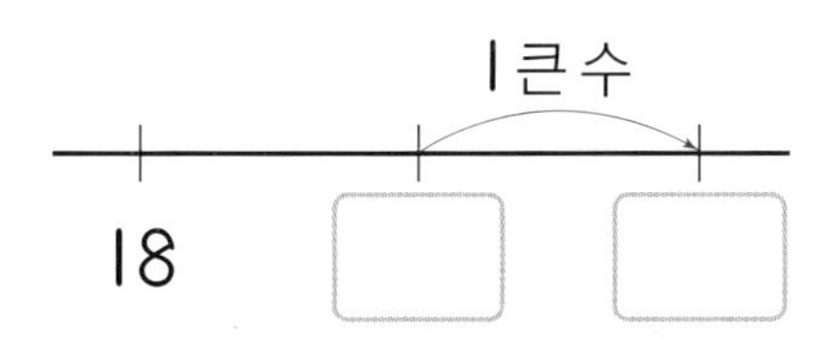

답 구하기 ☐

6

설명하는 수보다 1 큰 수는 얼마입니까?

10개씩 묶음 3개와 낱개 15개

문제 이해하기 ❶ 낱개 15개는

10개씩 묶음 ☐개와 낱개 ☐개와 같습니다.

❷ 10개씩 묶음 3개와 낱개 15개

➡ 10개씩 묶음 ☐개와 낱개 ☐개

➡ 수로 나타내 보면 ☐

답 구하기 ☐

1 큰 수를 구해야 해.

미로 탈출

0부터 50까지의 수를 순서대로 선을 이어 미로를 탈출해 보세요.
멋진 성에 도착할 수 있답니다.

교과서 50까지의 수

50까지 수의 순서 ❷

1

★에 알맞은 수를 구하시오.

1	24	23	22	21	20	
2	25	40	39	★		18
3		41		47	36	17
4	27	42	49	46	35	
5	28		44	45	34	15
6		30	31		33	14
	8	9	10	11	12	13

문제 이해하기

수의 순서를 생각하며 수가 나열된 규칙을 찾아보면

답 구하기

2

◆에 알맞은 수를 구하시오.

1	2	3	4	5	6	
	13	12	11	10	9	8
15		17	18	19	20	
28	27	26	25	24	23	22
	30	31	32	33		35
◆		40	39	38	37	
	44	45	46	47	48	49

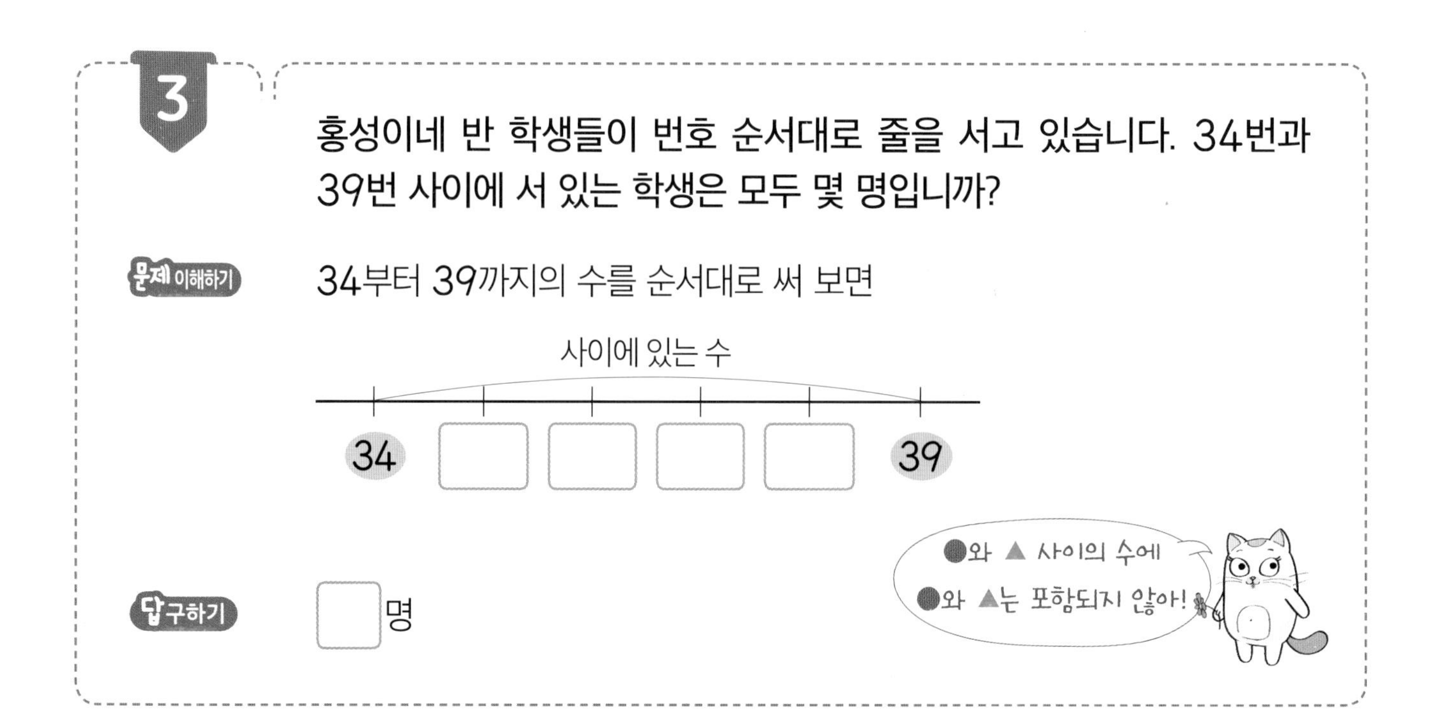

3

홍성이네 반 학생들이 번호 순서대로 줄을 서고 있습니다. 34번과 39번 사이에 서 있는 학생은 모두 몇 명입니까?

문제 이해하기 34부터 39까지의 수를 순서대로 써 보면

사이에 있는 수
34
39
●와 ▲ 사이의 수에
●와 ▲는 포함되지 않아!

답구하기 □명

책장에 책이 번호 순서대로 꽂혀 있습니다. 42번과 48번 사이에는 책이 모두 몇 권 꽂혀 있습니까?

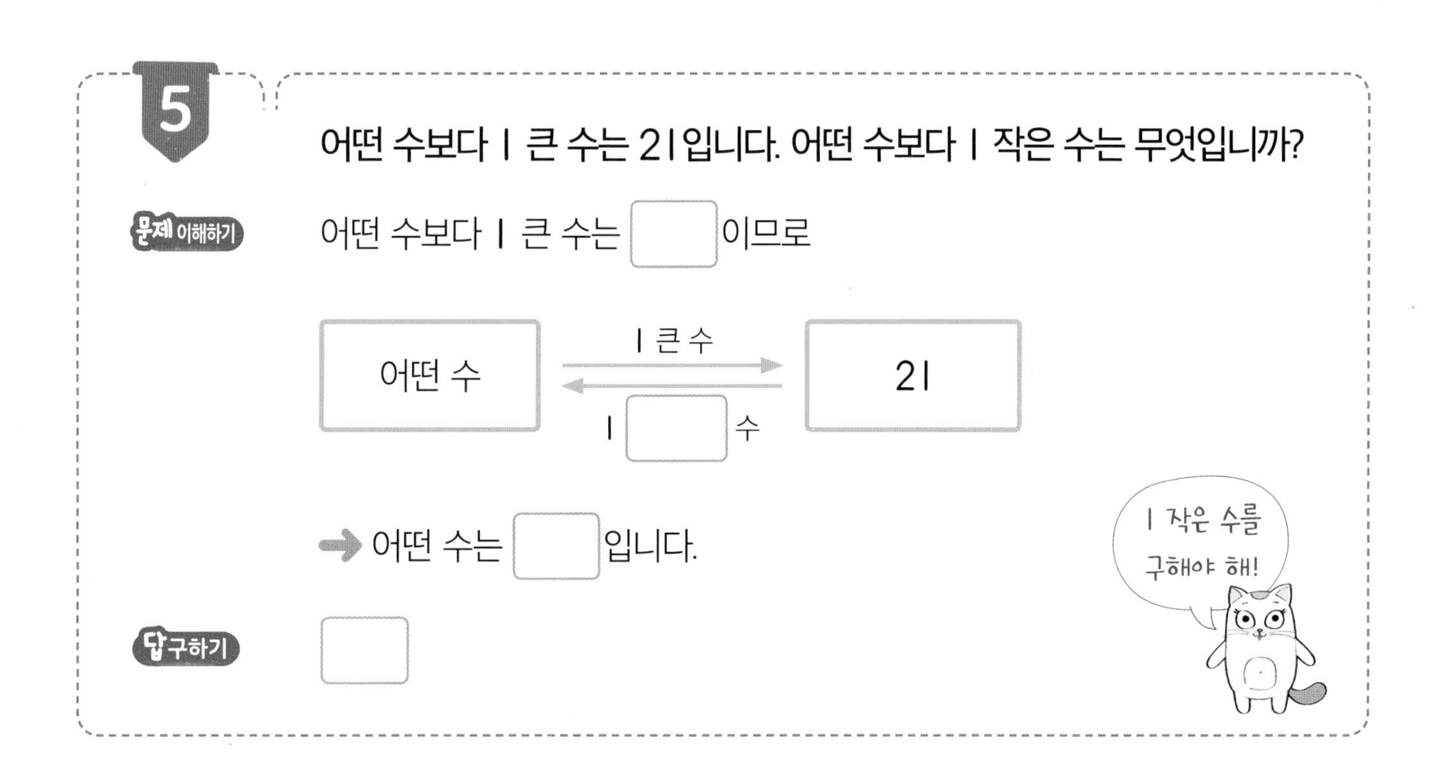

5
어떤 수보다 I 큰 수는 2I입니다. 어떤 수보다 I 작은 수는 무엇입니까?
문제 이해하기
어떤 수보다 I 큰 수는 □ 이므로
어떤 수
I 큰 수
I □ 수
2I
➜ 어떤 수는 □ 입니다.
I 작은 수를 구해야 해!
답구하기

6 어떤 수보다 I 작은 수는 48입니다. 어떤 수보다 I 큰 수는 무엇입니까?

정답 확인 | 오늘 나의 실력은? | 부모님 확인

동물 친구들의 티켓 번호는?

동물 친구들이 비행기에 타려고 해요.
그런데 좌석 배치도에 자리 번호가 모두 적혀 있지 않네요.
티켓의 내용을 보고 동물 친구들의 자리를 찾아 이름을 써 주세요.

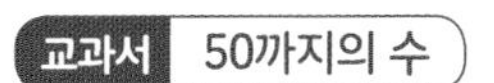

수의 크기 비교 ❶

❶ 10개씩 묶음의 수가 다를 때에는 10개씩 묶음의 수가 클수록 큰 수입니다.

→ 32와 28의 크기를 비교해 보면
- 32는 28보다 큽니다.
- 28은 32보다 작습니다.

❷ 10개씩 묶음의 수가 같을 때에는 낱개의 수가 클수록 큰 수입니다.

→ 42와 45의 크기를 비교해 보면
- 45는 42보다 큽니다.
- 42는 45보다 작습니다.

실력 확인하기

두 수 중에서 더 큰 수에 ○표 하시오.

1 | 13 | 21 |

2 | 33 | 25 |

3 | 42 | 50 |

4 | 44 | 31 |

5 | 17 | 12 |

6 | 23 | 21 |

7 | 30 | 35 |

8 | 44 | 48 |

1

동화책을 채린이는 35쪽, 수빈이는 26쪽 읽었습니다. 동화책을 더 많이 읽은 친구는 누구입니까?

문제 이해하기 채린이와 수빈이가 읽은 쪽수의 10개씩 묶음의 수를 나타내 보면

이름	읽은 쪽수	10개씩 묶음
채린	35	
수빈	26	

➡ 10개씩 묶음의 수를 비교해 보면 □>□

답 구하기 □

2

장난감 가게에 로봇이 23개, 인형이 17개 있습니다. 로봇과 인형 중 어느 것이 더 많습니까?

문제 이해하기 로봇과 인형 수의 10개씩 묶음의 수를 나타내 보면

장난감	수	10개씩 묶음
로봇	23	
인형	17	

➡ 10개씩 묶음의 수를 비교해 보면

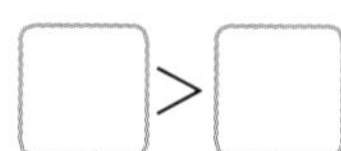

답 구하기 □

3

꽃집에 장미가 45송이, 국화가 서른여섯 송이 있습니다. 장미와 국화 중 어느 것이 더 적습니까?

문제 이해하기 ❶ 서른여섯을 수로 나타내 보면

□

❷ 장미와 국화 수의 10개씩 묶음의 수를 나타내 보면

꽃	수	10개씩 묶음
장미	45	
국화		

➡ 10개씩 묶음의 수를 비교해 보면

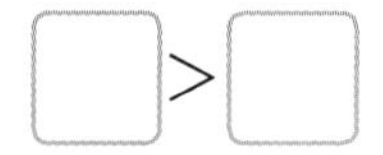

답 구하기 □

4

수족관에 열대어는 24마리 있고, 금붕어는 29마리 있습니다. 열대어와 금붕어 중 어느 것이 더 적습니까?

문제 이해하기 열대어와 금붕어의 수를 10개씩 묶음과 낱개의 수로 나타내 보면

물고기	수	10개씩 묶음	낱개
열대어	24	2	□
금붕어	29	2	□

➜ 10개씩 묶음의 수가 같으므로

낱개의 수를 비교해 보면 □ < □

답 구하기 □

5

줄넘기를 찬우는 47번, 준혁이는 42번 넘었습니다. 찬우와 준혁이 중 줄넘기를 더 적게 넘은 사람은 누구입니까?

문제 이해하기 찬우와 준혁이가 넘은 줄넘기 수를 10개씩 묶음과 낱개의 수로 나타내 보면

이름	줄넘기 수	10개씩 묶음	낱개
찬우	47	4	□
준혁	42	4	□

➜ 10개씩 묶음의 수가 같으므로

낱개의 수를 비교해 보면

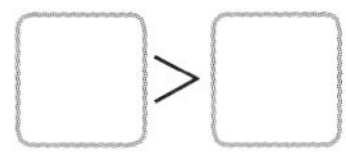

□ > □

답 구하기 □

6

딸기를 민성이는 스물다섯 개, 유찬이는 27개 먹었습니다. 민성이와 유찬이 중 딸기를 더 많이 먹은 사람은 누구입니까?

문제 이해하기 ❶ 스물다섯을 수로 나타내 보면

□

❷ 민성이와 유찬이가 먹은 딸기 수를 10개씩 묶음과 낱개의 수로 나타내 보면

이름	딸기 수	10개씩 묶음	낱개
민성	□	□	□
유찬	27	2	□

답 구하기 □

정답 확인

오늘 나의 실력은?

부모님 확인

택배 상자 쌓기

택배 기사님이 배달을 준비하고 있어요.
기사님은 배달을 빨리 하기 위해 상자에 적힌 수가 큰 것을 아래쪽에, 작은 것을 위쪽에 쌓으려고 해요. 상자를 잘 쌓은 것에 ○표 해 보세요.

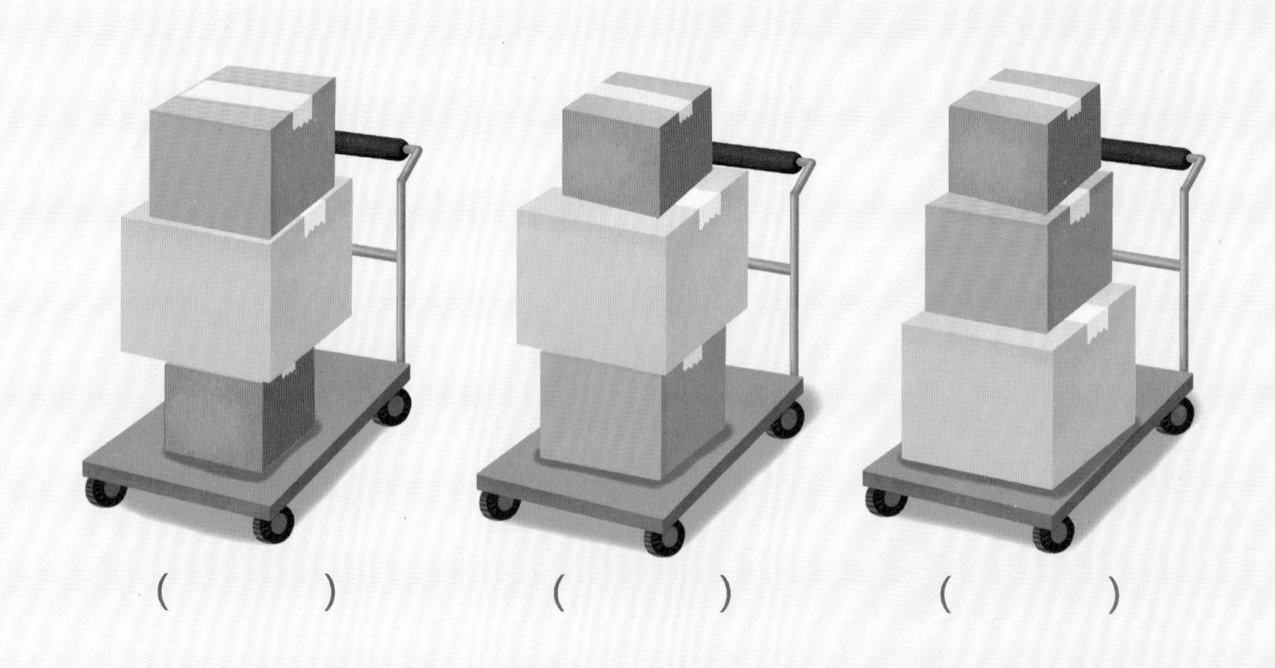

( ) ( ) ( )

교과서 50까지의 수

수의 크기 비교 ②

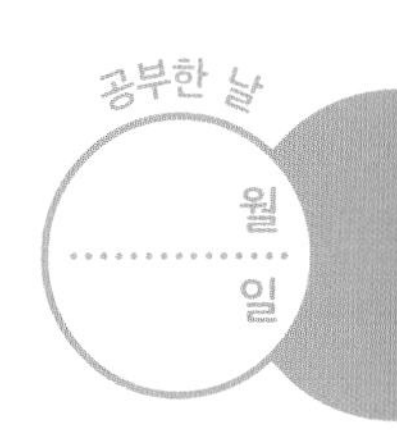

1

민주의 이모는 39살, 외삼촌은 28살, 어머니는 32살입니다. 이모, 외삼촌, 어머니를 나이가 많은 사람부터 순서대로 써 보시오.

이모, 외삼촌, 어머니의 나이를 10개씩 묶음과 낱개의 수로 나타내 보면

사람	나이	10개씩 묶음	낱개
이모	39살	□	□
외삼촌	28살	□	□
어머니	32살	□	□

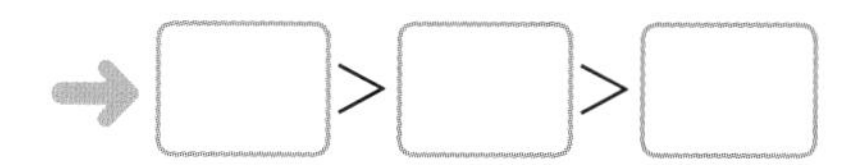

10개씩 묶음의 수
→ 낱개의 수를
비교해 봐.

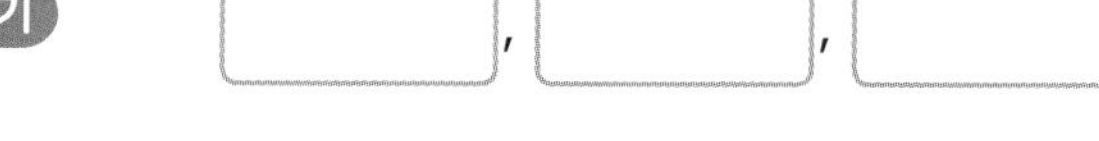

빵집에서 단팥빵 43개, 머핀 46개, 도넛 38개를 만들었습니다. 단팥빵, 머핀, 도넛을 적게 만든 것부터 순서대로 써 보시오.

3

보기 중에서 10개씩 묶음 3개와 낱개 8개인 수보다 큰 수를 모두 찾아 쓰시오.

보기

47 35 41 25 39

문제 이해하기

❶ 10개씩 묶음 3개와 낱개 8개인 수는 ☐

❷ 보기의 수를 10개씩 묶음과 낱개의 수로 나타내 보면

수	47	35	41	25	39
10개씩 묶음	☐	☐	☐	☐	☐
낱개	☐	☐	☐	☐	☐

답구하기 ☐, ☐, ☐

4

보기 중에서 10개씩 묶음 2개와 낱개 7개인 수보다 작은 수를 모두 찾아 쓰시오.

보기

16 30 28 24 19

문제 이해하기

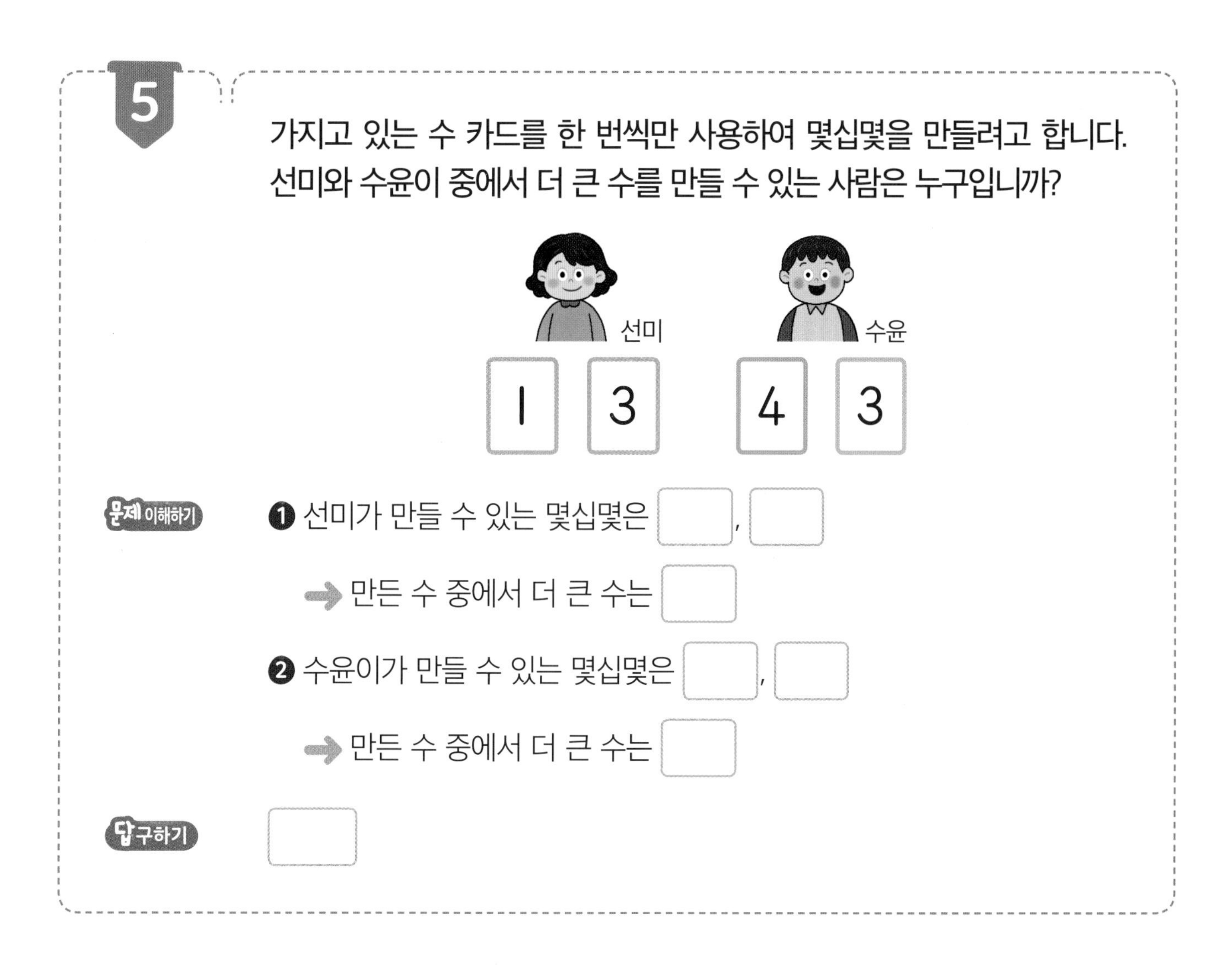

5

가지고 있는 수 카드를 한 번씩만 사용하여 몇십몇을 만들려고 합니다. 선미와 수윤이 중에서 더 큰 수를 만들 수 있는 사람은 누구입니까?

문제 이해하기

❶ 선미가 만들 수 있는 몇십몇은 ☐, ☐

→ 만든 수 중에서 더 큰 수는 ☐

❷ 수윤이가 만들 수 있는 몇십몇은 ☐, ☐

→ 만든 수 중에서 더 큰 수는 ☐

답구하기 ☐

6

가지고 있는 수 카드를 한 번씩만 사용하여 몇십몇을 만들려고 합니다. 지성이와 수미 중에서 더 큰 수를 만들 수 있는 사람은 누구입니까?

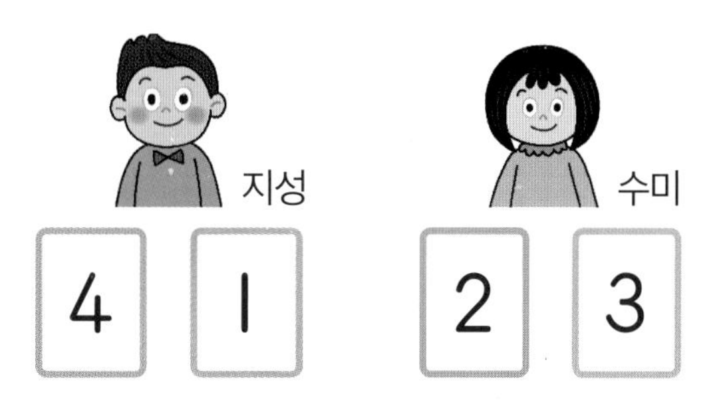

문제 이해하기

답구하기

정답 확인 

오늘 나의 실력은? 

부모님 확인

동전 던지기 게임

민호와 진서가 동전 던지기 게임을 하네요.
동전을 네 번 던져서 나온 결과에 ○표 했어요.
얻은 점수가 더 큰 사람은 누구인지 ○표 하세요.

교과서 50까지의 수

단원 마무리

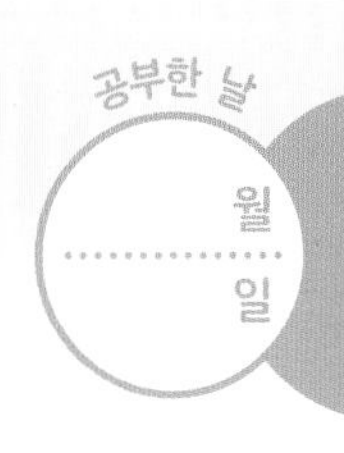

01 승지는 동화책을 10쪽 읽으려고 합니다. 승지는 동화책을 몇 쪽 더 읽어야 합니까?

02 네 명의 친구들이 가위바위보를 합니다. 아래와 같이 냈을 때 전체 펼친 손가락의 수를 쓰시오.

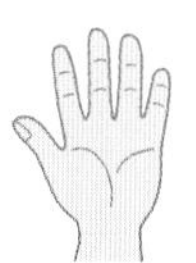 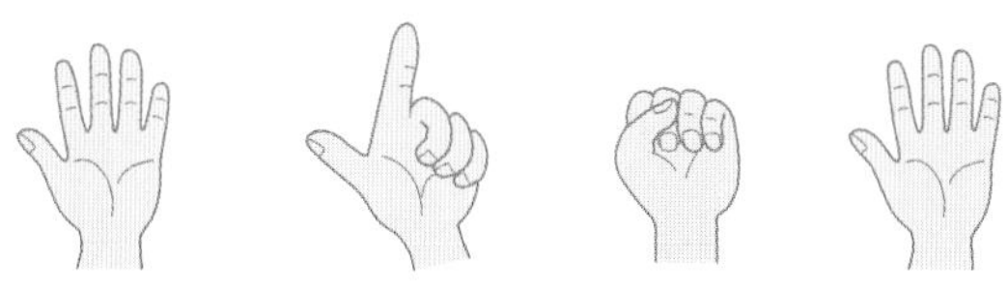 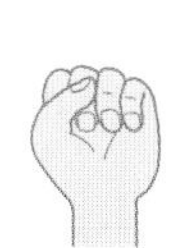 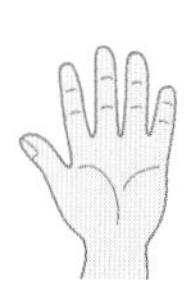

03

준호는 딱지를 10개 가지고 있었는데 딱지치기를 하여 7개보다 1개 더 많이 땄습니다. 준호가 가지고 있는 딱지는 모두 몇 개입니까?

04

◆와 ♥에 알맞은 수를 모으기 하시오.

• 8과 ◆를 모으기 하면 13이 됩니다. • ♥와 6을 모으기 하면 16이 됩니다.

05

송편 11개를 예림이와 동생이 나누어 먹으려고 합니다. 예림이가 동생보다 송편을 3개 더 많이 먹으려면 예림이는 송편을 몇 개 먹어야 합니까?

(단, 동생은 적어도 2개는 먹습니다.)

06 배에서 수현이는 41번 자리에 앉았습니다. 수현이가 앉은 자리에 ○표 하시오.

07 명원이는 공깃돌을 10개씩 2묶음과 낱개 24개를 가지고 있습니다. 명원이가 가지고 있는 공깃돌은 모두 몇 개입니까?

08 다음 조건을 만족하는 수는 모두 몇 개입니까?

- 30과 45 사이에 있는 수입니다.
- 10개씩 묶음의 수와 낱개의 수가 같습니다.

09 사탕을 세희는 10개씩 3봉지와 낱개 5개 가지고 있고, 찬미는 마흔세 개 가지고 있습니다. 사탕을 더 많이 가지고 있는 친구는 누구입니까?

10 다음 수 카드가 한 장씩 있습니다. 이 중에서 2장을 골라 몇십몇을 만들려고 합니다. 만들 수 있는 가장 큰 수를 구하시오.

2	4	1

정답 확인 | 오늘 나의 실력은? | 부모님 확인

하루 한장 쏙셈+ 붙임딱지

하루의 학습이 끝날 때마다 붙임딱지를 붙여 바닷속 물고기를 꾸며 보아요!

2 주차

3 주차

4 주차

5 주차

6 주차

7 주차

8 주차

미래엔 초등 도서 목록

초등 교과서 발행사 미래엔의 교재로
초등 시기에 길러야 하는 공부력을
강화해 주세요.

초등 공부의 핵심[CORE]를 탄탄하게 해 주는
슬림 & 심플한 교과 필수 학습서
[8책] 국어 3~6학년 학기별, [12책] 수학 1~6학년 학기별
[8책] 사회 3~6학년 학기별, [8책] 과학 3~6학년 학기별

초코 전과목 단원평가

빠르게 단원 핵심을 정리하고, 수준별 문제로 실전력을 키우는
교과 평가 대비 학습서
[8책] 3~6학년 학기별

문제 해결의 길잡이

원리 8가지 문제 해결 전략으로 문장제와 서술형 문제 정복
[12책] 1~6학년 학기별

심화 문장제 유형 정복으로 초등 수학 최고 수준에 도전
[6책] 1~6학년 학년별

초등 필수 어휘를 퍼즐로 재미있게 키우는 학습서
[3책] 사자성어, 속담, 맞춤법

하루한장 예비 초등

한글완성
초등학교 입학 전 한글 읽기·쓰기 동시에 끝내기
[3책] 기본 자모음, 받침, 복잡한 자모음

예비초등
기본 학습 능력을 향상하며 초등학교 입학을 준비하기
[4책] 국어, 수학, 통합교과, 학교생활

하루한장 독해

독해 시작편
초등학교 입학 전 기본 문해력 익히기 30일 완성
[2책] 문장으로 시작하기, 짧은 글 독해하기

어휘
문해력의 기초를 다지는 초등 필수 어휘 학습서
[6책] 1~6단계

독해
국어 교과서와 연계하여 문해력의 기초를 다지는 독해 기본서
[6책] 1~6단계

독해+플러스
본격적인 독해 훈련으로 문해력을 향상시키는 독해 실전서
[6책] 1~6단계

비문학 독해 (사회편·과학편)
비문학 독해로 배경지식을 확장하고 문해력을 완성시키는
독해 심화서
[사회편 6책, 과학편 6책] 1~6단계

바른답·알찬풀이

1 권 | 초등 수학 1-1

Mirae N 에듀

바른답·알찬풀이로

문제를 이해하고 식을 세우는 과정을 확인하여

문제 해결력과 연산 응용력을 높여요!

1주/1일

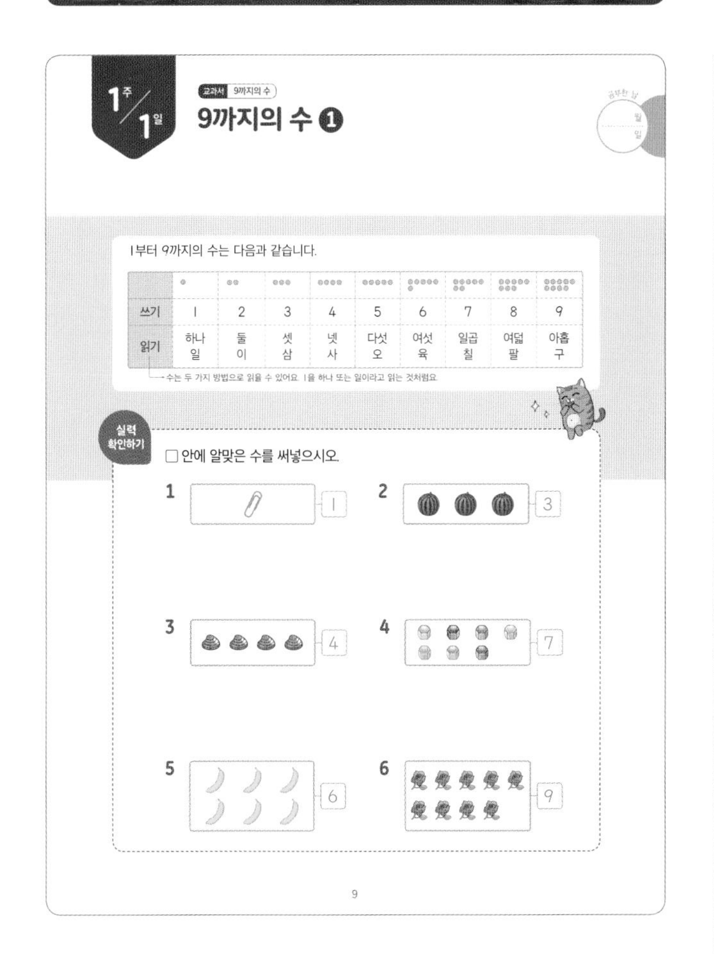

1주 1일
교과서 9까지의 수
9까지의 수 ①
1부터 9까지의 수는 다음과 같습니다.
쓰기
읽기
하나 일
둘 이
셋 삼
넷 사
다섯 오
여섯 육
일곱 칠
여덟 팔
아홉 구
실력 확인하기
□ 안에 알맞은 수를 써넣으시오.

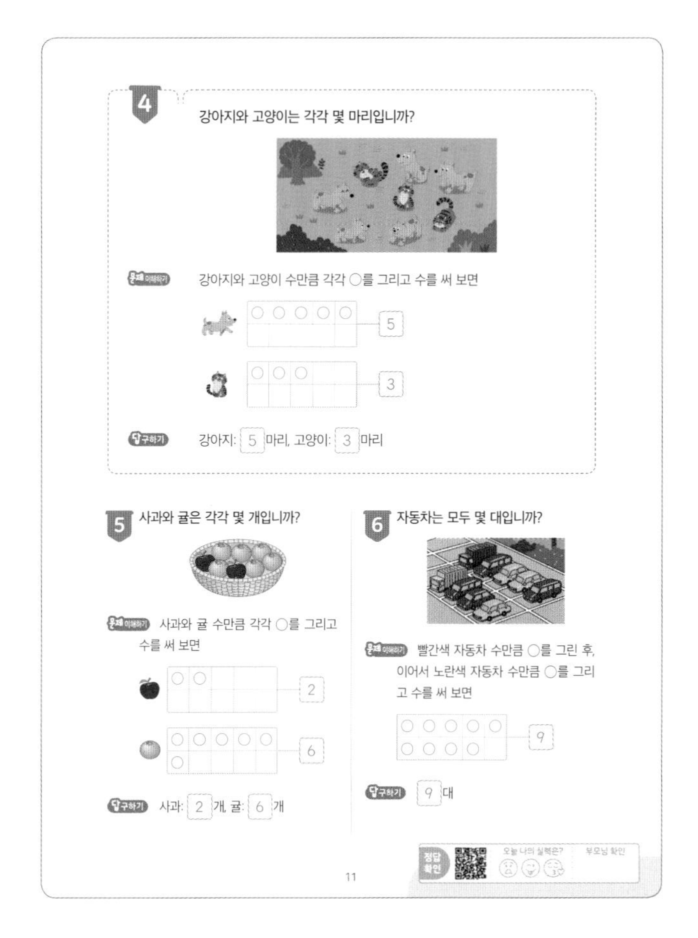

강아지와 고양이는 각각 몇 마리입니까?
강아지와 고양이 수만큼 각각 ○를 그리고 수를 써 보면
강아지: 5 마리, 고양이: 3 마리
사과와 귤은 각각 몇 개입니까?
사과와 귤 수만큼 각각 ○를 그리고 수를 써 보면
사과: 2 개, 귤: 6 개
자동차는 모두 몇 대입니까?
빨간색 자동차 수만큼 ○를 그린 후, 이어서 노란색 자동차 수만큼 ○를 그리고 수를 써 보면
9 대

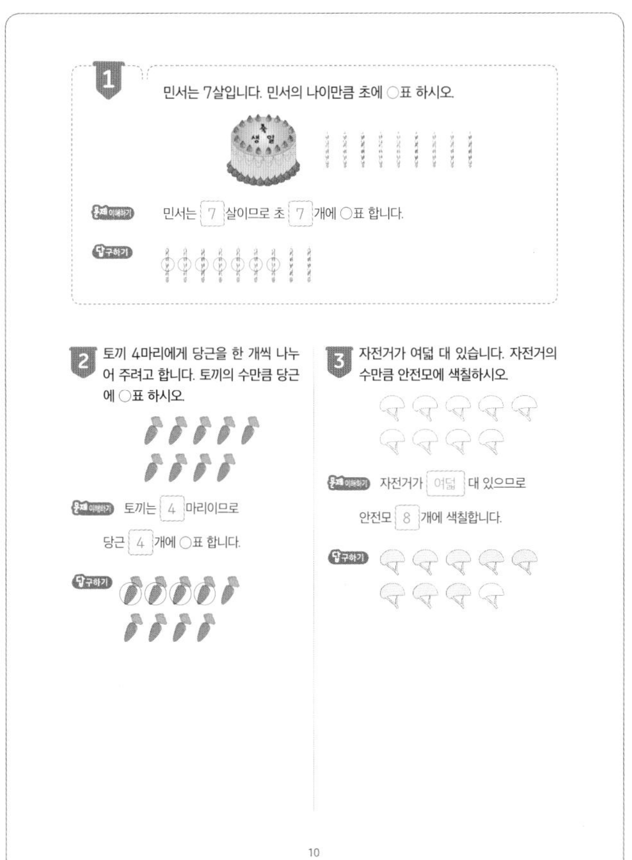

민서는 7살입니다. 민서의 나이만큼 초에 ○표 하시오.
민서는 7 살이므로 초 7 개에 ○표 합니다.
토끼 4마리에게 당근을 한 개씩 나누어 주려고 합니다. 토끼의 수만큼 당근에 ○표 하시오.
토끼는 4 마리이므로 당근 4 개에 ○표 합니다.
자전거가 여덟 대 있습니다. 자전거의 수만큼 안전모에 색칠하시오.
자전거가 여덟 대 있으므로 안전모 8 개에 색칠합니다.

재미있는 수학 놀이터
미래가 받을 선물은?
엄마가 미래에게 줄 선물을 준비했어요.
수에 해당하는 색을 칠해서 그림을 완성해 보세요.
완성된 그림이 미래가 받을 선물이에요. 선물이 무엇인지 ○표 하세요.
• 하나 - 주황색 • 둘 - 노란색 • 셋 - 빨간색
• 넷 - 초록색 • 다섯 - 연두색 • 여섯 - 갈색
• 일곱 - 분홍색 • 여덟 - 하늘색 • 아홉 - 파란색
가방
곰 인형
토끼 인형

1주/2일

1주 2일

교과서 9까지의 수

9까지의 수 ❷

1 그림에 맞게 수를 고쳐 쓰시오.

오빠가 풍선을 2개 들고 있다.

문제 이해하기 풍선 수를 세어 보면

하나 둘 셋 넷 다섯

답구하기 5

2 그림에 맞게 수를 고쳐 쓰시오.

엄마께서 도넛을 6개 주셨다.

문제 이해하기 도넛 수를 세어 보면

아홉 하나 둘 셋 넷 다섯 여섯 일곱 여덟

답구하기 9

13

5 수를 잘못 읽은 학생의 이름을 쓰고 바르게 고쳐 쓰시오.

• 민혁: 약국은 세 층에 있어. • 수아: 사탕이 여섯 개 있어.

문제 이해하기 • 건물 층수를 읽어 보면

← 삼 층 ← 이 층 ← 일 층

• 사탕 수를 읽어 보면

한 개 두 개 세 개 네 개 다섯 개 여섯 개

답구하기 이름: 민혁, 바르게 고치기: 약국은 삼 층에 있어.

6 수를 잘못 읽은 학생의 이름을 쓰고 바르게 고쳐 쓰시오.

• 다빈: 우리 반은 일곱 반이야. • 연우: 병아리가 네 마리 있어.

문제 이해하기 • 반 수를 읽어 보면

일 반 이 반 삼 반 사 반 오 반 육 반 칠 반

• 병아리 수를 읽어 보면

한 마리 두 마리 세 마리 네 마리

답구하기 이름: 다빈, 바르게 고치기: 우리 반은 칠 반이야.

정답 확인 오늘 나의 실력은? 부모님 확인

15

3 그림을 보고 수찬이가 이야기하는 것처럼 사람의 수를 세어 수 이야기를 만들어 보시오.

어른은 한 명입니다.

수찬

문제 이해하기 남자 어린이와 여자 어린이 수만큼 각각 ○를 그리고 수를 써 보면

남자 어린이 ○○○ 3

여자 어린이 ○○○○ 4

답구하기 예 • 남자 어린이는 세 명입니다. • 여자 어린이는 네 명입니다.

4 그림을 보고 오리의 수를 세어 수 이야기를 만들어 보시오.

문제 이해하기 연못 밖과 안에 있는 오리 수만큼 각각 ○를 그리고 수를 써 보면

연못 밖 ○ 1 연못 안 ○○○○○○○ 7

답구하기 예 • 연못 밖에 있는 오리는 한 마리입니다.
• 연못 안에 있는 오리는 일곱 마리입니다.

14

재미있는 수학 놀이터

친구들의 사물함은?

사물함 번호가 로마 숫자로만 적혀 있어요.
힌트를 보고 사물함의 이름표에 친구들의 이름을 적어 주세요.

〈힌트〉 숫자	1	2	3	4	5	6	7	8	9
로마 숫자	Ⅰ	Ⅱ	Ⅲ	Ⅳ	Ⅴ	Ⅵ	Ⅶ	Ⅷ	Ⅸ

16

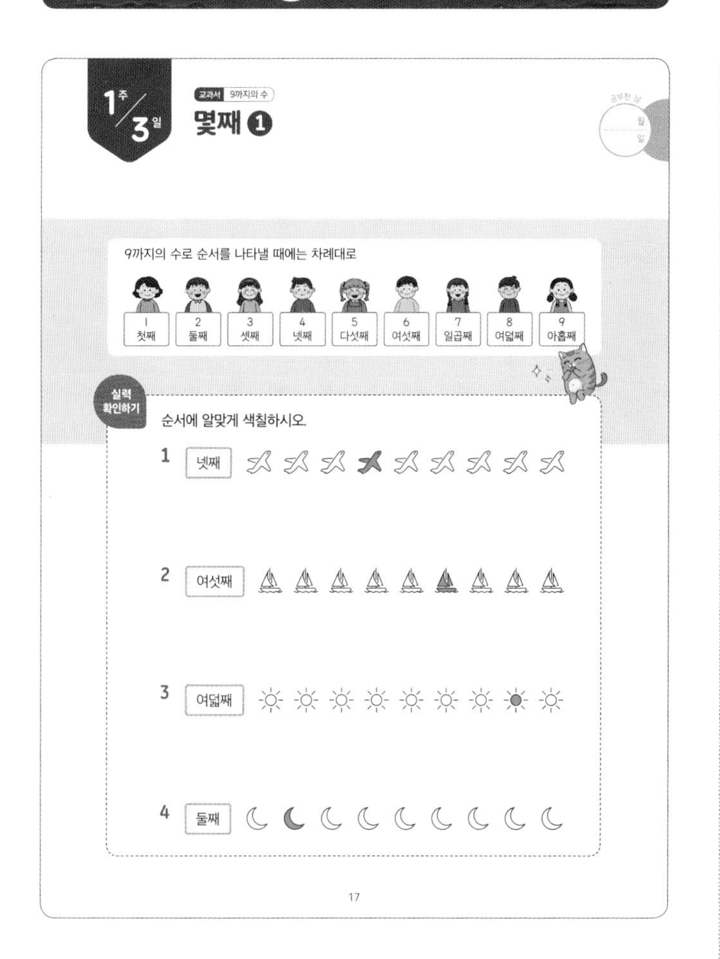

1주 3일

교과서 9까지의 수

몇째 1

9까지의 수로 순서를 나타낼 때에는 차례대로

1	2	3	4	5	6	7	8	9
첫째	둘째	셋째	넷째	다섯째	여섯째	일곱째	여덟째	아홉째

실력 확인하기

순서에 알맞게 색칠하시오.

1 넷째

2 여섯째

3 여덟째

4 둘째

17

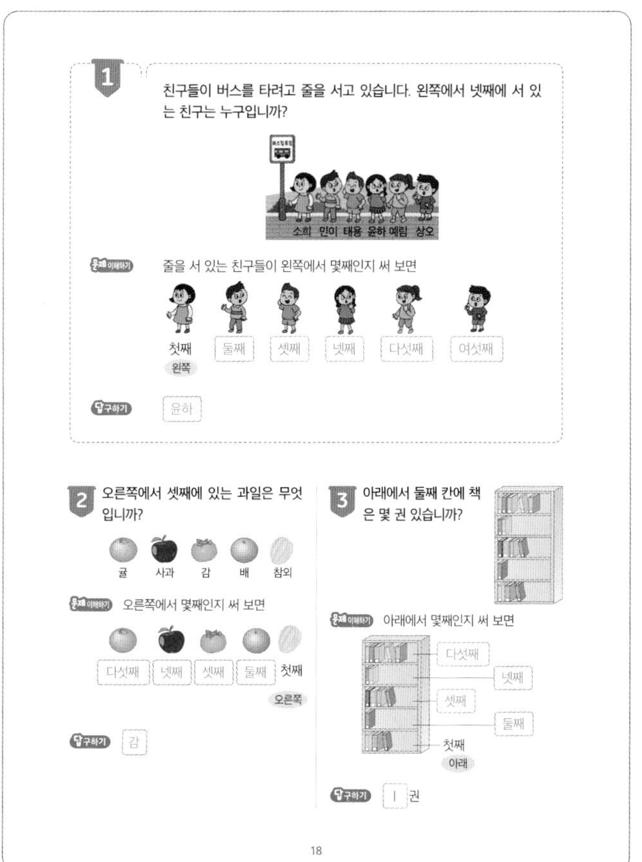

1 친구들이 버스를 타려고 줄을 서고 있습니다. 왼쪽에서 넷째에 서 있는 친구는 누구입니까?

소희 민이 태웅 윤하 예림 상오

문제 이해하기 줄을 서 있는 친구들이 왼쪽에서 몇째인지 써 보면

첫째 둘째 셋째 넷째 다섯째 여섯째

왼쪽

답구하기 윤하

2 오른쪽에서 셋째에 있는 과일은 무엇입니까?

귤 사과 감 배 참외

문제 이해하기 오른쪽에서 몇째인지 써 보면

다섯째 넷째 셋째 둘째 첫째

오른쪽

답구하기 감

3 아래에서 둘째 칸에 책은 몇 권 있습니까?

문제 이해하기 아래에서 몇째인지 써 보면

다섯째 넷째 셋째 둘째 첫째

아래

답구하기 1 권

18

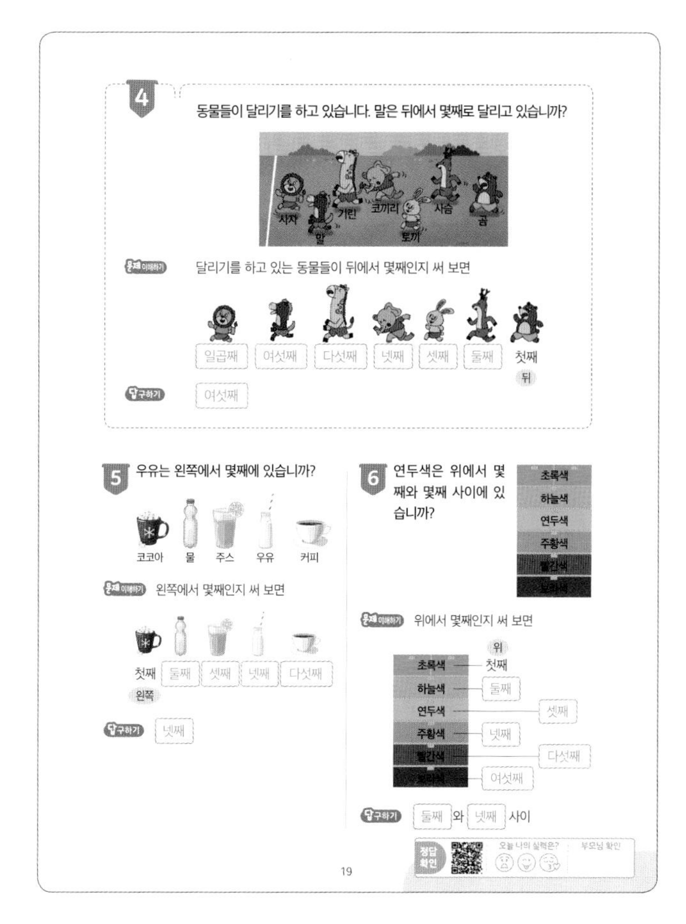

4 동물들이 달리기를 하고 있습니다. 말은 뒤에서 몇째로 달리고 있습니까?

문제 이해하기 달리기를 하고 있는 동물들이 뒤에서 몇째인지 써 보면

일곱째 여섯째 다섯째 넷째 셋째 둘째 첫째

뒤

답구하기 여섯째

5 우유는 왼쪽에서 몇째에 있습니까?

코코아 물 주스 우유 커피

문제 이해하기 왼쪽에서 몇째인지 써 보면

첫째 둘째 셋째 넷째 다섯째

왼쪽

답구하기 넷째

6 연두색은 위에서 몇째와 몇째 사이에 있습니까?

초록색 하늘색 연두색 주황색 빨간색 노란색

문제 이해하기 위에서 몇째인지 써 보면

위

초록색 첫째

하늘색 둘째

연두색 셋째

주황색 넷째

빨간색 다섯째

노란색 여섯째

답구하기 둘째 와 넷째 사이

정답 확인 오늘 나의 실력은? 부모님 확인

19

재미있는 수학 놀이터

달리기 시합 상품은?

다섯 명의 선수가 달리기 시합을 해요.
연우는 뒤에서 넷째로 달리고 있어요. 지금 달리고 있는 순서대로 결승선에 도착했을 때 연우가 받게 될 선물에 ○표 해 보세요.

20

1주 / 4일

1주 4일 교과서 9까지의 수

몇째 ❷

1 순서에 맞게 □ 안에 알맞은 수를 써넣으시오.

2, □, □, □, 3

문제 이해하기 조건에서 (물고기)의 순서가 2, 즉 둘째이므로 그림의 순서는 (왼쪽, 오른쪽)에서부터 읽어야 합니다.

답 구하기 4, 1, 5

2 순서에 맞게 □ 안에 알맞은 수를 써넣으시오.

□, □, 3, □, 4

문제 이해하기 조건에서 (트럭)의 순서가 4, 즉 넷째이므로 그림의 순서는 왼쪽에서부터 읽어야 합니다.

답 구하기 (왼쪽에서부터) 2, 5, 1

21

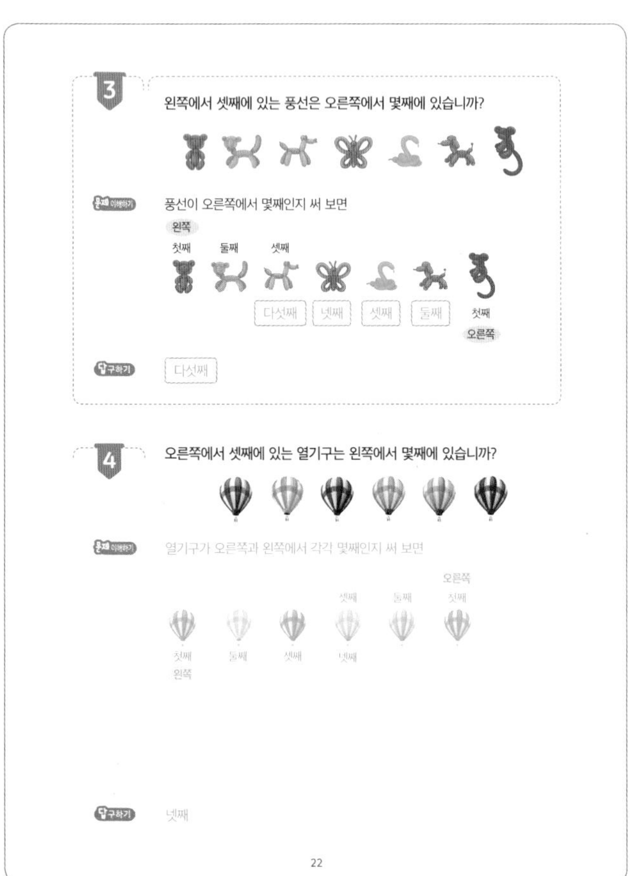

3 왼쪽에서 셋째에 있는 풍선은 오른쪽에서 몇째에 있습니까?

문제 이해하기 풍선이 오른쪽에서 몇째인지 써 보면

왼쪽 첫째 둘째 셋째

다섯째 넷째 셋째 둘째 첫째 오른쪽

답 구하기 다섯째

4 오른쪽에서 셋째에 있는 열기구는 왼쪽에서 몇째에 있습니까?

문제 이해하기 열기구가 오른쪽과 왼쪽에서 각각 몇째인지 써 보면

오른쪽 셋째 둘째 첫째

첫째 둘째 셋째 넷째 왼쪽

답 구하기 넷째

22

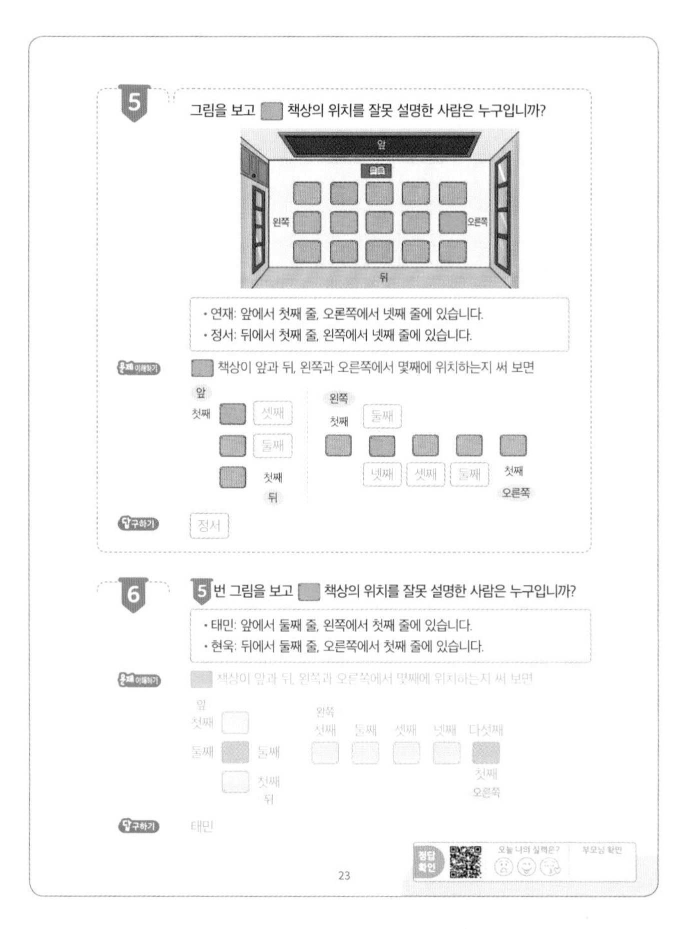

5 그림을 보고 (■) 책상의 위치를 잘못 설명한 사람은 누구입니까?

앞 / 왼쪽 / 오른쪽 / 뒤

• 연재: 앞에서 첫째 줄, 오른쪽에서 넷째 줄에 있습니다.
• 정서: 뒤에서 첫째 줄, 왼쪽에서 넷째 줄에 있습니다.

문제 이해하기 (■) 책상이 앞과 뒤, 왼쪽과 오른쪽에서 몇째에 위치하는지 써 보면

앞 첫째 셋째 / 둘째 / 첫째 뒤

왼쪽 첫째 둘째 / 넷째 셋째 둘째 첫째 오른쪽

답 구하기 정서

6 5번 그림을 보고 (■) 책상의 위치를 잘못 설명한 사람은 누구입니까?

• 태민: 앞에서 둘째 줄, 왼쪽에서 첫째 줄에 있습니다.
• 현욱: 뒤에서 둘째 줄, 오른쪽에서 첫째 줄에 있습니다.

문제 이해하기 (■) 책상이 앞과 뒤, 왼쪽과 오른쪽에서 몇째에 위치하는지 써 보면

앞 첫째 / 둘째 둘째 / 첫째 뒤

왼쪽 첫째 둘째 셋째 넷째 다섯째 / 첫째 오른쪽

답 구하기 태민

정답 확인 오늘 나의 실력은? 부모님 확인

23

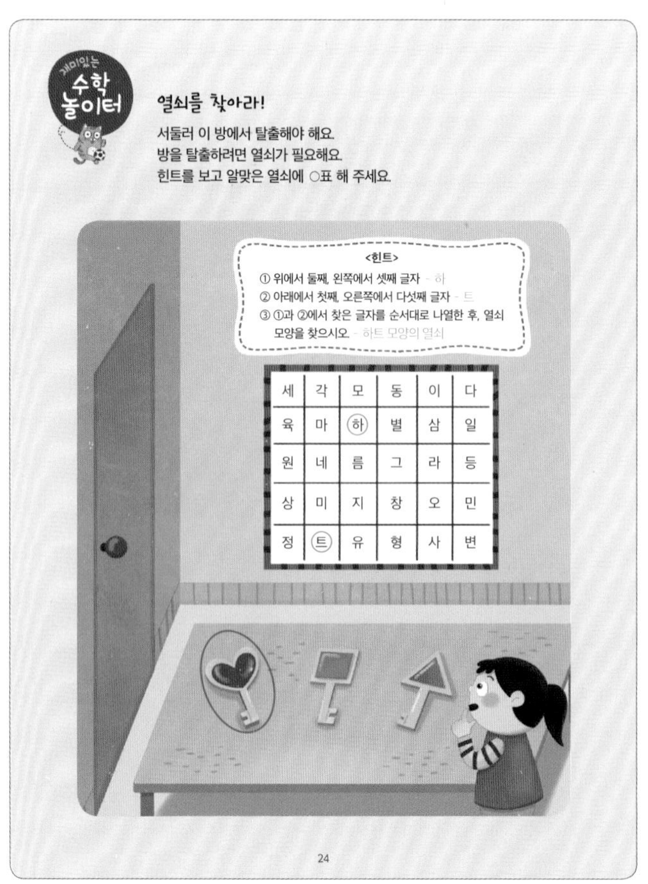

재미있는 수학 놀이터

열쇠를 찾아라!

서둘러 이 방에서 탈출해야 해요.
방을 탈출하려면 열쇠가 필요해요.
힌트를 보고 알맞은 열쇠에 ○표 해 주세요.

<힌트>
① 위에서 둘째, 왼쪽에서 셋째 글자 - 하
② 아래에서 첫째, 오른쪽에서 다섯째 글자 - 트
③ ①과 ②에서 찾은 글자를 순서대로 나열한 후, 열쇠 모양을 찾으시오. - 하트 모양의 열쇠

세	각	모	동	이	다
육	마	(하)	별	삼	일
원	네	름	그	라	등
상	미	지	창	오	민
정	(트)	유	형	사	변

24

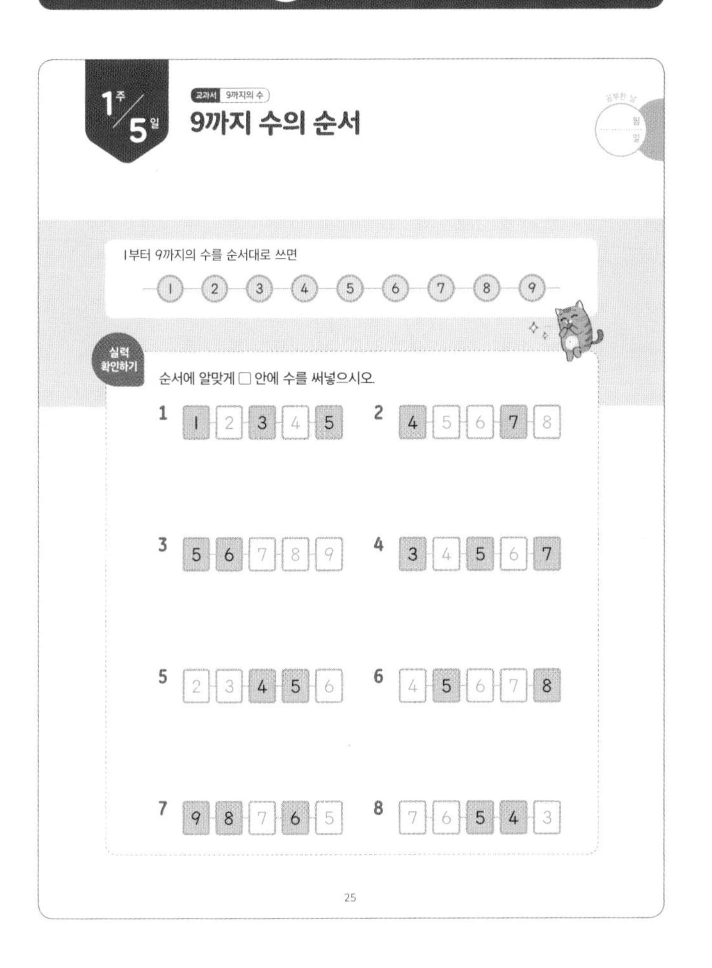
1주/5일

교과서 9까지의 수

9까지 수의 순서

1부터 9까지의 수를 순서대로 쓰면

1 - 2 - 3 - 4 - 5 - 6 - 7 - 8 - 9

실력 확인하기

순서에 알맞게 □ 안에 수를 써넣으시오.

1. 1, 2, 3, 4, 5
2. 4, 5, 6, 7, 8
3. 5, 6, 7, 8, 9
4. 3, 4, 5, 6, 7
5. 2, 3, 4, 5, 6
6. 4, 5, 6, 7, 8
7. 9, 8, 7, 6, 5
8. 7, 6, 5, 4, 3

25

1 1부터 9까지의 수 카드를 1부터 순서대로 놓았습니다. 일곱째에 놓인 수 카드의 수는 무엇입니까?

문제 이해하기 1부터 9까지의 수 카드를 순서대로 놓고 앞에서부터 몇째인지 써 보면

1, 2, 3, 4, 5, 6, 7, 8, 9

첫째, 둘째, 셋째, 넷째, 다섯째, 여섯째, 일곱째, 여덟째, 아홉째

앞

답 구하기 7

2 1부터 5까지의 수 카드를 1부터 순서대로 놓았습니다. 넷째에 놓인 수 카드의 수는 무엇입니까?

문제 이해하기 1부터 5까지의 수 카드를 순서대로 놓고 앞에서부터 몇째인지 써 보면

1, 2, 3, 4, 5

첫째, 둘째, 셋째, 넷째, 다섯째

앞

답 구하기 4

3 1부터 9까지의 수 카드를 9부터 거꾸로 놓았습니다. 여섯째에 놓인 수 카드의 수는 무엇입니까?

문제 이해하기 9부터 수 카드를 거꾸로 놓고 앞에서부터 몇째인지 써 보면

9, 8, 7, 6, 5

첫째, 둘째, 셋째, 넷째, 다섯째

앞

4, 3, 2, 1

여섯째, 일곱째, 여덟째, 아홉째

답 구하기 4

26

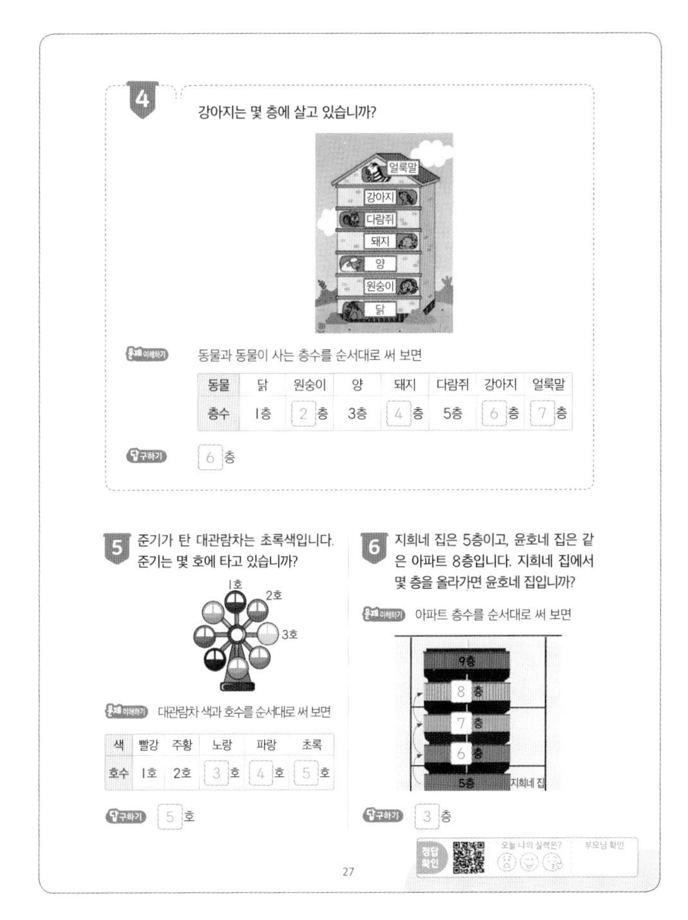
4 강아지는 몇 층에 살고 있습니까?

문제 이해하기 동물과 동물이 사는 층수를 순서대로 써 보면

동물	닭	원숭이	양	돼지	다람쥐	강아지	얼룩말
층수	1층	2층	3층	4층	5층	6층	7층

답 구하기 6층

5 준기가 탄 대관람차는 초록색입니다. 준기는 몇 호에 타고 있습니까?

문제 이해하기 대관람차 색과 호수를 순서대로 써 보면

색	빨강	주황	노랑	파랑	초록
호수	1호	2호	3호	4호	5호

답 구하기 5호

6 지희네 집은 5층이고, 윤호네 집은 같은 아파트 8층입니다. 지희네 집에서 몇 층을 올라가면 윤호네 집입니까?

문제 이해하기 아파트 층수를 순서대로 써 보면

답 구하기 3층

정답 확인

27

재미있는 수학 놀이터

휴대 전화의 주인은?

쇼핑몰에서 휴대 전화를 잃어버렸어요.
1부터 9까지의 수를 순서대로 이으면 휴대 전화의 잠금 패턴이 풀린다고 해요.
각각의 휴대 전화의 주인을 찾아주세요.

28

2주 / 1일

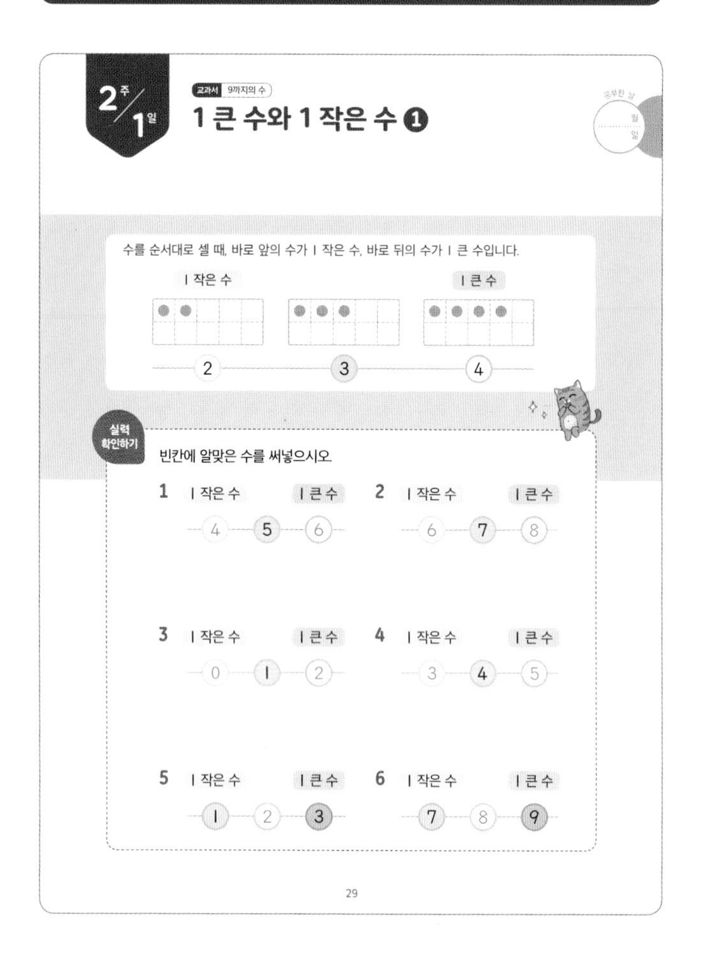

교과서 9까지의 수

2주 1일

1 큰 수와 1 작은 수 ❶

수를 순서대로 셀 때, 바로 앞의 수가 1 작은 수, 바로 뒤의 수가 1 큰 수입니다.

1 작은 수 — 2 — 3 — 4 — 1 큰 수

실력 확인하기

빈칸에 알맞은 수를 써넣으시오.

1 1 작은 수 4 — 5 — 6 1 큰 수

2 1 작은 수 6 — 7 — 8 1 큰 수

3 1 작은 수 0 — 1 — 2 1 큰 수

4 1 작은 수 3 — 4 — 5 1 큰 수

5 1 작은 수 1 — 2 — 3 1 큰 수

6 1 작은 수 7 — 8 — 9 1 큰 수

29

1 상민이는 초콜릿을 5개 먹었습니다. 다영이는 상민이보다 1개 더 많이 먹었습니다. 다영이가 먹은 초콜릿은 몇 개입니까?

문제 이해하기 ❶ 상민이가 먹은 초콜릿 수만큼 ○를 그려 보면 5

❷ 상민이가 먹은 초콜릿 수보다 ○를 1개 더 많이 그리고 수를 써 보면 6

답 구하기 6 개

2 유나는 연필을 3자루 가지고 있습니다. 지혜는 유나보다 1자루 더 많이 가지고 있습니다. 지혜가 가지고 있는 연필은 몇 자루입니까?

문제 이해하기 ❶ 유나가 가지고 있는 연필 수만큼 ○를 그리고 수를 써 보면 3

❷ 유나가 가지고 있는 연필 수보다 ○를 1개 더 많이 그리고 수를 써 보면 4

답 구하기 4 자루

3 민주의 동생은 올해 7살입니다. 민주는 동생보다 1살이 더 많습니다. 민주는 몇 살입니까?

문제 이해하기 ❶ 민주 동생의 나이만큼 ○를 그리고 수를 써 보면 7

❷ 민주 동생의 나이보다 ○를 1개 더 많이 그리고 수를 써 보면 8

답 구하기 8 살

30

4 책장에 동화책이 9권 꽂혀 있습니다. 만화책은 동화책보다 1권 더 적게 꽂혀 있습니다. 책장에 꽂혀 있는 만화책은 몇 권입니까?

문제 이해하기 ❶ 동화책 수만큼 ○를 그려 보면 9

❷ 동화책 수보다 ○를 1개 더 적게 그리고 수를 써 보면 8

답 구하기 8 권

5 동물원에 호랑이가 7마리 있습니다. 사자는 호랑이보다 1마리 더 적게 있습니다. 동물원에 있는 사자는 몇 마리입니까?

문제 이해하기 ❶ 호랑이 수만큼 ○를 그리고 수를 써 보면 7

❷ 호랑이 수보다 ○를 1개 더 적게 그리고 수를 써 보면 6

답 구하기 6 마리

6 건물의 4층에 소아과가 있고 소아과의 한 층 아래에 치과가 있습니다. 치과는 몇 층에 있습니까?

문제 이해하기 ❶ 소아과 층수만큼 ○를 그리고 수를 써 보면 4

❷ 소아과 층수보다 ○를 1개 더 적게 그리고 수를 써 보면 3

답 구하기 3 층

정답 확인 오늘 나의 실력은? 부모님 확인

31

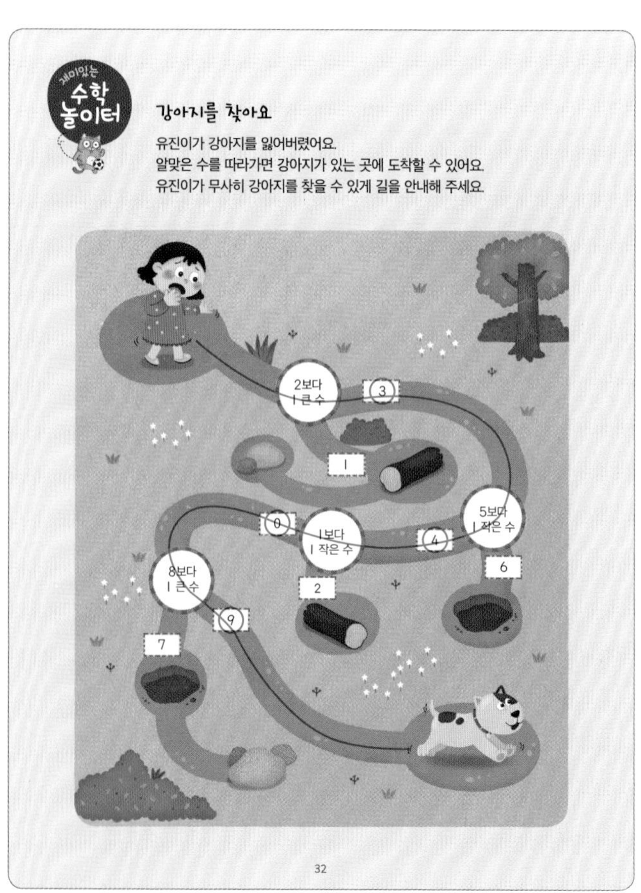

재미있는 수학 놀이터

강아지를 찾아요

유진이가 강아지를 잃어버렸어요.
알맞은 수를 따라가면 강아지가 있는 곳에 도착할 수 있어요.
유진이가 무사히 강아지를 찾을 수 있게 길을 안내해 주세요.

32

2주 2일

교과서 9까지의 수

1 큰 수와 1 작은 수 ❷

1 소윤이가 접은 종이학입니다. □ 안에 알맞은 수를 써넣으시오.

소윤이가 종이학을 한 개 더 접으면 종이학의 수는 □이 됩니다.

문제 이해하기 ❶ 소윤이가 접은 종이학 수만큼 ○를 그리고 수를 써 보면

○○○○○ 5

❷ 소윤이가 종이학을 한 개 더 접으면 종이학은 1개 더 (많아집니다 , 적어집니다).

답 구하기 6

2 정원이가 만든 쿠키입니다. □ 안에 알맞은 수를 써넣으시오.

정원이가 쿠키를 한 개 먹으면 쿠키의 수는 □이 됩니다.

문제 이해하기 ❶ 정원이가 만든 쿠키 수만큼 ○를 그리고 수를 써 보면

○○○○○ ○○ 7

❷ 정원이가 쿠키를 한 개 먹으면 쿠키는 1개 더 적어집니다.

답 구하기 6

33

3 자전거 자물쇠의 번호를 찾아 □ 안에 써넣으시오.

맨 위의 수는 4보다 1 큰 수이고,
맨 아래의 수는 4보다 1 작은 수예요.

문제 이해하기 4보다 1 큰 수와 1 작은 수를 써 보면

3 ←1 작은 수— 4 —1 큰 수→ 5

답 구하기 5, 4, 3

4 휴대 전화의 비밀번호를 찾아 □ 안에 써넣으시오.

첫째로 누를 수는 1보다 1 큰 수이고,
셋째로 누를 수는 1보다 1 작은 수예요.
첫째 둘째 셋째 넷째
□ 9 □ 5

문제 이해하기 1보다 1 큰 수와 1 작은 수를 써 보면

0 ←1 작은 수— 1 —1 큰 수→ 2

답 구하기 (왼쪽에서부터) 2, 0

34

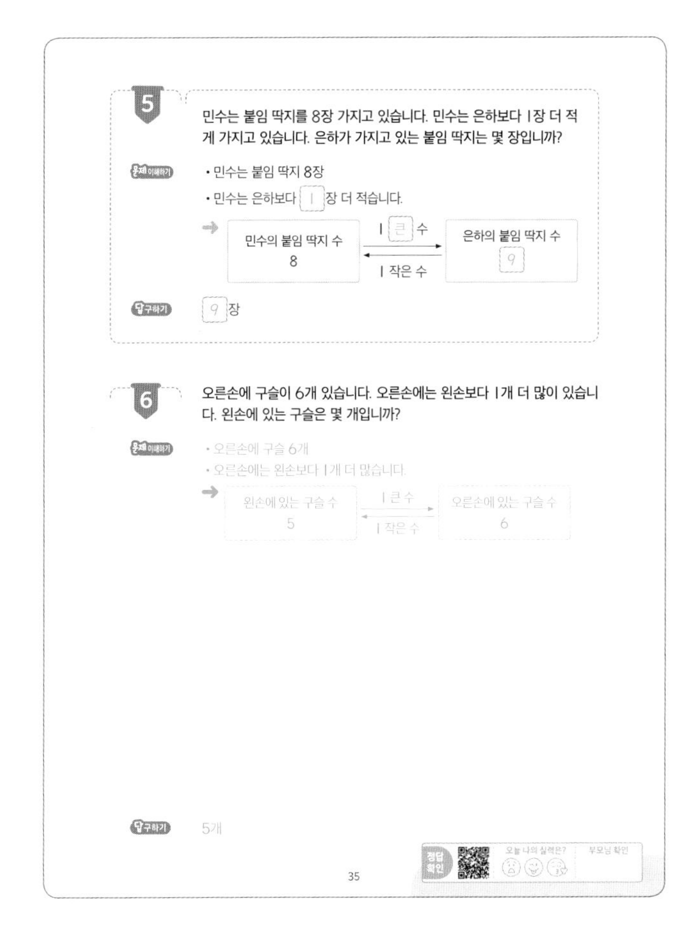
5 민수는 붙임 딱지를 8장 가지고 있습니다. 민수는 은하보다 1장 더 적게 가지고 있습니다. 은하가 가지고 있는 붙임 딱지는 몇 장입니까?

문제 이해하기
- 민수는 붙임 딱지 8장
- 민수는 은하보다 1 장 더 적습니다.

→ 민수의 붙임 딱지 수 8 —1 큰 수→ 은하의 붙임 딱지 수 9 (←1 작은 수)

답 구하기 9 장

6 오른손에 구슬이 6개 있습니다. 오른손에는 왼손보다 1개 더 많이 있습니다. 왼손에 있는 구슬은 몇 개입니까?

문제 이해하기
- 오른손에 구슬 6개
- 오른손에는 왼손보다 1개 더 많습니다.

→ 왼손에 있는 구슬 수 5 —1 큰 수→ 오른손에 있는 구슬 수 6 (←1 작은 수)

답 구하기 5개

35

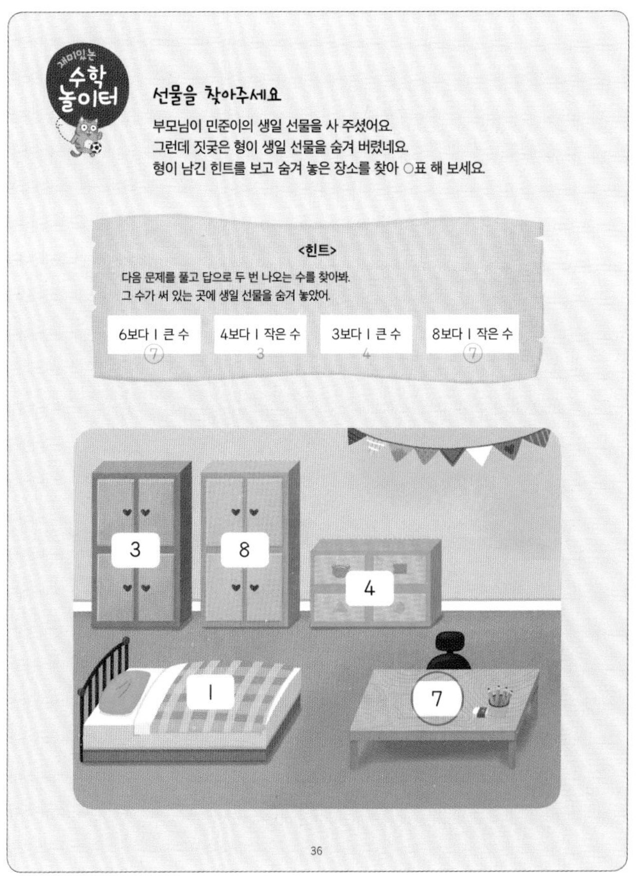
재미있는 수학 놀이터

선물을 찾아주세요

부모님이 민준이의 생일 선물을 사 주셨어요.
그런데 짓궂은 형이 생일 선물을 숨겨 버렸네요.
형이 남긴 힌트를 보고 숨겨 놓은 장소를 찾아 ○표 해 보세요.

<힌트>

다음 문제를 풀고 답으로 두 번 나오는 수를 찾아봐.
그 수가 써 있는 곳에 생일 선물을 숨겨 놓았어.

6보다 1 큰 수	4보다 1 작은 수	3보다 1 큰 수	8보다 1 작은 수
7	3	4	7

36

2주/3일

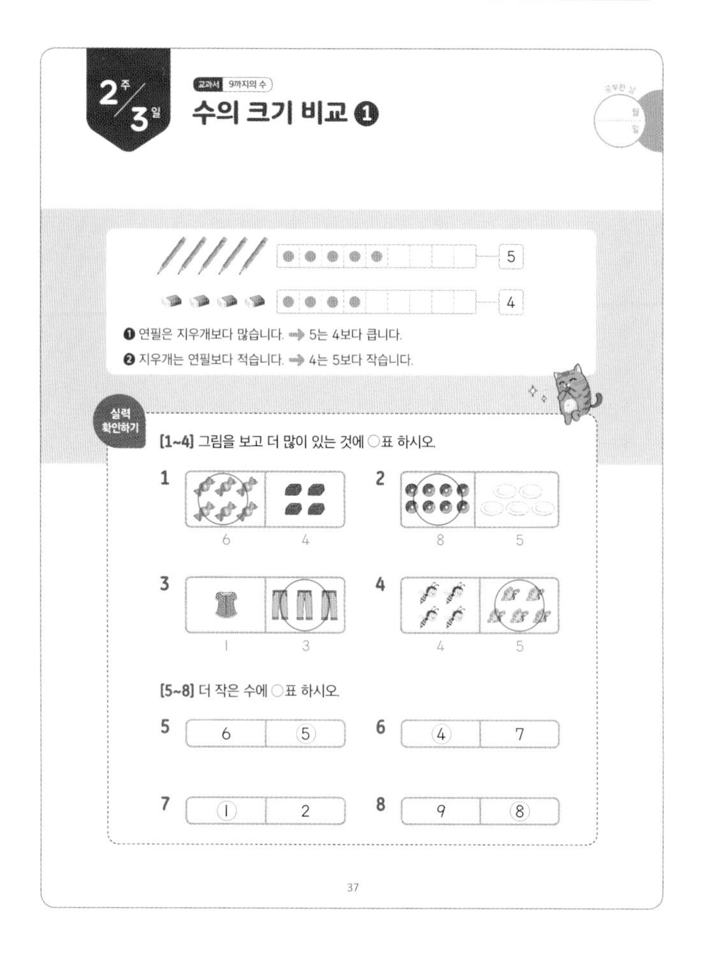

2주/ 4일

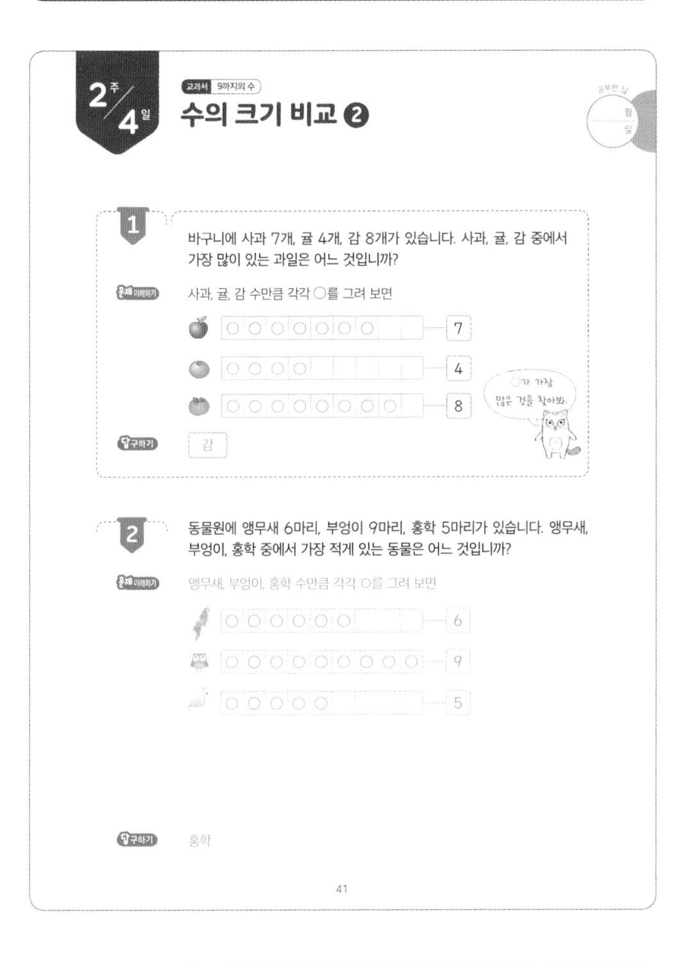

2주 4일

교과서 9까지의 수

수의 크기 비교 ❷

공부한 날 월 일

1 바구니에 사과 7개, 귤 4개, 감 8개가 있습니다. 사과, 귤, 감 중에서 가장 많이 있는 과일은 어느 것입니까?

문제 이해하기 사과, 귤, 감 수만큼 각각 ○를 그려 보면

사과 ○○○○○○○ — 7
귤 ○○○○ — 4
감 ○○○○○○○○ — 8

○가 가장 많은 것을 찾아봐.

답구하기 감

2 동물원에 앵무새 6마리, 부엉이 9마리, 홍학 5마리가 있습니다. 앵무새, 부엉이, 홍학 중에서 가장 적게 있는 동물은 어느 것입니까?

문제 이해하기 앵무새, 부엉이, 홍학 수만큼 각각 ○를 그려 보면

앵무새 ○○○○○○ — 6
부엉이 ○○○○○○○○○ — 9
홍학 ○○○○○ — 5

답구하기 홍학

41

3 그림을 보고 집, 나무, 강아지의 수 중에서 가장 큰 수를 쓰시오.

문제 이해하기 집, 나무, 강아지 수만큼 각각 ○를 그리고 수를 써 보면

집 ○○○○○○ — 6
나무 ○○○○○○○○ — 8
강아지 ○○○ — 3

답구하기 8

4 그림을 보고 오리, 개구리, 연잎의 수 중에서 가장 작은 수를 쓰시오.

문제 이해하기 오리, 개구리, 연잎 수만큼 각각 ○를 그리고 수를 써 보면

오리 ○○○○○○○ — 7
개구리 ○○ — 2
연잎 ○○○○○ — 5

답구하기 2

42

5 다음과 같이 수 카드가 놓여 있습니다. 6보다 작은 수가 적혀 있는 수 카드는 몇 장입니까?

3 6 4 7 9 1

문제 이해하기 ❶ 6보다 작은 수는 수를 순서대로 썼을 때 6 (앞), 뒤)의 수입니다.
❷ 수 카드에 적힌 수를 작은 수부터 순서대로 써 보면
1, 3, 4, 6, 7, 9

답구하기 3 장

6 다음과 같이 수 카드가 놓여 있습니다. 4보다 큰 수가 적혀 있는 수 카드는 몇 장입니까?

5 8 6 2 9 4

문제 이해하기 ❶ 4보다 큰 수는 수를 순서대로 썼을 때 4 뒤의 수입니다.
❷ 수 카드에 적힌 수를 작은 수부터 순서대로 써 보면
2, 4, 5, 6, 8, 9

답구하기 4장

정답 확인 오늘 나의 실력은? 부모님 확인

43

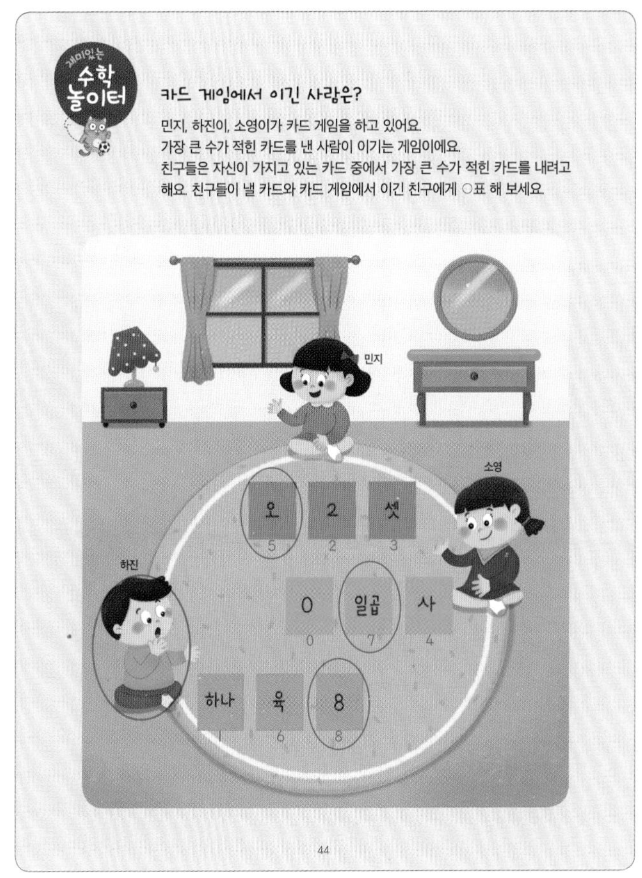

재미있는 수학 놀이터

카드 게임에서 이긴 사람은?

민지, 하진이, 소영이가 카드 게임을 하고 있어요.
가장 큰 수가 적힌 카드를 낸 사람이 이기는 게임이에요.
친구들은 자신이 가지고 있는 카드 중에서 가장 큰 수가 적힌 카드를 내려고 해요. 친구들이 낼 카드와 카드 게임에서 이긴 친구에게 ○표 해 보세요.

44

2주 / 5일

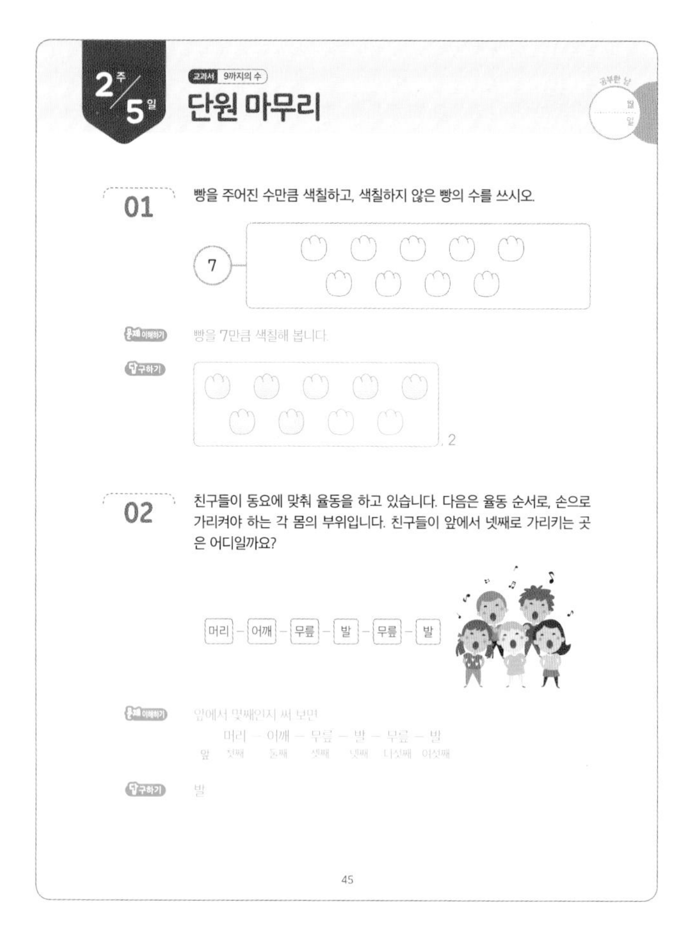
2주/5일

교과서 9까지의 수

단원 마무리

공부한 날 월 일

01 빵을 주어진 수만큼 색칠하고, 색칠하지 않은 빵의 수를 쓰시오.

7

문제 이해하기 빵을 7만큼 색칠해 봅니다.

답 구하기 , 2

02 친구들이 동요에 맞춰 율동을 하고 있습니다. 다음은 율동 순서로, 손으로 가리켜야 하는 각 몸의 부위입니다. 친구들이 앞에서 넷째로 가리키는 곳은 어디일까요?

머리 – 어깨 – 무릎 – 발 – 무릎 – 발

문제 이해하기 앞에서 몇째인지 써 보면

머리 – 어깨 – 무릎 – 발 – 무릎 – 발

앞 첫째 둘째 셋째 넷째 다섯째 여섯째

답 구하기 발

45

단원 마무리

03 나타내는 수가 다른 하나를 찾아 기호를 쓰시오.

㉠ ㉡ ㉢

문제 이해하기 아이스크림, 개미, 편 손가락 수만큼 각각 ○를 그리고 수를 써 보면

㉠ ○○○○○○ – 6

㉡ ○○○○○○ – 6

㉢ ○○○○○○○○○ – 9

답 구하기 ㉢

04 ♥ 모양 붙임 딱지를 붙인 사물함이 윤지의 사물함입니다. 윤지의 사물함 번호는 몇 번입니까?

♥	8	
		6
1		3

문제 이해하기 수의 순서를 생각하며 빈칸에 수를 써 보면

7	8	9
4	5	6
1	2	3

답 구하기 7번

05 왼쪽에서 다섯째에 있는 수 카드에 적힌 수보다 1 큰 수는 무엇입니까?

4 1 8 5 3 0 6

문제 이해하기 왼쪽에서 몇째인지 써 보면

4 1 8 5 3 0 6

왼쪽 첫째 둘째 셋째 넷째 다섯째

답 구하기 4

46

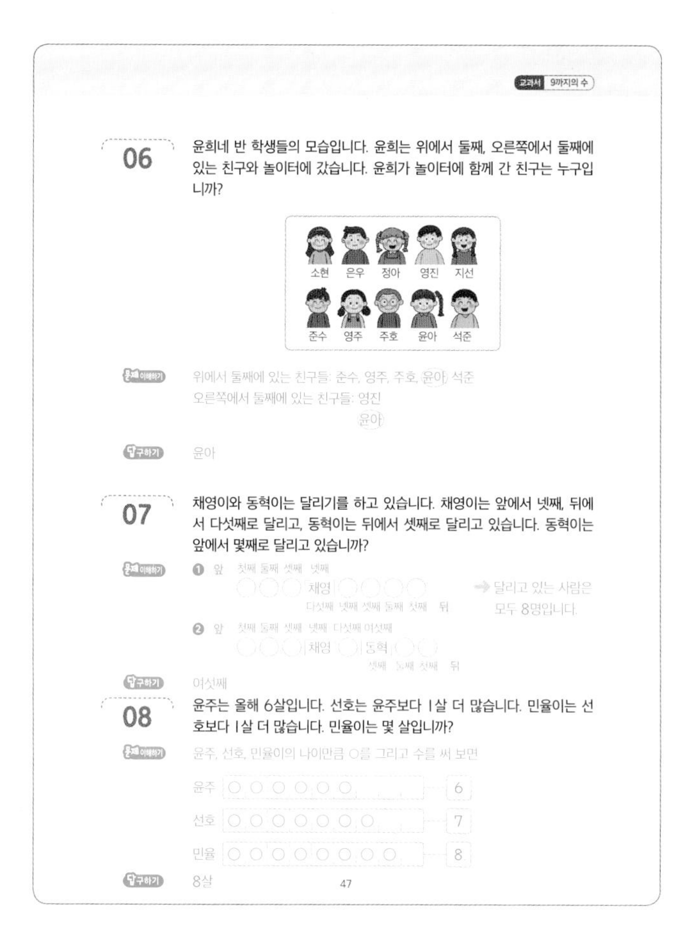
교과서 9까지의 수

06 윤희네 반 학생들의 모습입니다. 윤희는 위에서 둘째, 오른쪽에서 둘째에 있는 친구와 놀이터에 갔습니다. 윤희가 놀이터에 함께 간 친구는 누구입니까?

소현 은우 정아 영진 지선

준수 영주 주호 윤아 석준

문제 이해하기 위에서 둘째에 있는 친구들: 준수, 영주, 주호, 윤아, 석준

오른쪽에서 둘째에 있는 친구들: 영진

윤아

답 구하기 윤아

07 채영이와 동혁이는 달리기를 하고 있습니다. 채영이는 앞에서 넷째, 뒤에서 다섯째로 달리고, 동혁이는 뒤에서 셋째로 달리고 있습니다. 동혁이는 앞에서 몇째로 달리고 있습니까?

문제 이해하기 ❶ 앞 첫째 둘째 셋째 넷째

○○○ 채영 ○○○○ → 달리고 있는 사람은 모두 8명입니다.

다섯째 넷째 셋째 둘째 첫째 뒤

❷ 앞 첫째 둘째 셋째 넷째 다섯째 여섯째

○○○ 채영 ○ 동혁 ○○

셋째 둘째 첫째 뒤

답 구하기 여섯째

08 윤주는 올해 6살입니다. 선호는 윤주보다 1살 더 많습니다. 민율이는 선호보다 1살 더 많습니다. 민율이는 몇 살입니까?

문제 이해하기 윤주, 선호, 민율이의 나이만큼 ○를 그리고 수를 써 보면

윤주 ○○○○○○ – 6

선호 ○○○○○○○ – 7

민율 ○○○○○○○○ – 8

답 구하기 8살

47

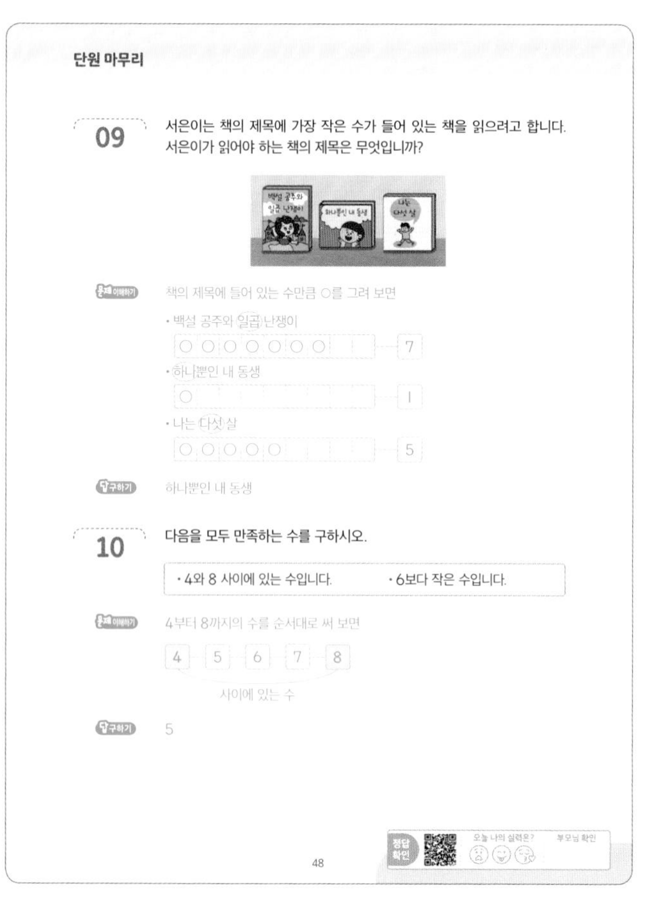
단원 마무리

09 서은이는 책의 제목에 가장 작은 수가 들어 있는 책을 읽으려고 합니다. 서은이가 읽어야 하는 책의 제목은 무엇입니까?

문제 이해하기 책의 제목에 들어 있는 수만큼 ○를 그려 보면

• 백설 공주와 일곱 난쟁이

○○○○○○○ – 7

• 하나뿐인 내 동생

○ – 1

• 나는 다섯 살

○○○○○ – 5

답 구하기 하나뿐인 내 동생

10 다음을 모두 만족하는 수를 구하시오.

• 4와 8 사이에 있는 수입니다. • 6보다 작은 수입니다.

문제 이해하기 4부터 8까지의 수를 순서대로 써 보면

4 – 5 – 6 – 7 – 8

사이에 있는 수

답 구하기 5

정답 확인 오늘 나의 실력은? 부모님 확인

48

3주 / 1일

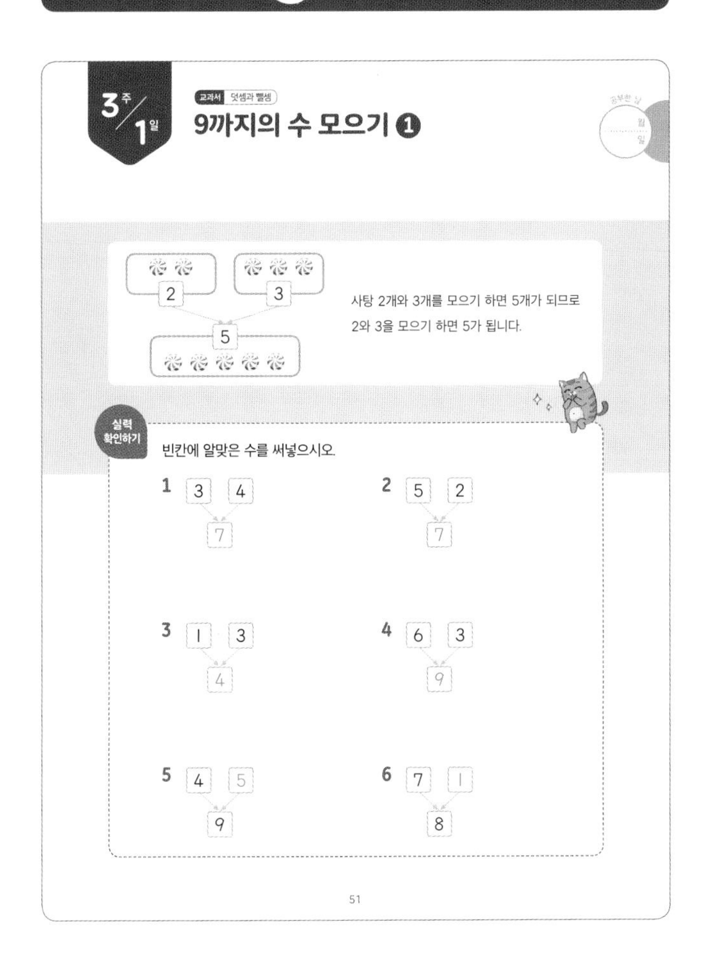

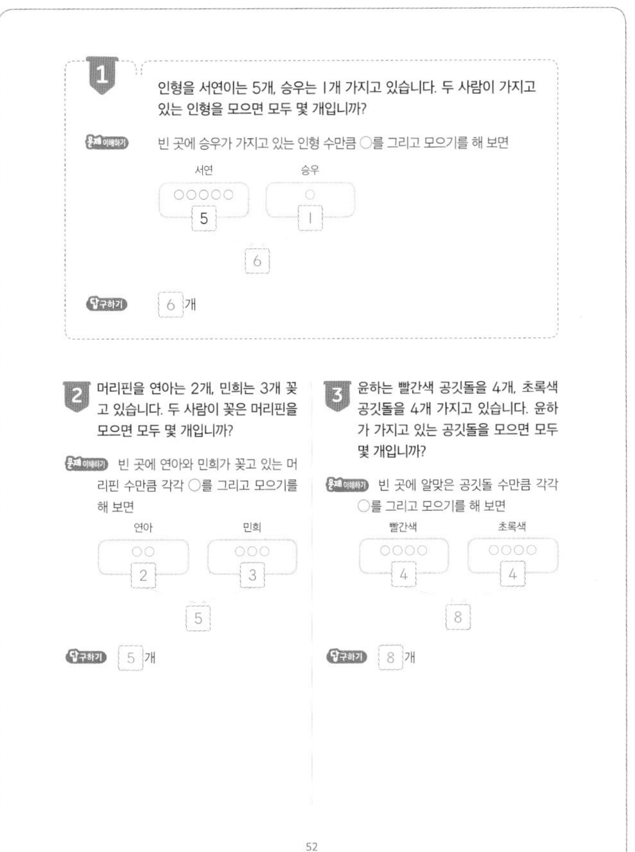

3주/2일

3주 2일

교과서 덧셈과 뺄셈

9까지의 수 모으기 ②

1 진우는 3과 1을 모으기 했고, 수진이는 2와 5를 모으기 했습니다. 모으기 한 수가 더 작은 친구는 누구입니까?

문제 이해하기
진우: 3과 1을 모으기 해 보면 3 1 → 4
수진: 2와 5를 모으기 해 보면 2 5 → 7

수의 크기를 비교해서 작은 수를 찾아야 해.

답구하기 진우

2 혜인이는 2와 2를 모으기 했고, 지호는 1과 4를 모으기 했습니다. 모으기 한 수가 더 큰 친구는 누구입니까?

문제 이해하기
혜인: 2와 2를 모으기 해 보면 2 2 → 4
지호: 1과 4를 모으기 해 보면 1 4 → 5

답구하기 지호

55

5 모으기를 하여 6이 되는 두 수를 ( )로 묶어 보시오.

1	5	3
3	1	3
3	4	2

문제 이해하기 모으기를 하여 6이 되는 두 수를 써 보면
1 5 → 6, 2 4 → 6, 3 3 → 6

답구하기 예

1	5	3
3	1	3
3	4	2

모으기를 하여 6이 되는 경우를 표에서 전부 찾아봐.

6 모으기를 하여 9가 되는 두 수를 ( )로 묶어 보시오.

4	2	7
5	1	3
3	6	1

문제 이해하기 모으기를 하여 9가 되는 두 수를 써 보면
1 8 → 9, 2 7 → 9, 3 6 → 9, 4 5 → 9

답구하기 예

4	2	7
5	1	3
3	6	1

57

정답 확인 오늘 나의 실력은? 부모님 확인

3 수 카드가 5장 있습니다. 모으기 하여 7이 되는 수 카드를 2장씩 모두 묶었을 때, 남는 수 카드에 적힌 수는 무엇입니까?

4 1 3 5 6

문제 이해하기 수 카드에 적힌 수와 모으기 하여 7이 되는 수를 써 보면
4 3 → 7, 1 6 → 7, 3 4 → 7, 5 2 → 7, 6 1 → 7

답구하기 5

수 카드를 둘씩 짝 지어 봐!

4 수 카드가 5장 있습니다. 모으기 하여 8이 되는 수 카드를 2장씩 모두 묶었을 때, 남는 수 카드에 적힌 수는 무엇입니까?

3 7 2 1 5

문제 이해하기 수 카드에 적힌 수와 모으기 하여 8이 되는 수를 써 보면
3 5 → 8, 7 1 → 8, 2 6 → 8, 1 7 → 8, 5 3 → 8

답구하기 2

56

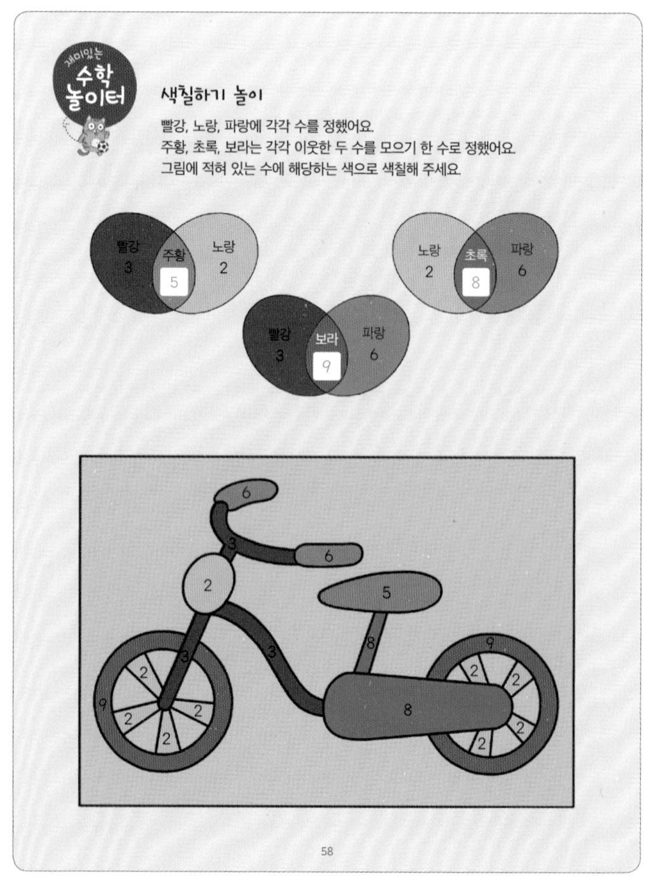
재미있는 수학 놀이터

색칠하기 놀이

빨강, 노랑, 파랑에 각각 수를 정했어요.
주황, 초록, 보라는 각각 이웃한 두 수를 모으기 한 수로 정했어요.
그림에 적혀 있는 수에 해당하는 색으로 색칠해 주세요.

58

3주 / 3일

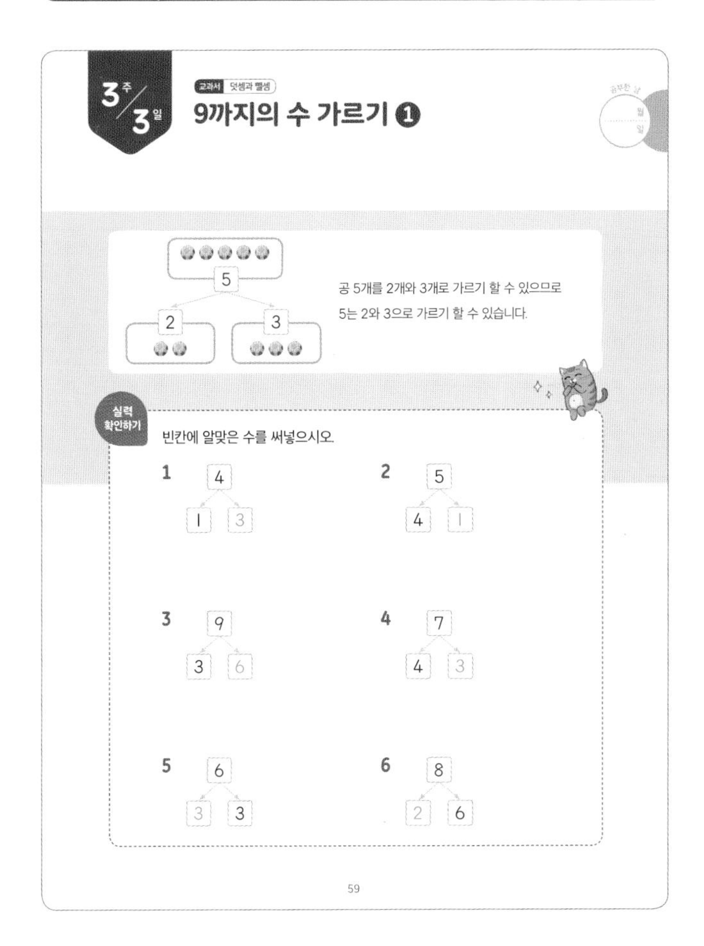

3주 3일

교과서 덧셈과 뺄셈

9까지의 수 가르기 ❶

공 5개를 2개와 3개로 가르기 할 수 있으므로 5는 2와 3으로 가르기 할 수 있습니다.

실력 확인하기

빈칸에 알맞은 수를 써넣으시오.

1. 4 → 1, 3
2. 5 → 4, 1
3. 9 → 3, 6
4. 7 → 4, 3
5. 6 → 3, 3
6. 8 → 2, 6

59

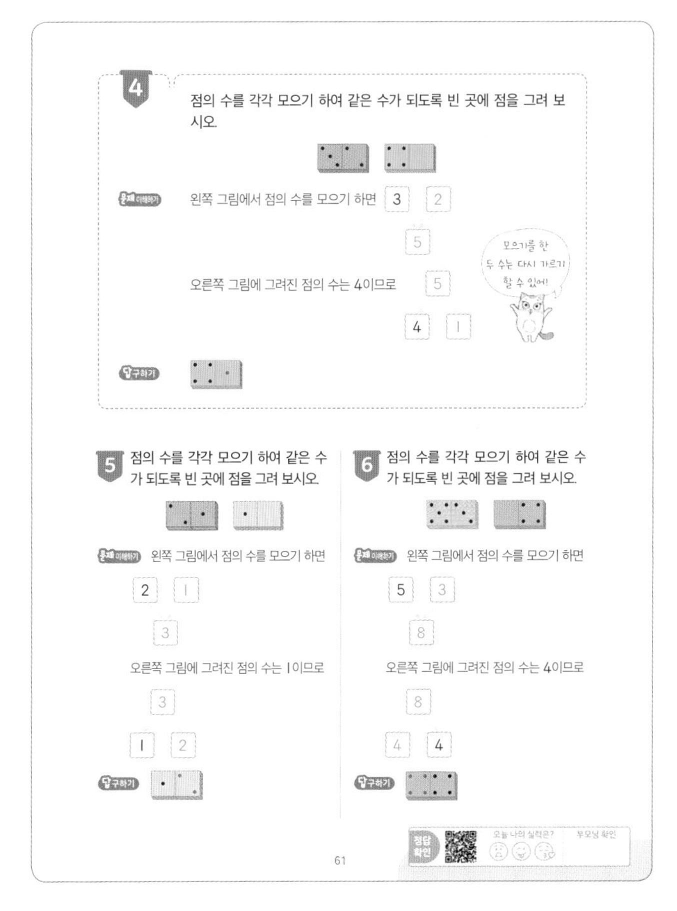

4 점의 수를 각각 모으기 하여 같은 수가 되도록 빈 곳에 점을 그려 보시오.

문제 이해하기 왼쪽 그림에서 점의 수를 모으기 하면 3, 2 → 5

오른쪽 그림에 그려진 점의 수는 4이므로 5 → 4, 1

모으기를 한 두 수는 다시 가르기 할 수 있어!

답 구하기

5 점의 수를 각각 모으기 하여 같은 수가 되도록 빈 곳에 점을 그려 보시오.

문제 이해하기 왼쪽 그림에서 점의 수를 모으기 하면 2, 1 → 3

오른쪽 그림에 그려진 점의 수는 1이므로 3 → 1, 2

답 구하기

6 점의 수를 각각 모으기 하여 같은 수가 되도록 빈 곳에 점을 그려 보시오.

문제 이해하기 왼쪽 그림에서 점의 수를 모으기 하면 5, 3 → 8

오른쪽 그림에 그려진 점의 수는 4이므로 8 → 4, 4

답 구하기

정답 확인 오늘 나의 실력은? 부모님 확인

61

1 현주는 7개의 도넛 중에서 4개를 승현이에게 나누어 주었습니다. 현주에게 남은 도넛은 몇 개입니까?

문제 이해하기 빈칸에 알맞은 도넛 수를 써 보면

7 → 4 (승현), 3 (남은 도넛)

답 구하기 3개

2 지윤이는 연필 4자루 중에서 3자루를 동생에게 나누어 주었습니다. 지윤이에게 남은 연필은 몇 자루입니까?

문제 이해하기 빈칸에 알맞은 연필 수를 써 보면

4 → 3 (동생), 1 (남은 연필)

답 구하기 1자루

3 지훈이는 구슬 9개를 양손에 나누어 쥐었습니다. 왼손에 5개를 쥐었다면 오른손에는 몇 개를 쥐었습니까?

문제 이해하기 빈칸에 알맞은 구슬 수를 써 보면

9 → 5 (왼손), 4 (오른손)

답 구하기 4개

60

재미있는 수학 놀이터

이상한 피라미드

가르기를 하면 피라미드가 완성되어요.
빈칸에 알맞은 수를 넣어 피라미드를 완성해 주세요.

62

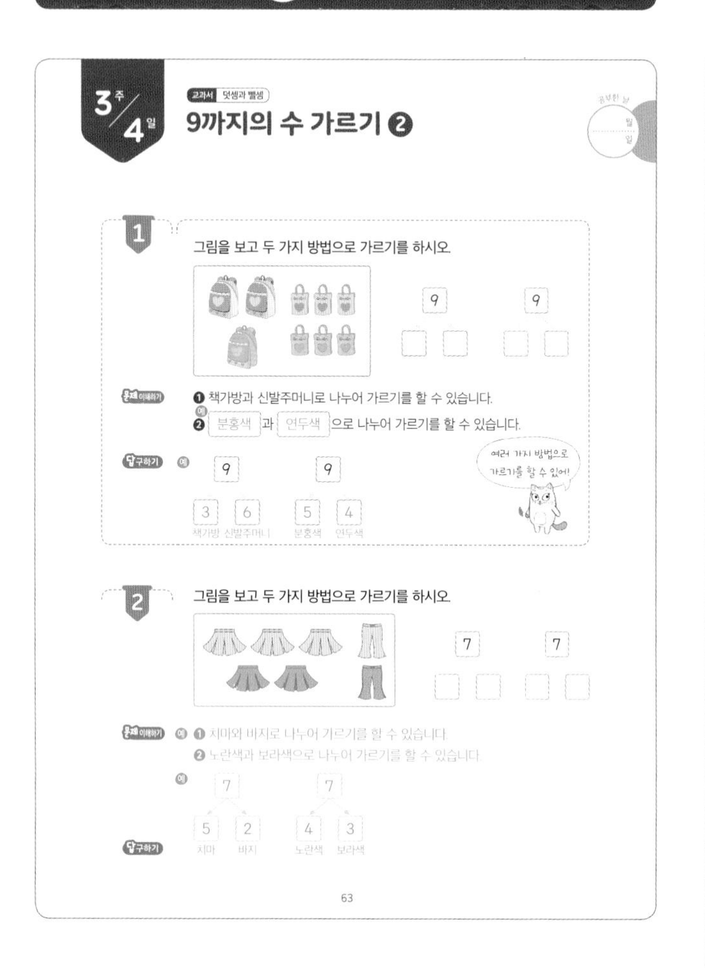

3주 4일

교과서 덧셈과 뺄셈

9까지의 수 가르기 ❷

1 그림을 보고 두 가지 방법으로 가르기를 하시오.

문제 이해하기 ❶ 책가방과 신발주머니로 나누어 가르기를 할 수 있습니다.
예 ❷ 분홍색 과 연두색 으로 나누어 가르기를 할 수 있습니다.

답 구하기 예 9 → 3, 6 (책가방, 신발주머니) / 9 → 5, 4 (분홍색, 연두색)

여러 가지 방법으로 가르기를 할 수 있어!

2 그림을 보고 두 가지 방법으로 가르기를 하시오.

문제 이해하기 예 ❶ 치마와 바지로 나누어 가르기를 할 수 있습니다.
❷ 노란색과 보라색으로 나누어 가르기를 할 수 있습니다.

답 구하기 예 7 → 5, 2 (치마, 바지) / 7 → 4, 3 (노란색, 보라색)

63

3 정환이는 수학 문제집 8쪽을 오늘과 내일 나누어 풀려고 합니다. 정환이가 수학 문제집을 푸는 방법은 모두 몇 가지입니까?

문제 이해하기 수학 문제집 쪽수 8을 두 수로 가르기 해 보면

8 → 1, 7 / 8 → 2, 6 / 8 → 3, 5 / 8 → 4, 4 / 8 → 5, 3 / 8 → 6, 2 / 8 → 7, 1 (오늘, 내일)

답 구하기 7 가지

4 현지는 떡 7개를 동생과 나누어 먹으려고 합니다. 현지가 떡을 나누어 먹는 방법은 모두 몇 가지입니까?

문제 이해하기 떡 수 7을 두 수로 가르기 해 보면

7 → 1, 6 / 7 → 2, 5 / 7 → 3, 4 / 7 → 4, 3 / 7 → 5, 2 / 7 → 6, 1 (현지, 동생)

답 구하기 6가지

64

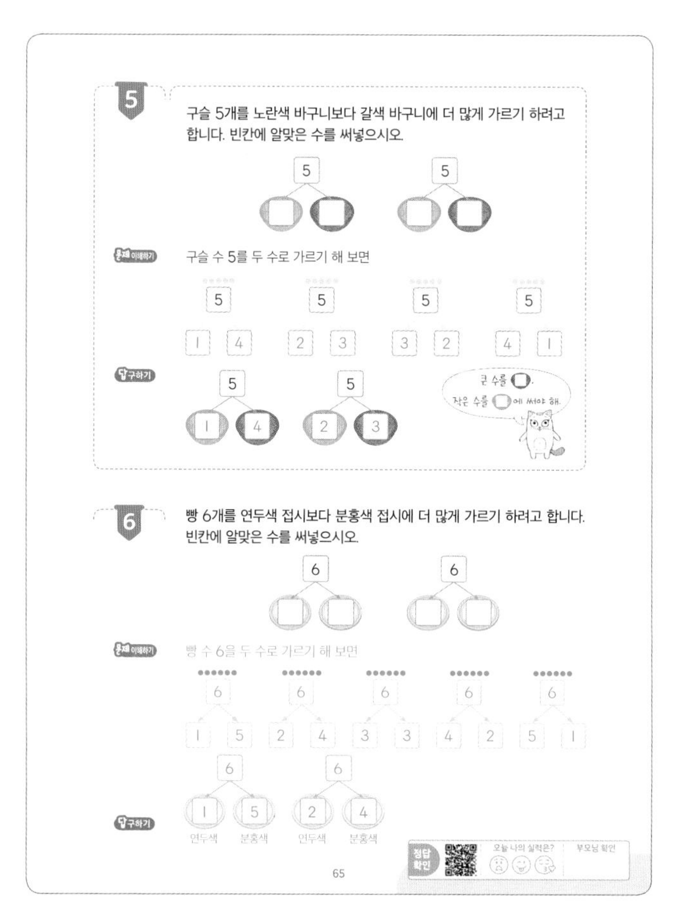

5 구슬 5개를 노란색 바구니보다 갈색 바구니에 더 많게 가르기 하려고 합니다. 빈칸에 알맞은 수를 써넣으시오.

문제 이해하기 구슬 수 5를 두 수로 가르기 해 보면

5 → 1, 4 / 5 → 2, 3 / 5 → 3, 2 / 5 → 4, 1

답 구하기 5 → 1, 4 / 5 → 2, 3

큰 수를 ◯, 작은 수를 ◯에 써야 해.

6 빵 6개를 연두색 접시보다 분홍색 접시에 더 많게 가르기 하려고 합니다. 빈칸에 알맞은 수를 써넣으시오.

문제 이해하기 빵 수 6을 두 수로 가르기 해 보면

6 → 1, 5 / 6 → 2, 4 / 6 → 3, 3 / 6 → 4, 2 / 6 → 5, 1

답 구하기 6 → 1, 5 (연두색, 분홍색) / 6 → 2, 4 (연두색, 분홍색)

65

정답 확인 오늘 나의 실력은? 부모님 확인

재미있는 수학 놀이터

개미와 베짱이

배고픈 베짱이가 개미네 집에 찾아갔어요.
개미는 베짱이에게 빵 9개를 나눠 먹자고 했어요.
베짱이가 개미보다 하나 더 많이 먹을 수 있도록 빵을 나누려고 해요.
개미는 베짱이에게 빵을 몇 개 줄지 써 보세요.

고마워, 개미야.
베짱이야, 빵 5 개를 너에게 줄게.
9
4 5
개미 베짱이

66

3주 / 5일

3주 5일

교과서 덧셈과 뺄셈

이야기 만들기_덧셈

그림을 보고 더하는 상황의 이야기를 만들어 보면

→ 남자 어린이가 들고 있는 풍선은 3개, 여자 어린이가 들고 있는 풍선은 4개이므로 풍선은 모두 7개입니다.

실력 확인하기

그림을 보고 더하는 상황에 알맞은 이야기에 ○표 하시오.

(1) 우산을 쓴 어린이는 5명, 우비를 입은 어린이는 2명이므로 우산을 쓴 어린이가 3명 더 많습니다. (　)

(2) 우산을 쓴 어린이가 5명, 우비를 입은 어린이가 2명이므로 어린이는 모두 7명입니다. (○)

67

1 그림을 보고 이야기를 만들려고 합니다. □ 안에 알맞은 수를 써넣으시오.

어른이 □명, 어린이가 □명이므로 사람은 모두 □명입니다.

문제 이해하기 어른 수만큼 ○, 어린이 수만큼 △를 그리고 수를 써 보면

어른 ○○ 2명 / 어린이 △△△ 3명

답 구하기 2, 3, 5

2 그림을 보고 이야기를 만들려고 합니다. □ 안에 알맞은 수를 써넣으시오.

검은색 고양이가 □마리, 흰색 고양이가 □마리이므로 고양이는 모두 □마리입니다.

문제 이해하기 검은색 고양이 수만큼 ○, 흰색 고양이 수만큼 △를 그리고 수를 써 보면

검은색 고양이 ○○○○ 4마리 / 흰색 고양이 △△△△ 4마리

답 구하기 4, 4, 8

3 그림을 보고 더하는 상황의 이야기를 완성하시오.

토끼 인형이 □개, 공룡 인형이 □개이므로

문제 이해하기 토끼 인형 수만큼 ○, 공룡 인형 수만큼 △를 그리고 수를 써 보면

토끼 인형 ○○○ 3개 / 공룡 인형 △△△△△ 5개

답 구하기 3, 5, 인형은 모두 8개입니다

68

4 그림을 보고 이야기를 만들려고 합니다. □ 안에 알맞은 수를 써넣으시오.

염소가 □마리 있었는데 □마리가 더 와서 모두 □마리가 되었습니다.

문제 이해하기 처음에 있던 염소와 더 온 염소 수만큼 ○를 그리고 수를 써 보면

○○○○ 4마리 / ○○○ 3마리

답 구하기 4, 3, 7

5 그림을 보고 이야기를 만들려고 합니다. □ 안에 알맞은 수를 써넣으시오.

어린이가 □명 있었는데 □명이 더 와서 모두 □명이 되었습니다.

문제 이해하기 처음에 있던 어린이와 더 온 어린이 수만큼 ○를 그리고 수를 써 보면

○○○ 3명 / ○ 1명

답 구하기 3, 1, 4

6 그림을 보고 더하는 상황의 이야기를 완성하시오.

비둘기가 □마리 있었는데 □마리가 더 날아와서

문제 이해하기 처음에 있던 비둘기와 더 날아온 비둘기 수만큼 ○를 그리고 수를 써 보면

○○○○○○○ 7마리 / ○○ 2마리

답 구하기 7, 2, 모두 9마리가 되었습니다

정답 확인

69

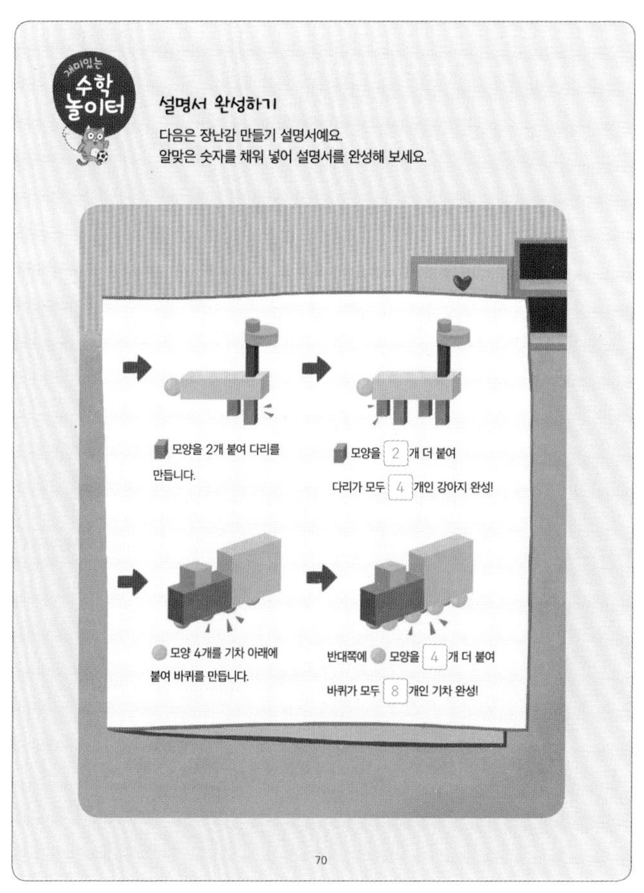
재미있는 수학 놀이터

설명서 완성하기

다음은 장난감 만들기 설명서예요.
알맞은 숫자를 채워 넣어 설명서를 완성해 보세요.

모양을 2개 붙여 다리를 만듭니다.

모양을 2개 더 붙여 다리가 모두 4개인 강아지 완성!

모양 4개를 기차 아래에 붙여 바퀴를 만듭니다.

반대쪽에 모양을 4개 더 붙여 바퀴가 모두 8개인 기차 완성!

70

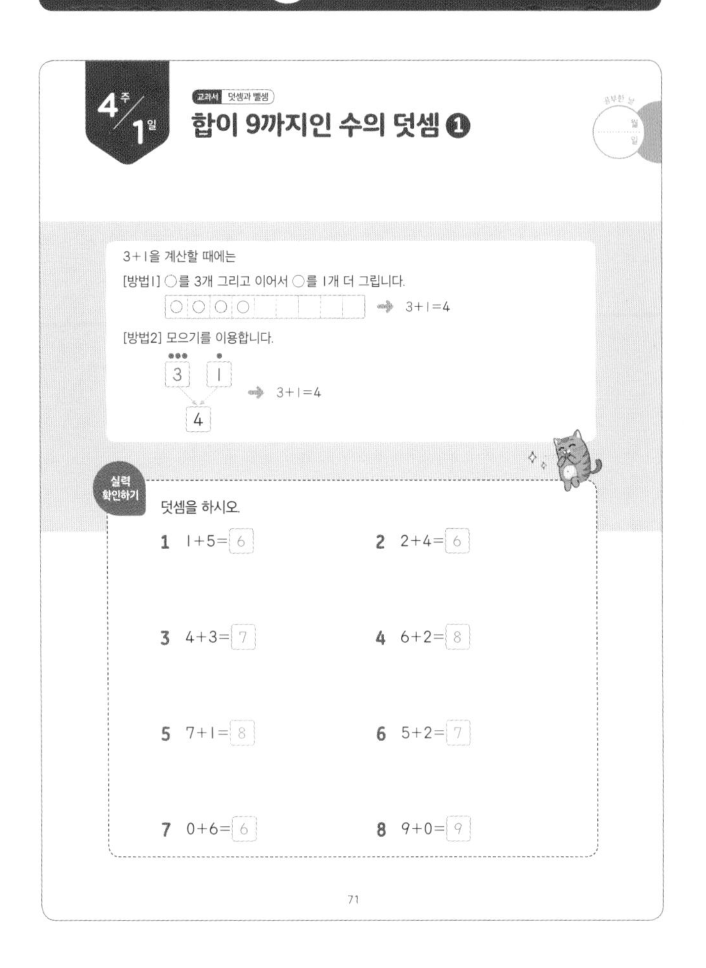
4주 1일

교과서 덧셈과 뺄셈

합이 9까지인 수의 덧셈 1

3+1을 계산할 때에는

[방법1] ○를 3개 그리고 이어서 ○를 1개 더 그립니다.

○○○○ → 3+1=4

[방법2] 모으기를 이용합니다.

3, 1 → 4 → 3+1=4

실력 확인하기

덧셈을 하시오.

1 1+5=6　　2 2+4=6

3 4+3=7　　4 6+2=8

5 7+1=8　　6 5+2=7

7 0+6=6　　8 9+0=9

71

1 바구니 안에 감자 4개와 고구마 3개가 있습니다. 바구니 안에 있는 감자와 고구마는 모두 몇 개입니까?

문제 이해하기 감자와 고구마를 그림으로 나타내고 수를 써 보면

식 세우기 (감자와 고구마 수)=(감자 수)+(고구마 수)

=4+3=7

답 구하기 7 개

2 꽃병에 장미 2송이와 튤립 2송이가 있습니다. 꽃병에 있는 장미와 튤립은 모두 몇 송이입니까?

문제 이해하기 장미와 튤립을 그림으로 나타내고 수를 써 보면

식 세우기 (장미와 튤립 수)

=(장미 수)+(튤립 수)

=2+2=4

답 구하기 4 송이

3 마당에 고양이 1마리, 쥐 5마리가 있습니다. 마당에 있는 고양이와 쥐가 모두 몇 마리인지 구하는 덧셈식을 쓰시오.

문제 이해하기 고양이와 쥐를 그림으로 나타내고 수를 써 보면

식 세우기 (고양이와 쥐 수)

=(고양이 수)+(쥐 수)

=1+5=6

답 구하기 1+5=6

72

4 꽃밭에 벌이 6마리 있었는데 2마리가 더 날아왔습니다. 꽃밭에 있는 벌은 모두 몇 마리입니까?

문제 이해하기 꽃밭에 있는 벌을 그림으로 나타내고 수를 써 보면

식 세우기 (전체 벌 수)=(처음에 있던 벌 수)+(더 날아온 벌 수)

=6+2=8

답 구하기 8 마리

5 교실에 남학생 5명이 있었는데 여학생 4명이 더 왔습니다. 교실에 있는 학생은 모두 몇 명입니까?

문제 이해하기 교실에 있는 학생을 그림으로 나타내고 수를 써 보면

식 세우기 (전체 학생 수)

=(교실에 있던 남학생 수)

+(더 온 여학생 수)

=5+4=9

답 구하기 9 명

6 아무것도 없는 어항에 물고기 3마리를 넣었습니다. 어항에 있는 물고기는 모두 몇 마리인지 구하는 덧셈식을 쓰시오.

문제 이해하기 어항에 있는 물고기를 그림으로 나타내고 수를 써 보면

식 세우기 (전체 물고기 수)

=(처음에 있던 물고기 수)

+(더 넣은 물고기 수)

=0+3=3

답 구하기 0+3=3

정답 확인　오늘 나의 실력은?　부모님 확인

73

재미있는 수학 놀이터

내 선물은?

나래가 다트 연습장에 갔어요.

다트 두 개를 던져 맞힌 두 수의 합이 점수가 된대요.

점수에 따라 선물을 주는군요. 나래가 받을 선물에 ○표 해 보세요.

74

4주/2일

교과서 덧셈과 뺄셈

합이 9까지인 수의 덧셈 ❷

1 모양과 모양은 모두 몇 개인지 덧셈식을 쓰시오.

문제 이해하기: 문제의 그림에 모양에 □표, 모양에 ○표 하고 수를 세어 보면

모양은 4개, 모양은 5개

식 세우기: (모양과 모양 수)=(모양 수)+(모양 수)

=4+5=9

답 구하기: 4+5=9

2 모양과 모양은 모두 몇 개인지 덧셈식을 쓰시오.

문제 이해하기: 문제의 그림에 모양에 ○표, 모양에 △표 하고 수를 세어 보면

모양은 3개, 모양은 4개

식 세우기: (모양과 모양 수)=(모양 수)+(모양 수)

=3+4=7

답 구하기: 3+4=7

75

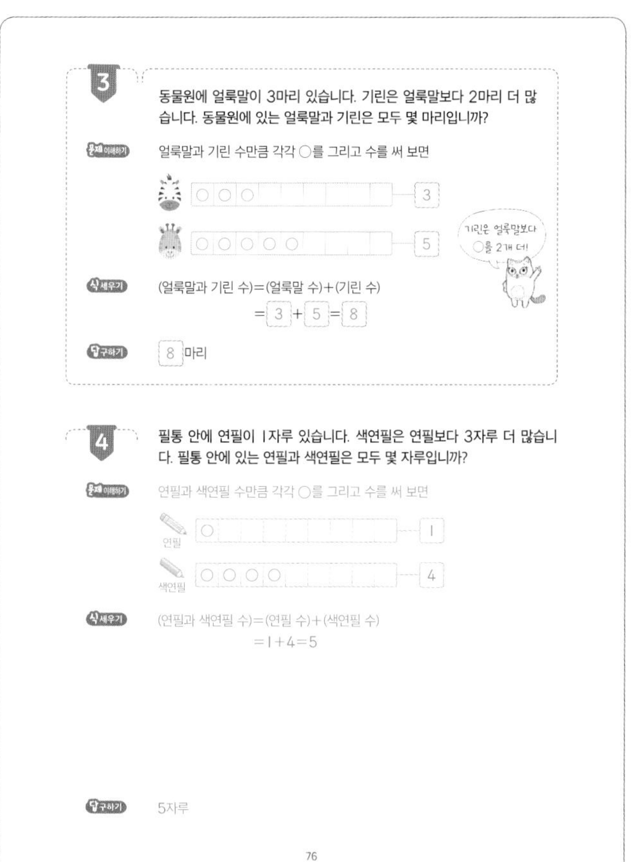

3 동물원에 얼룩말이 3마리 있습니다. 기린은 얼룩말보다 2마리 더 많습니다. 동물원에 있는 얼룩말과 기린은 모두 몇 마리입니까?

문제 이해하기: 얼룩말과 기린 수만큼 각각 ○를 그리고 수를 써 보면

얼룩말 ○○○ 3

기린 ○○○○○ 5

기린은 얼룩말보다 ○를 2개 더!

식 세우기: (얼룩말과 기린 수)=(얼룩말 수)+(기린 수)

=3+5=8

답 구하기: 8마리

4 필통 안에 연필이 1자루 있습니다. 색연필은 연필보다 3자루 더 많습니다. 필통 안에 있는 연필과 색연필은 모두 몇 자루입니까?

문제 이해하기: 연필과 색연필 수만큼 각각 ○를 그리고 수를 써 보면

연필 ○ 1

색연필 ○○○○ 4

식 세우기: (연필과 색연필 수)=(연필 수)+(색연필 수)

=1+4=5

답 구하기: 5자루

76

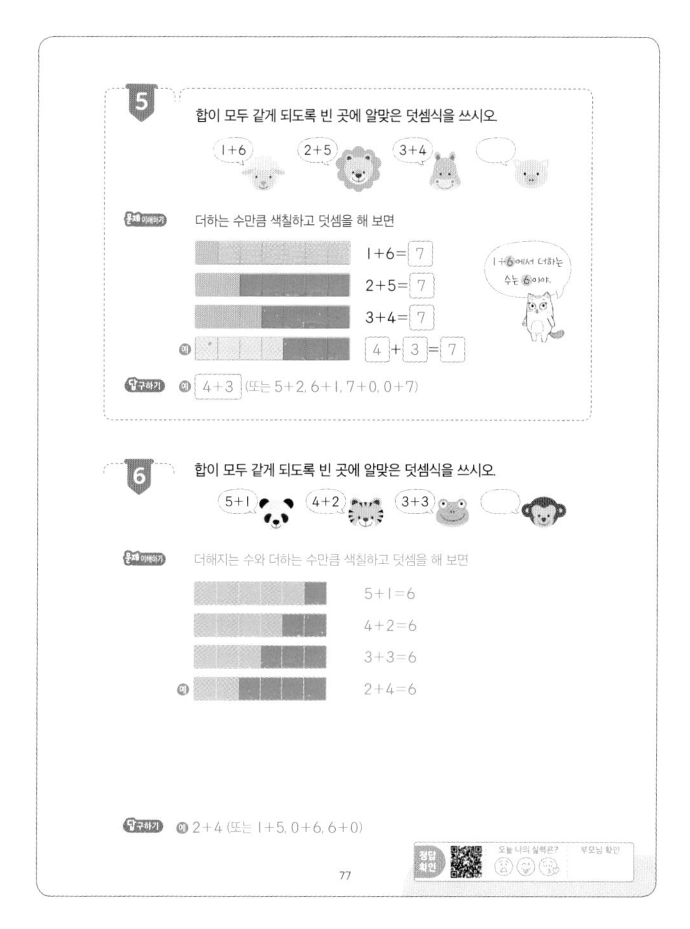

5 합이 모두 같게 되도록 빈 곳에 알맞은 덧셈식을 쓰시오.

1+6, 2+5, 3+4, □

문제 이해하기: 더하는 수만큼 색칠하고 덧셈을 해 보면

1+6=7

2+5=7

3+4=7

예 4+3=7

1+6에서 더하는 수는 6이야.

답 구하기: 예 4+3 (또는 5+2, 6+1, 7+0, 0+7)

6 합이 모두 같게 되도록 빈 곳에 알맞은 덧셈식을 쓰시오.

5+1, 4+2, 3+3, □

문제 이해하기: 더해지는 수와 더하는 수만큼 색칠하고 덧셈을 해 보면

5+1=6

4+2=6

3+3=6

예 2+4=6

답 구하기: 예 2+4 (또는 1+5, 0+6, 6+0)

정답 확인 / 오늘 나의 실력은? / 부모님 확인

77

재미있는 수학 놀이터

재미있는 보드 게임

미래와 대한이가 보드 게임을 시작했어요.
주사위 2개를 던져 나온 눈의 수의 합만큼 이동하는 게임이에요.
미래가 도착한 도시에 ○표, 대한이가 도착한 도시에 △표 해 주세요.

78

4주 / 3일

교과서 덧셈과 뺄셈
이야기 만들기_뺄셈
그림을 보고 빼는 상황의 이야기를 만들어 보면
꽃밭에 나비가 5마리, 벌이 2마리이므로 나비가 3마리 더 많습니다.
실력 확인하기
그림을 보고 빼는 상황에 알맞은 이야기에 ○표 하시오.
(1) 자전거를 타는 어린이는 4명, 걸어가는 어린이는 3명이므로 어린이는 모두 7명입니다. ( )
(2) 자전거를 타는 어린이는 4명, 걸어가는 어린이는 3명이므로 자전거를 타는 어린이가 1명 더 많습니다. (○)
79

4 그림을 보고 이야기를 만들려고 합니다. □ 안에 알맞은 수를 써넣으시오.
닭이 □마리, 병아리가 □마리이므로 병아리는 닭보다 □마리 더 많습니다.
닭과 병아리를 하나씩 짝 지어 보면
2, 8, 6
5 그림을 보고 이야기를 만들려고 합니다. □ 안에 알맞은 수를 써넣으시오.
책상이 □개, 의자가 □개이므로 책상이 의자보다 □개 더 많습니다.
책상과 의자를 하나씩 짝 지어 보면
7, 5, 2
6 그림을 보고 빼는 상황의 이야기를 완성하시오.
쿠키가 □개, 우유가 □개이므로
쿠키와 우유를 하나씩 짝 지어 보면
3, 6
우유가 쿠키보다 3개 더 많습니다.
81

1 그림을 보고 이야기를 만들려고 합니다. □ 안에 알맞은 수를 써넣으시오.
주차장에 자동차가 □대 주차되어 있었습니다. 그중에서 □대가 나갔습니다. 주차장에 남은 자동차는 □대입니다.
움직이는 자동차 수만큼 /으로 지워 보면
처음에 주차장에 주차된 자동차 수만큼 ○를 그려 봤어.
9, 3, 6
2 그림을 보고 이야기를 만들려고 합니다. □ 안에 알맞은 수를 써넣으시오.
마당에 장독이 □개 있습니다.
그중에서 뚜껑 □개를 열었습니다.
뚜껑이 닫혀 있는 장독은 □개입니다.
뚜껑이 열려 있는 장독 수만큼 /으로 지워 보면
5, 1, 4
3 그림을 보고 빼는 상황의 이야기를 완성하시오.
연못에 개구리가 □마리 있었습니다.
그중에서 □마리가 밖으로 나갔습니다.
연못 밖으로 나간 개구리 수만큼 /으로 지워 보면
8, 3
연못에 남은 개구리는 5마리입니다.
80

재미있는 수학 놀이터
달콤한 간식 시간
청희와 친구들이 케이크 가게에 왔어요.
사진을 먹기 전에 한 컷 찍고, 먹는 도중에 다시 한 컷을 찍었어요. 두 사진에서 달라진 점을 찾아 다음과 같이 정리했어요. 빈칸에 알맞은 수를 쓰세요.
○: 달라진 점
• 조각 케이크가 3개 있었는데 1개를 먹어서 조각 케이크 2개가 남았습니다.
• 우유가 3잔 있었는데 2잔을 마셔서 우유 1잔이 남았습니다.
82

4주/4일

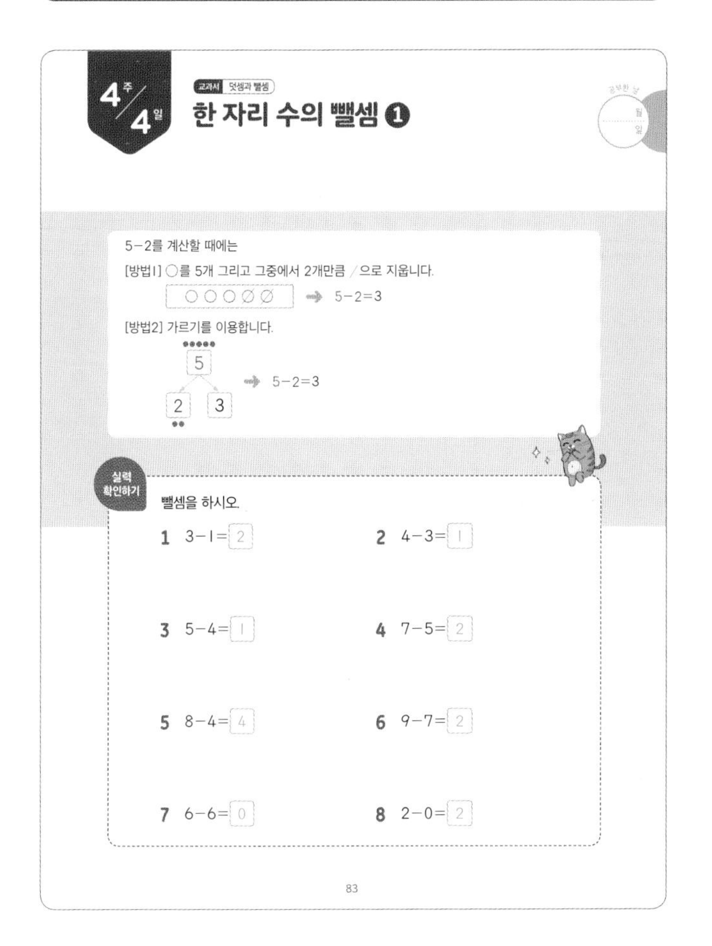

4주 4일

교과서 덧셈과 뺄셈

한 자리 수의 뺄셈 ❶

5−2를 계산할 때에는

[방법1] ○를 5개 그리고 그중에서 2개만큼 /으로 지웁니다.

○○○∅∅ ➜ 5−2=3

[방법2] 가르기를 이용합니다.

5 → 2, 3 ➜ 5−2=3

실력 확인하기

뺄셈을 하시오.

1 3−1=2 2 4−3=1

3 5−4=1 4 7−5=2

5 8−4=4 6 9−7=2

7 6−6=0 8 2−0=2

83

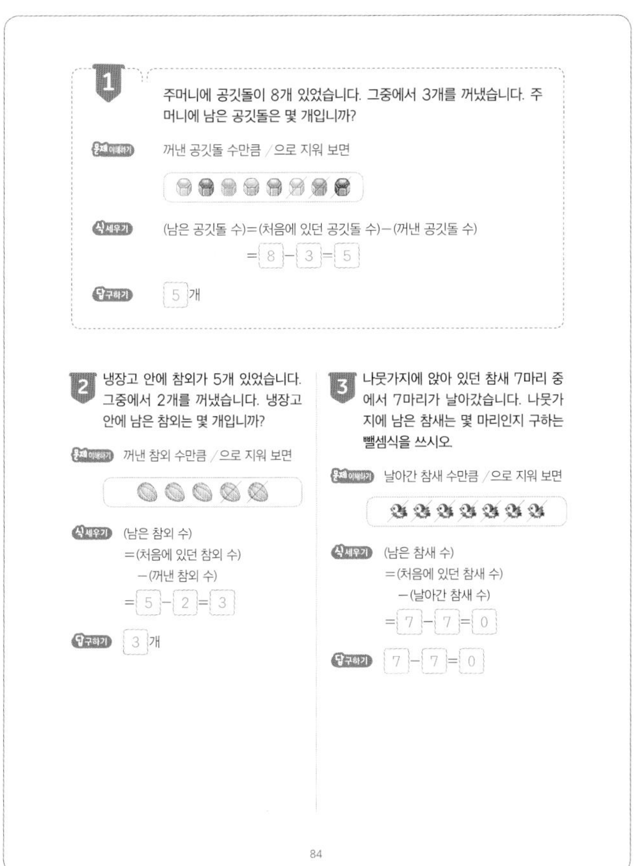

1 주머니에 공깃돌이 8개 있었습니다. 그중에서 3개를 꺼냈습니다. 주머니에 남은 공깃돌은 몇 개입니까?

문제 이해하기 꺼낸 공깃돌 수만큼 /으로 지워 보면

식 세우기 (남은 공깃돌 수)=(처음에 있던 공깃돌 수)−(꺼낸 공깃돌 수)
=8−3=5

답 구하기 5개

2 냉장고 안에 참외가 5개 있었습니다. 그중에서 2개를 꺼냈습니다. 냉장고 안에 남은 참외는 몇 개입니까?

문제 이해하기 꺼낸 참외 수만큼 /으로 지워 보면

식 세우기 (남은 참외 수)
=(처음에 있던 참외 수)
−(꺼낸 참외 수)
=5−2=3

답 구하기 3개

3 나뭇가지에 앉아 있던 참새 7마리 중에서 7마리가 날아갔습니다. 나뭇가지에 남은 참새는 몇 마리인지 구하는 뺄셈식을 쓰시오.

문제 이해하기 날아간 참새 수만큼 /으로 지워 보면

식 세우기 (남은 참새 수)
=(처음에 있던 참새 수)
−(날아간 참새 수)
=7−7=0

답 구하기 7−7=0

84

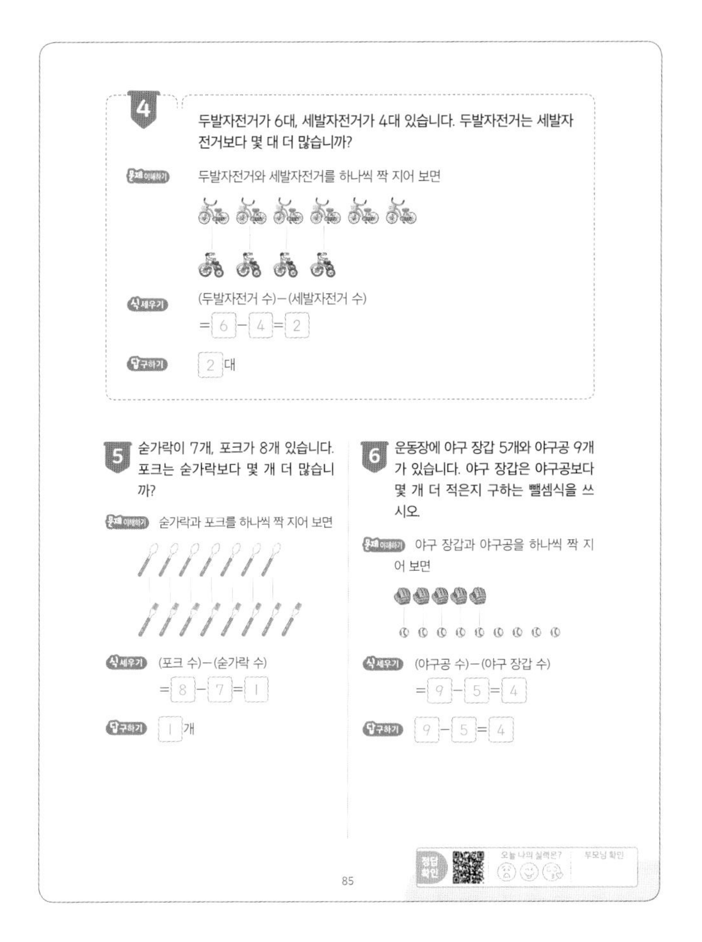

4 두발자전거가 6대, 세발자전거가 4대 있습니다. 두발자전거는 세발자전거보다 몇 대 더 많습니까?

문제 이해하기 두발자전거와 세발자전거를 하나씩 짝 지어 보면

식 세우기 (두발자전거 수)−(세발자전거 수)
=6−4=2

답 구하기 2대

5 숟가락이 7개, 포크가 8개 있습니다. 포크는 숟가락보다 몇 개 더 많습니까?

문제 이해하기 숟가락과 포크를 하나씩 짝 지어 보면

식 세우기 (포크 수)−(숟가락 수)
=8−7=1

답 구하기 1개

6 운동장에 야구 장갑 5개와 야구공 9개가 있습니다. 야구 장갑은 야구공보다 몇 개 더 적은지 구하는 뺄셈식을 쓰시오.

문제 이해하기 야구 장갑과 야구공을 하나씩 짝 지어 보면

식 세우기 (야구공 수)−(야구 장갑 수)
=9−5=4

답 구하기 9−5=4

정답 확인

85

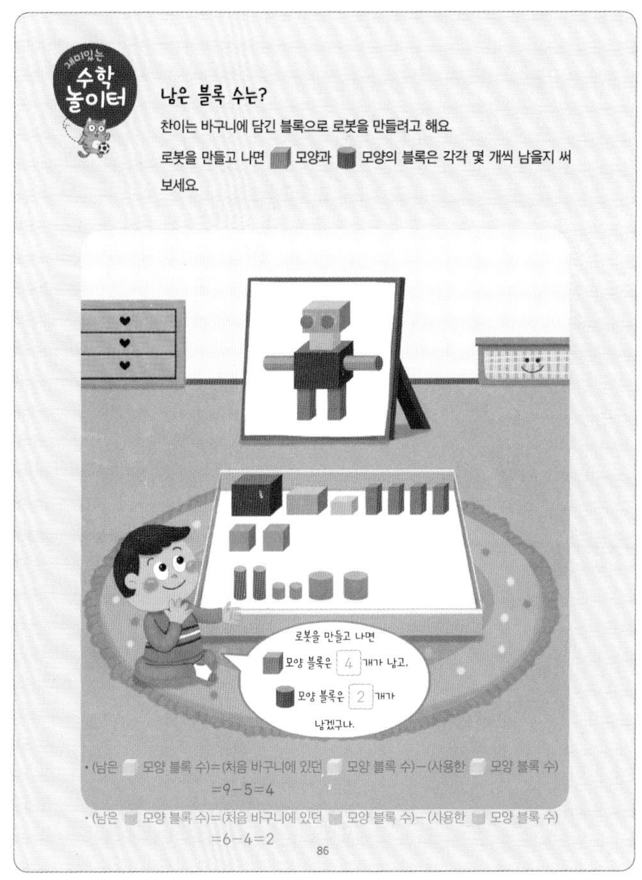

재미있는 수학 놀이터

남은 블록 수는?

찬이는 바구니에 담긴 블록으로 로봇을 만들려고 해요.

로봇을 만들고 나면 ■ 모양과 ■ 모양의 블록은 각각 몇 개씩 남을지 써 보세요.

로봇을 만들고 나면
■ 모양 블록은 4 개가 남고,
■ 모양 블록은 2 개가
남겠구나.

• (남은 ■ 모양 블록 수)=(처음 바구니에 있던 ■ 모양 블록 수)−(사용한 ■ 모양 블록 수)
=9−5=4

• (남은 ■ 모양 블록 수)=(처음 바구니에 있던 ■ 모양 블록 수)−(사용한 ■ 모양 블록 수)
=6−4=2

86

4주/5일

4주 5일
교과서 덧셈과 뺄셈
한 자리 수의 뺄셈 ❷
1 ● 모양은 □ 모양보다 몇 개 더 많습니까?
문제의 그림에 ● 모양에 ○표, □ 모양에 □표 하고 수를 세어 보면
● 모양은 7개, □ 모양은 5개
(● 모양 수)−(□ 모양 수)
=7−5=2
2개
2 □ 모양은 ● 모양보다 몇 개 더 많습니까?
문제의 그림에 □ 모양에 ○표, ● 모양에 △표 하고 수를 세어 보면
□ 모양은 9개, ● 모양은 6개
(□ 모양 수)−(● 모양 수)
=9−6=3
3개
87

5 차가 모두 같게 되도록 빈 곳에 알맞은 뺄셈식을 쓰시오.
7−6
6−5
5−4
빼는 수만큼 /으로 지우고 뺄셈을 해 보면
7−6=1
6−5=1
5−4=1
4−3=1
7−6에서 빼는 수는 6이야.
예 4−3 (또는 3−2, 2−1, 1−0, 9−8, 8−7)
6 차가 모두 같게 되도록 빈 곳에 알맞은 뺄셈식을 쓰시오.
7−2
8−3
9−4
빼어지는 수만큼 ○를 그리고 그중에서 빼는 수만큼 /으로 지운 다음, 뺄셈을 해 보면
9−4=5
8−3=5
7−2=5
6−1=5
예 6−1 (또는 5−0)
정답 확인
89

3 그림을 보고 뺄셈식을 2개 쓰시오.
• 남학생 수만큼 /으로 지워 보면
• 서 있는 학생 수만큼 /으로 지워 보면
• (여학생 수)=(전체 학생 수)−(남학생 수)
=6−2=4
• (앉아 있는 학생 수)=(전체 학생 수)−(서 있는 학생 수)
=6−3=3
예 6−2=4, 6−3=3
4 그림을 보고 뺄셈식을 2개 쓰시오.
• 남학생 수만큼 /으로 지워 보면
• 모자를 쓴 학생 수만큼 /으로 지워 보면
• (여학생 수)=(전체 학생 수)−(남학생 수)
=7−3=4
• (모자를 쓰지 않은 학생 수)=(전체 학생 수)−(모자를 쓴 학생 수)
=7−4=3
예 7−3=4, 7−4=3
88

재미있는 수학 놀이터
남은 장난감 돈은?
너구리와 여우가 보드 게임을 하고 있어요.
너구리와 여우는 각각 1원짜리 장난감 동전 9개를 가지고 있어요.
너구리와 여우가 주사위를 던져 나온 눈의 수만큼 이동하여 각 칸에 적혀 있는 돈을 내거나 받으려고 해요. 너구리와 여우한테 남은 돈은 각각 얼마인지 쓰세요.
너구리: 3칸 이동
여우: 5칸 이동
시작
+3원
−1원
−2원
+2원
−3원
+1원
−1원
내 남은 돈은 7원이겠군.
(너구리에게 남은 돈)
=9−2=7
너구리
여우
내 남은 돈은 6원이겠어.
(여우에게 남은 돈)
=9−3=6
90

5주 / 1일

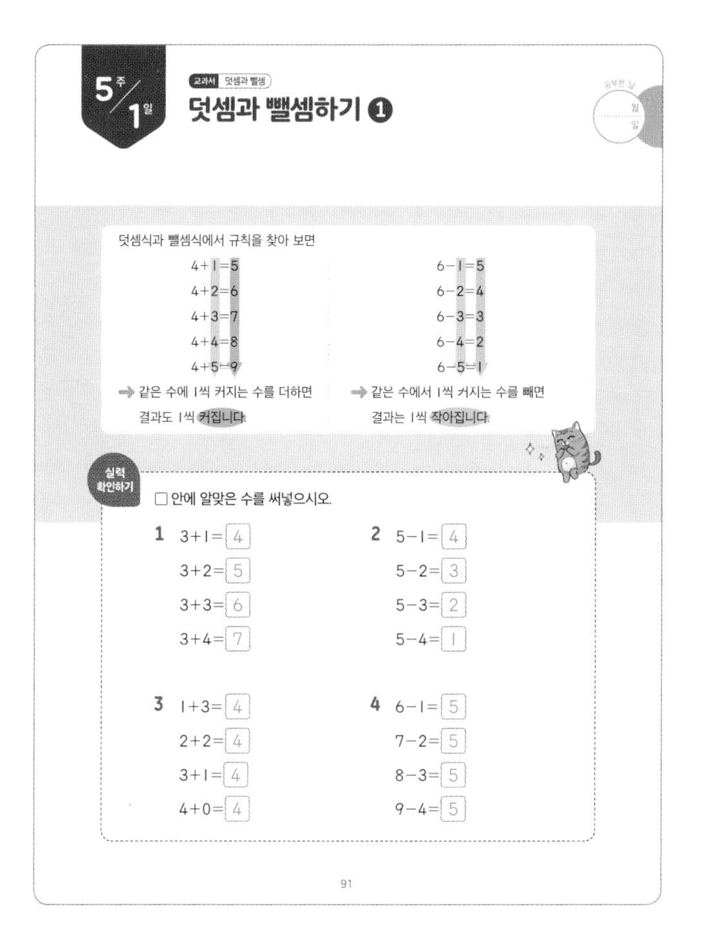

5주 1일

교과서 덧셈과 뺄셈

덧셈과 뺄셈하기 ❶

공부한 날 월 일

덧셈식과 뺄셈식에서 규칙을 찾아 보면

4+1=5
4+2=6
4+3=7
4+4=8
4+5=9

➡ 같은 수에 1씩 커지는 수를 더하면 결과도 1씩 커집니다.

6−1=5
6−2=4
6−3=3
6−4=2
6−5=1

➡ 같은 수에서 1씩 커지는 수를 빼면 결과는 1씩 작아집니다.

실력 확인하기

□ 안에 알맞은 수를 써넣으시오.

1 3+1=4, 3+2=5, 3+3=6, 3+4=7

2 5−1=4, 5−2=3, 5−3=2, 5−4=1

3 1+3=4, 2+2=4, 3+1=4, 4+0=4

4 6−1=5, 7−2=5, 8−3=5, 9−4=5

91

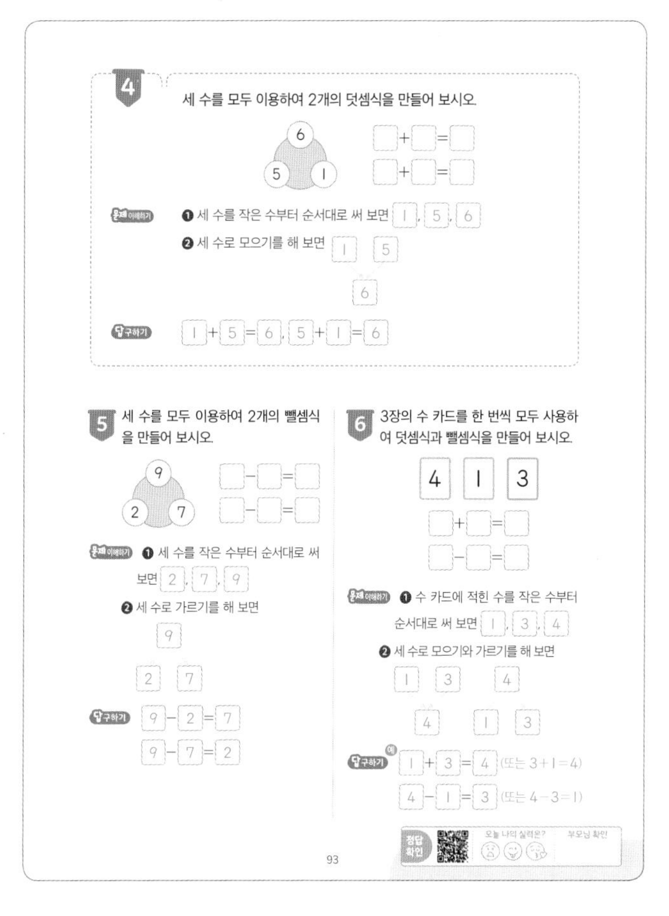

4 세 수를 모두 이용하여 2개의 덧셈식을 만들어 보시오.

6, 5, 1

□+□=□
□+□=□

문제 이해하기 ❶ 세 수를 작은 수부터 순서대로 써 보면 1, 5, 6
❷ 세 수로 모으기를 해 보면 1 5 → 6

답구하기 1+5=6, 5+1=6

5 세 수를 모두 이용하여 2개의 뺄셈식을 만들어 보시오.

9, 2, 7

□−□=□
□−□=□

문제 이해하기 ❶ 세 수를 작은 수부터 순서대로 써 보면 2, 7, 9
❷ 세 수로 가르기를 해 보면 9 → 2 7

답구하기 9−2=7, 9−7=2

6 3장의 수 카드를 한 번씩 모두 사용하여 덧셈식과 뺄셈식을 만들어 보시오.

4 1 3

□+□=□
□−□=□

문제 이해하기 ❶ 수 카드에 적힌 수를 작은 수부터 순서대로 써 보면 1, 3, 4
❷ 세 수로 모으기와 가르기를 해 보면 1 3 → 4, 4 → 1 3

답구하기 예 1+3=4 (또는 3+1=4)
4−1=3 (또는 4−3=1)

정답 확인 오늘 나의 실력은? 부모님 확인

93

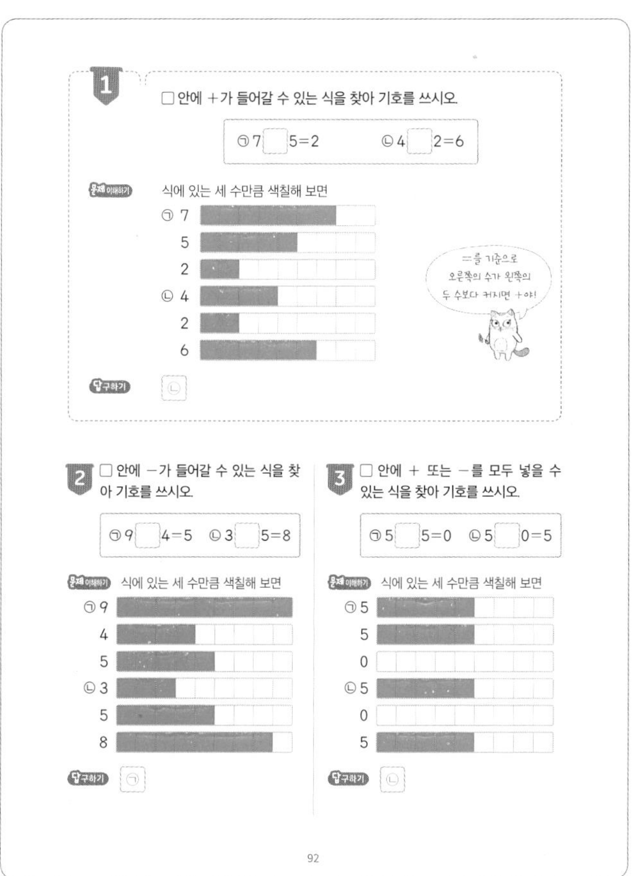

1 □ 안에 +가 들어갈 수 있는 식을 찾아 기호를 쓰시오.

㉠ 7□5=2　㉡ 4□2=6

문제 이해하기 식에 있는 세 수만큼 색칠해 보면

㉠ 7, 5, 2
㉡ 4, 2, 6

=를 기준으로 오른쪽의 수가 왼쪽의 두 수보다 커지면 +야!

답구하기 ㉡

2 □ 안에 −가 들어갈 수 있는 식을 찾아 기호를 쓰시오.

㉠ 9□4=5　㉡ 3□5=8

문제 이해하기 식에 있는 세 수만큼 색칠해 보면

㉠ 9, 4, 5
㉡ 3, 5, 8

답구하기 ㉠

3 □ 안에 + 또는 −를 모두 넣을 수 있는 식을 찾아 기호를 쓰시오.

㉠ 5□5=0　㉡ 5□0=5

문제 이해하기 식에 있는 세 수만큼 색칠해 보면

㉠ 5, 5, 0
㉡ 5, 0, 5

답구하기 ㉡

92

재미있는 수학 놀이터

누리가 내야 할 카드는?

친구들이 카드 놀이를 해요.
같은 모양의 카드에는 같은 수가 적혀 있어요.
세 번째 식을 완성하려면 누리가 가지고 있는 카드 중 무엇을 내야 할까요?
내야 할 카드에 ○표 하세요.

94

5주 2일

교과서 덧셈과 뺄셈

덧셈과 뺄셈하기 ❷

1 구슬을 더 그리고 그림에 알맞은 덧셈식과 뺄셈식을 만들어 보시오.

□+□=□
□−□=□

문제 이해하기 예 구슬이 4개 있고 문제의 빈 곳에 구슬 3 개를 더 그리면 모두 7 개가 됩니다.

식 세우기 예 • (전체 구슬 수)=(처음에 있던 구슬 수)+(더 그린 구슬 수)
=4+3=7
• (처음에 있던 구슬 수)=(전체 구슬 수)−(더 그린 구슬 수)
=7−3=4

답 구하기 예 4+3=7, 7−3=4

2 과자를 더 그리고 그림에 알맞은 덧셈식과 뺄셈식을 만들어 보시오.

□+□=□
□−□=□

문제 이해하기 예 과자가 3개 있고 문제의 빈 곳에 과자 5개를 더 그리면 모두 8개가 됩니다.

식 세우기 예 • (전체 과자 수)=(처음에 있던 과자 수)+(더 그린 과자 수)
=3+5=8
• (처음에 있던 과자 수)=(전체 과자 수)−(더 그린 과자 수)
=8−5=3

답 구하기 예 3+5=8, 8−5=3

95

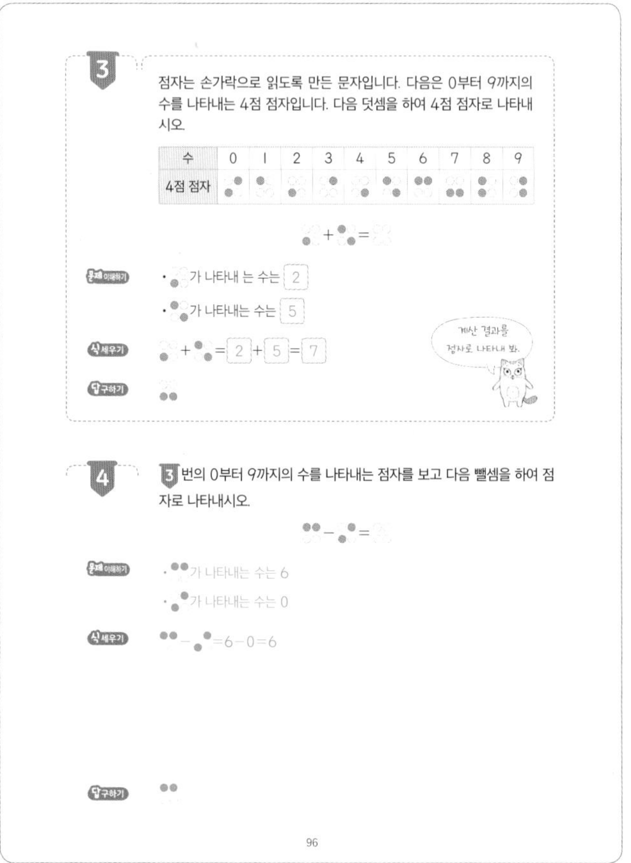

3 점자는 손가락으로 읽도록 만든 문자입니다. 다음은 0부터 9까지의 수를 나타내는 4점 점자입니다. 다음 덧셈을 하여 4점 점자로 나타내시오.

수	0	1	2	3	4	5	6	7	8	9
4점 점자										

□+□=□

문제 이해하기 • □가 나타내는 수는 2
• □가 나타내는 수는 5

식 세우기 □+□=2+5=7

답 구하기 □

계산 결과를 점자로 나타내 봐.

4 3번의 0부터 9까지의 수를 나타내는 점자를 보고 다음 뺄셈을 하여 점자로 나타내시오.

□−□=□

문제 이해하기 • □가 나타내는 수는 6
• □가 나타내는 수는 0

식 세우기 □−□=6−0=6

답 구하기 □

96

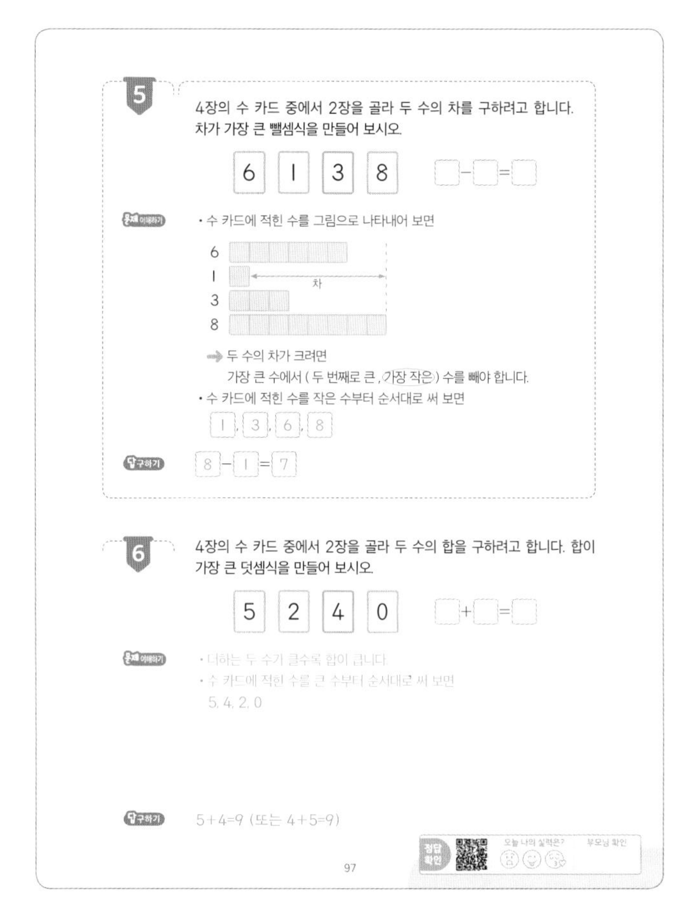

5 4장의 수 카드 중에서 2장을 골라 두 수의 차를 구하려고 합니다. 차가 가장 큰 뺄셈식을 만들어 보시오.

6 1 3 8 □−□=□

문제 이해하기 • 수 카드에 적힌 수를 그림으로 나타내어 보면
6, 1, 3, 8 (차)
➡ 두 수의 차가 크려면 가장 큰 수에서 (두 번째로 큰, 가장 작은) 수를 빼야 합니다.
• 수 카드에 적힌 수를 작은 수부터 순서대로 써 보면
1, 3, 6, 8

답 구하기 8−1=7

6 4장의 수 카드 중에서 2장을 골라 두 수의 합을 구하려고 합니다. 합이 가장 큰 덧셈식을 만들어 보시오.

5 2 4 0 □+□=□

문제 이해하기 • 더하는 두 수가 클수록 합이 큽니다.
• 수 카드에 적힌 수를 큰 수부터 순서대로 써 보면
5, 4, 2, 0

답 구하기 5+4=9 (또는 4+5=9)

정답 확인 오늘 나의 실력은? 부모님 확인

97

재미있는 수학 놀이터

동굴 문을 열어라!

미래가 동굴 문을 열어 동굴에서 탈출해야 해요.
그런데 동굴 문이 굳게 닫혀 있네요.
힌트를 보고 미래가 동굴 문을 몇 번 두드려야 하는지 써 보세요.

힌트 1. 동굴 문 앞에 놓인 돌멩이에 적힌 수 중에서 세 개를 골라 뺄셈식을 만드시오.
□−㉠=㉡
7−5=2 또는 7−2=5
힌트 2. ㉠과 ㉡의 차만큼 동굴 문을 두드리면 문이 열릴 것이오. ㉠과 ㉡의 차는 5−2=3
문을 3 번 두드려야 해.
7 5 4 2

98

5주 / 3일

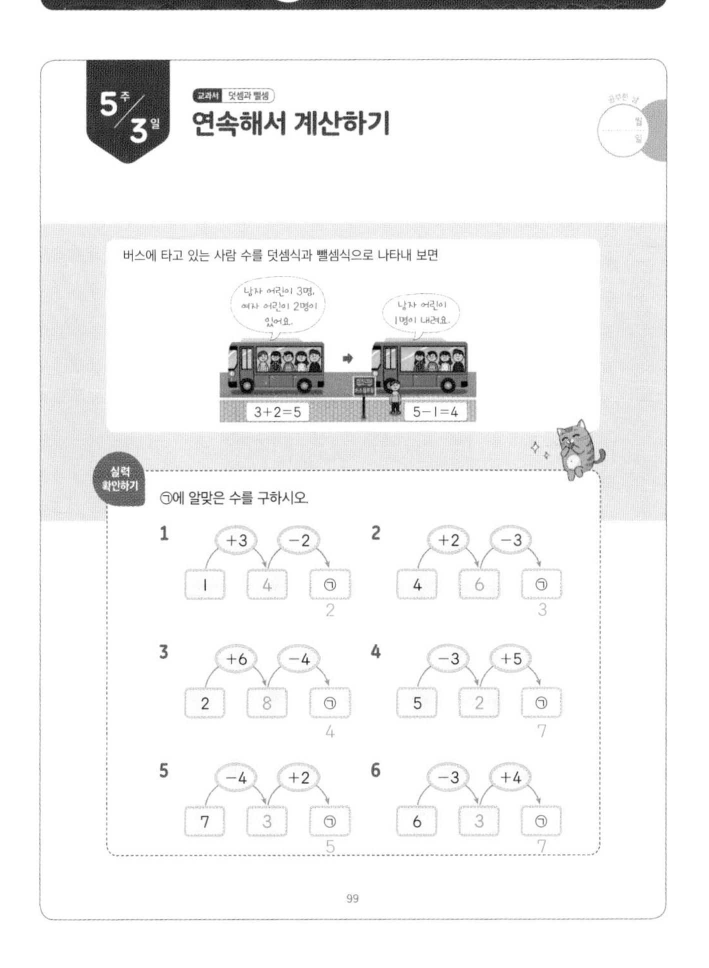
5주 3일

교과서 덧셈과 뺄셈

연속해서 계산하기

버스에 타고 있는 사람 수를 덧셈식과 뺄셈식으로 나타내 보면

남자 어린이 3명, 여자 어린이 2명이 있어요.
남자 어린이 1명이 내려요.
3+2=5
5−1=4

실력 확인하기

㉠에 알맞은 수를 구하시오.

1. 1 →(+3)→ 4 →(−2)→ ㉠ : 2
2. 4 →(+2)→ 6 →(−3)→ ㉠ : 3
3. 2 →(+6)→ 8 →(−4)→ ㉠ : 4
4. 5 →(−3)→ 2 →(+5)→ ㉠ : 7
5. 7 →(−4)→ 3 →(+2)→ ㉠ : 5
6. 6 →(−3)→ 3 →(+4)→ ㉠ : 7

99

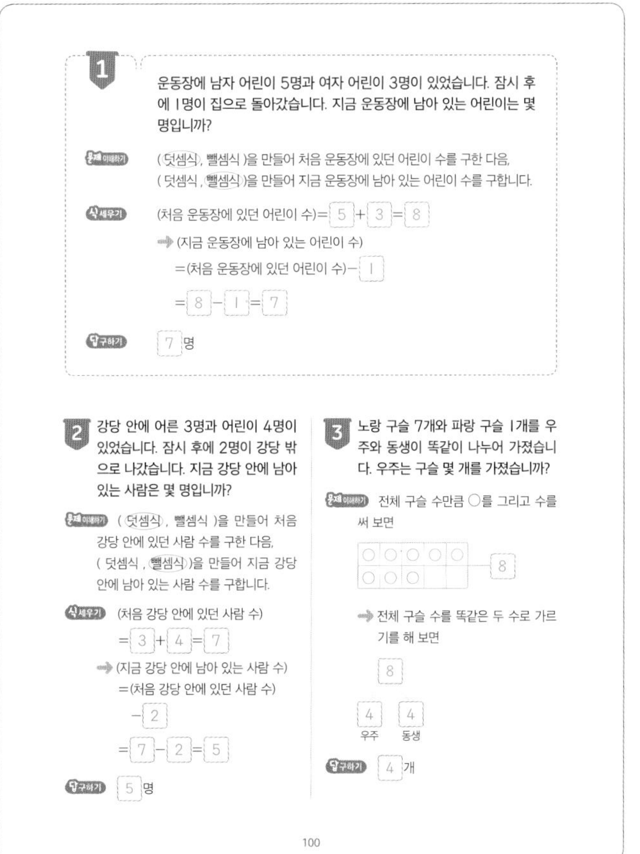
1 운동장에 남자 어린이 5명과 여자 어린이 3명이 있었습니다. 잠시 후에 1명이 집으로 돌아갔습니다. 지금 운동장에 남아 있는 어린이는 몇 명입니까?

문제 이해하기 (덧셈식, 뺄셈식)을 만들어 처음 운동장에 있던 어린이 수를 구한 다음, (덧셈식, 뺄셈식)을 만들어 지금 운동장에 남아 있는 어린이 수를 구합니다.

식 세우기 (처음 운동장에 있던 어린이 수)=5+3=8

→ (지금 운동장에 남아 있는 어린이 수)
=(처음 운동장에 있던 어린이 수)−1
=8−1=7

답 구하기 7명

2 강당 안에 어른 3명과 어린이 4명이 있었습니다. 잠시 후에 2명이 강당 밖으로 나갔습니다. 지금 강당 안에 남아 있는 사람은 몇 명입니까?

문제 이해하기 (덧셈식, 뺄셈식)을 만들어 처음 강당 안에 있던 사람 수를 구한 다음, (덧셈식, 뺄셈식)을 만들어 지금 강당 안에 남아 있는 사람 수를 구합니다.

식 세우기 (처음 강당 안에 있던 사람 수)
=3+4=7
→ (지금 강당 안에 남아 있는 사람 수)
=(처음 강당 안에 있던 사람 수)−2
=7−2=5

답 구하기 5명

3 노랑 구슬 7개와 파랑 구슬 1개를 우주와 동생이 똑같이 나누어 가졌습니다. 우주는 구슬 몇 개를 가졌습니까?

문제 이해하기 전체 구슬 수만큼 ○를 그리고 수를 써 보면

○○○○○ ○○○ 8

→ 전체 구슬 수를 똑같은 두 수로 가르기를 해 보면

8 → 4 (우주), 4 (동생)

답 구하기 4개

100

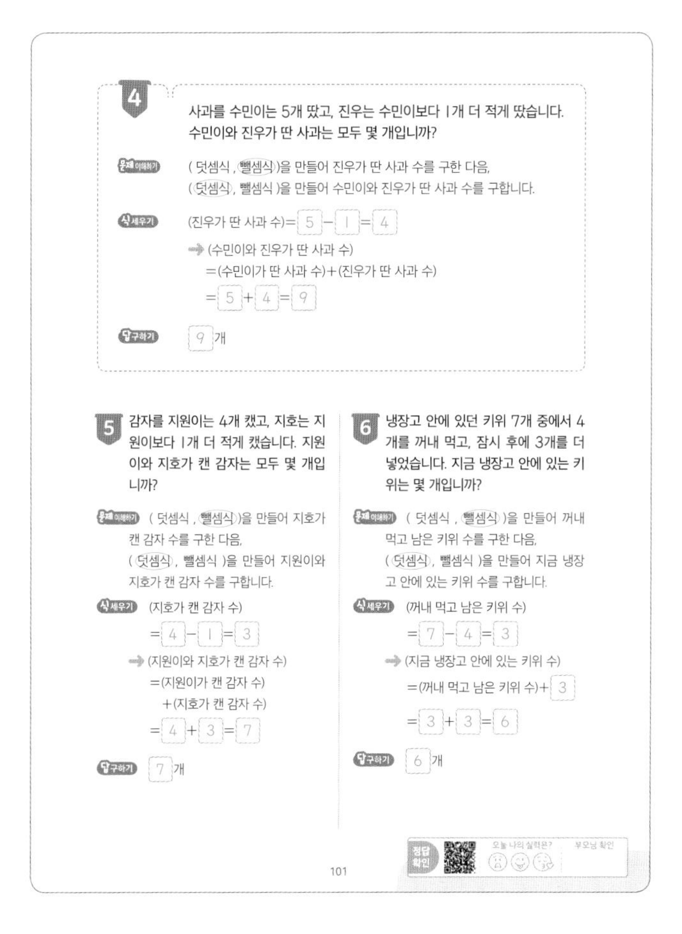
4 사과를 수민이는 5개 땄고, 진우는 수민이보다 1개 더 적게 땄습니다. 수민이와 진우가 딴 사과는 모두 몇 개입니까?

문제 이해하기 (덧셈식, 뺄셈식)을 만들어 진우가 딴 사과 수를 구한 다음, (덧셈식, 뺄셈식)을 만들어 수민이와 진우가 딴 사과 수를 구합니다.

식 세우기 (진우가 딴 사과 수)=5−1=4
→ (수민이와 진우가 딴 사과 수)
=(수민이가 딴 사과 수)+(진우가 딴 사과 수)
=5+4=9

답 구하기 9개

5 감자를 지원이는 4개 캤고, 지호는 지원이보다 1개 더 적게 캤습니다. 지원이와 지호가 캔 감자는 모두 몇 개입니까?

문제 이해하기 (덧셈식, 뺄셈식)을 만들어 지호가 캔 감자 수를 구한 다음, (덧셈식, 뺄셈식)을 만들어 지원이와 지호가 캔 감자 수를 구합니다.

식 세우기 (지호가 캔 감자 수)
=4−1=3
→ (지원이와 지호가 캔 감자 수)
=(지원이가 캔 감자 수)
+(지호가 캔 감자 수)
=4+3=7

답 구하기 7개

6 냉장고 안에 있던 키위 7개 중에서 4개를 꺼내 먹고, 잠시 후에 3개를 더 넣었습니다. 지금 냉장고 안에 있는 키위는 몇 개입니까?

문제 이해하기 (덧셈식, 뺄셈식)을 만들어 꺼내 먹고 남은 키위 수를 구한 다음, (덧셈식, 뺄셈식)을 만들어 지금 냉장고 안에 있는 키위 수를 구합니다.

식 세우기 (꺼내 먹고 남은 키위 수)
=7−4=3
→ (지금 냉장고 안에 있는 키위 수)
=(꺼내 먹고 남은 키위 수)+3
=3+3=6

답 구하기 6개

정답 확인 오늘 나의 실력은? 부모님 확인

101

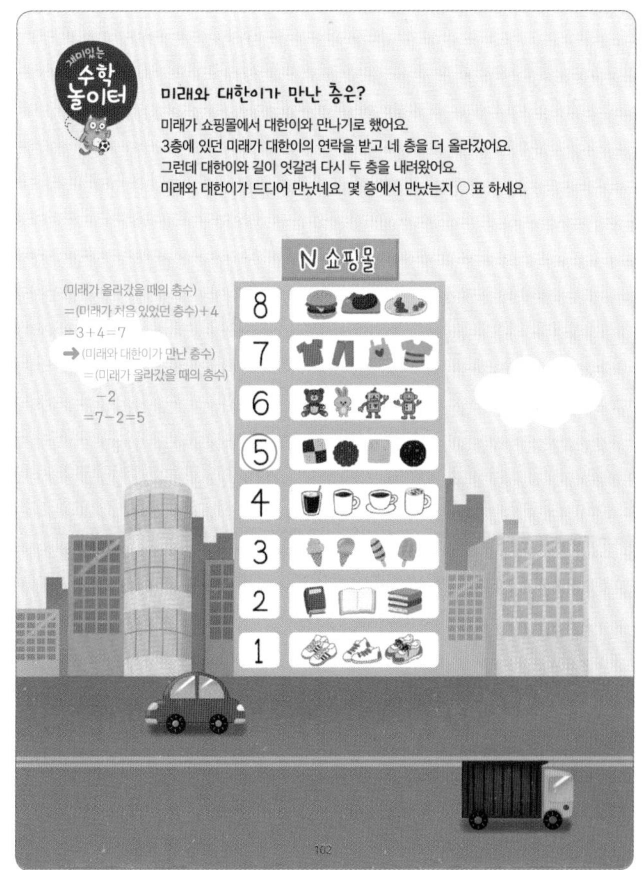
재미있는 수학 놀이터

미래와 대한이가 만난 층은?

미래가 쇼핑몰에서 대한이와 만나기로 했어요.
3층에 있던 미래가 대한이의 연락을 받고 네 층을 더 올라갔어요.
그런데 대한이와 길이 엇갈려 다시 두 층을 내려왔어요.
미래와 대한이가 드디어 만났네요. 몇 층에서 만났는지 ○표 하세요.

(미래가 올라갔을 때의 층수)
=(미래가 처음 있었던 층수)+4
=3+4=7
→ (미래와 대한이가 만난 층수)
=(미래가 올라갔을 때의 층수)−2
=7−2=5

102

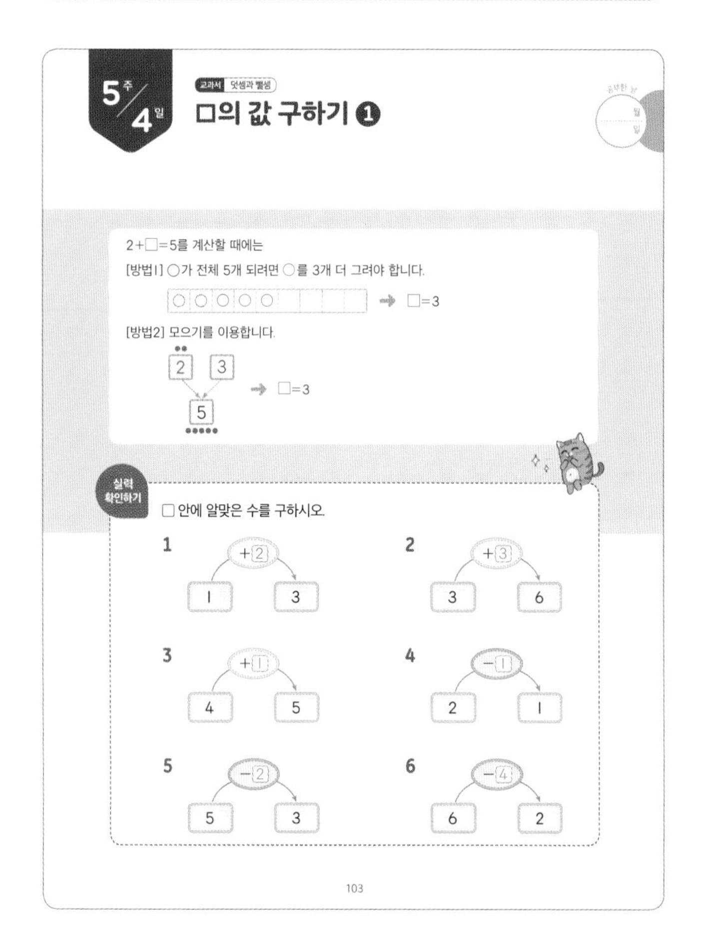
5주 4일

교과서 덧셈과 뺄셈

□의 값 구하기 ❶

2+□=5를 계산할 때에는

[방법1] ○가 전체 5개 되려면 ○를 3개 더 그려야 합니다.

○○○○○ → □=3

[방법2] 모으기를 이용합니다.

2 3 / 5 → □=3

실력 확인하기

□ 안에 알맞은 수를 구하시오.

1 +2 / 1 3

2 +3 / 3 6

3 +1 / 4 5

4 −1 / 2 1

5 −2 / 5 3

6 −4 / 6 2

103

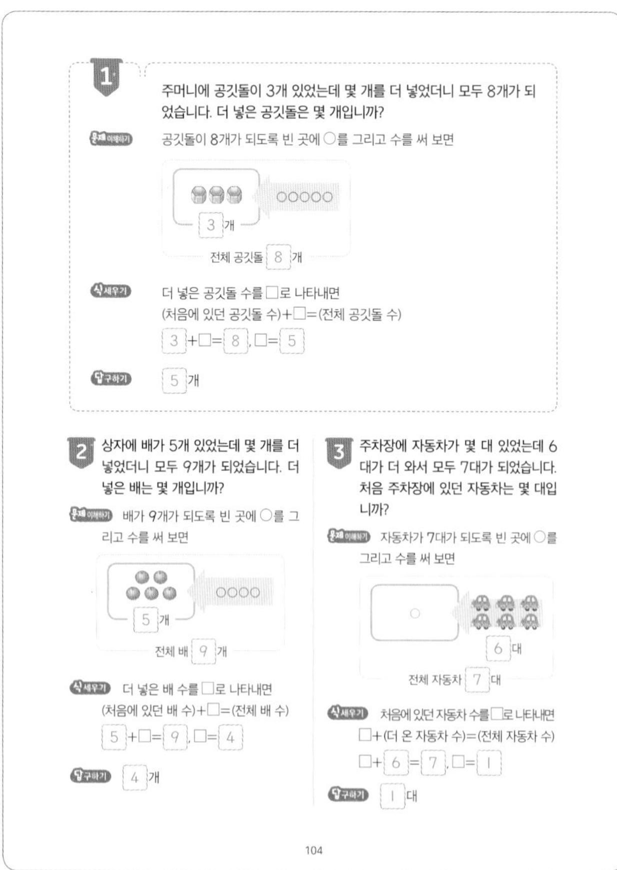
1 주머니에 공깃돌이 3개 있었는데 몇 개를 더 넣었더니 모두 8개가 되었습니다. 더 넣은 공깃돌은 몇 개입니까?

문제 이해하기 공깃돌이 8개가 되도록 빈 곳에 ○를 그리고 수를 써 보면

3 개 / 전체 공깃돌 8 개

식 세우기 더 넣은 공깃돌 수를 □로 나타내면

(처음에 있던 공깃돌 수)+□=(전체 공깃돌 수)

3 +□= 8, □= 5

답 구하기 5 개

2 상자에 배가 5개 있었는데 몇 개를 더 넣었더니 모두 9개가 되었습니다. 더 넣은 배는 몇 개입니까?

문제 이해하기 배가 9개가 되도록 빈 곳에 ○를 그리고 수를 써 보면

5 개 / 전체 배 9 개

식 세우기 더 넣은 배 수를 □로 나타내면

(처음에 있던 배 수)+□=(전체 배 수)

5 +□= 9, □= 4

답 구하기 4 개

3 주차장에 자동차가 몇 대 있었는데 6대가 더 와서 모두 7대가 되었습니다. 처음 주차장에 있던 자동차는 몇 대입니까?

문제 이해하기 자동차가 7대가 되도록 빈 곳에 ○를 그리고 수를 써 보면

6 대 / 전체 자동차 7 대

식 세우기 처음에 있던 자동차 수를 □로 나타내면

□+(더 온 자동차 수)=(전체 자동차 수)

□+ 6 = 7, □= 1

답 구하기 1 대

104

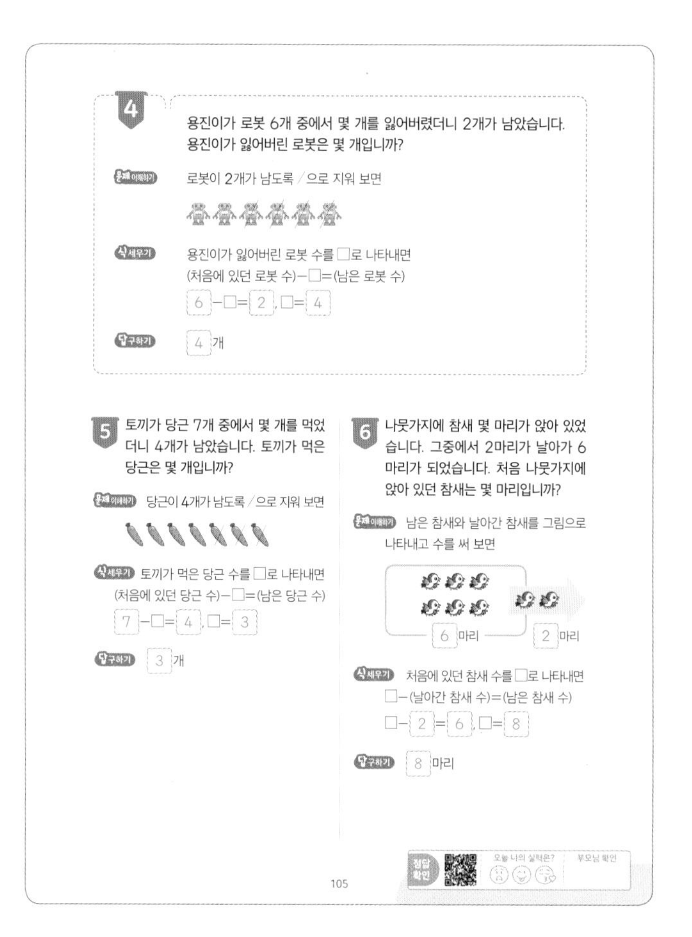
4 용진이가 로봇 6개 중에서 몇 개를 잃어버렸더니 2개가 남았습니다. 용진이가 잃어버린 로봇은 몇 개입니까?

문제 이해하기 로봇이 2개가 남도록 /으로 지워 보면

식 세우기 용진이가 잃어버린 로봇 수를 □로 나타내면

(처음에 있던 로봇 수)−□=(남은 로봇 수)

6 −□= 2, □= 4

답 구하기 4 개

5 토끼가 당근 7개 중에서 몇 개를 먹었더니 4개가 남았습니다. 토끼가 먹은 당근은 몇 개입니까?

문제 이해하기 당근이 4개가 남도록 /으로 지워 보면

식 세우기 토끼가 먹은 당근 수를 □로 나타내면

(처음에 있던 당근 수)−□=(남은 당근 수)

7 −□= 4, □= 3

답 구하기 3 개

6 나뭇가지에 참새 몇 마리가 앉아 있었습니다. 그중에서 2마리가 날아가 6마리가 되었습니다. 처음 나뭇가지에 앉아 있던 참새는 몇 마리입니까?

문제 이해하기 남은 참새와 날아간 참새를 그림으로 나타내고 수를 써 보면

6 마리 / 2 마리

식 세우기 처음에 있던 참새 수를 □로 나타내면

□−(날아간 참새 수)=(남은 참새 수)

□− 2 = 6, □= 8

답 구하기 8 마리

정답 확인 / 오늘 나의 실력은? / 부모님 확인

105

재미있는 수학 놀이터

형이 준 쿠키의 개수는?

찬이가 쿠키를 7개 가지고 있었어요. 그런데 형이 몰래 쿠키를 3개 먹었어요. 찬이가 울자 형이 쿠키를 다시 사다 주었어요. 찬이의 쿠키가 9개가 되었네요. 형은 찬이에게 쿠키 몇 개를 주었는지 써 보세요.

형이 쿠키 5 개를 줘서
9개가 되었어.
찬이
형

(형이 먹고 난 후에 남은 쿠키 수)

=(처음에 있던 찬이의 쿠키 수)

−(형이 먹은 쿠키 수)

=7−3=4

➡ 형이 사다 준 쿠키 수를 □로 나타내면

4+□=9, □=5

106

5주 / 5일

5주 5일

교과서 덧셈과 뺄셈

□의 값 구하기 ❷

1 같은 그림은 같은 수를 나타냅니다. 그림이 나타내는 수를 각각 구하시오.

7−4=   + =8

문제 이해하기 을 알면 를 구할 수 있습니다.
→ 을 먼저 구합니다.

식 세우기 ❶ 7−4= 이므로 =3
❷ + =8에 =3을 넣으면
+3=8 → =5

답 구하기 =3, =5

2 같은 그림은 같은 수를 나타냅니다. 그림이 나타내는 수를 각각 구하시오.

3+6=★   ★−☽=4

문제 이해하기 ★을 알면 ☽을 구할 수 있습니다.
→ ★을 먼저 구합니다.

식 세우기 ❶ 3+6=★이므로 ★=9
❷ ★−☽=4에 ★=9를 넣으면
9−☽=4 → ☽=5

답 구하기 ★=9, ☽=5

107

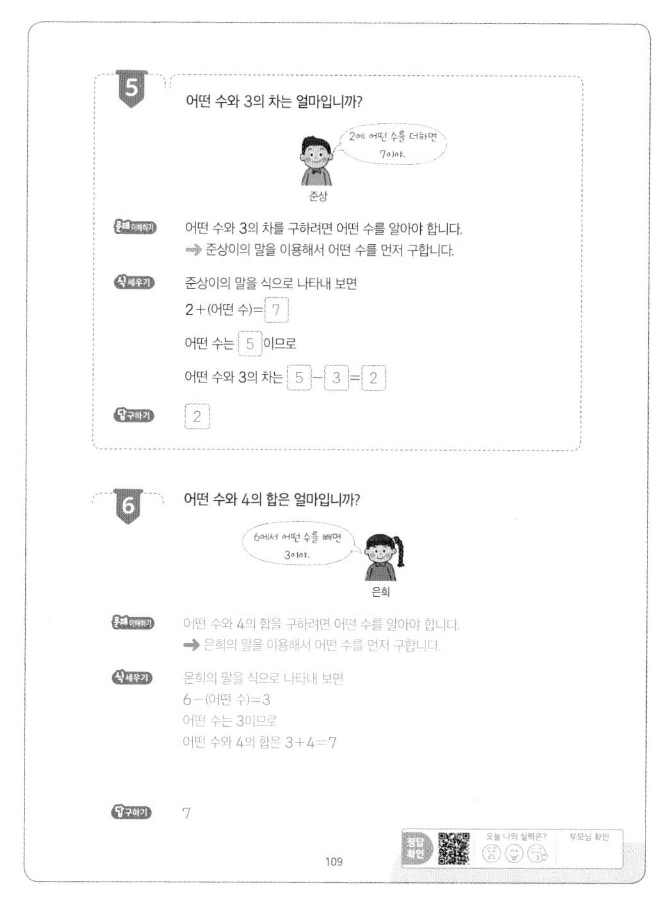
5 어떤 수와 3의 차는 얼마입니까?

문제 이해하기 어떤 수와 3의 차를 구하려면 어떤 수를 알아야 합니다.
→ 준상이의 말을 이용해서 어떤 수를 먼저 구합니다.

식 세우기 준상이의 말을 식으로 나타내 보면
2+(어떤 수)=7
어떤 수는 5이므로
어떤 수와 3의 차는 5−3=2

답 구하기 2

6 어떤 수와 4의 합은 얼마입니까?

문제 이해하기 어떤 수와 4의 합을 구하려면 어떤 수를 알아야 합니다.
→ 은희의 말을 이용해서 어떤 수를 먼저 구합니다.

식 세우기 은희의 말을 식으로 나타내 보면
6−(어떤 수)=3
어떤 수는 3이므로
어떤 수와 4의 합은 3+4=7

답 구하기 7

정답 확인 오늘 나의 실력은? 부모님 확인

109

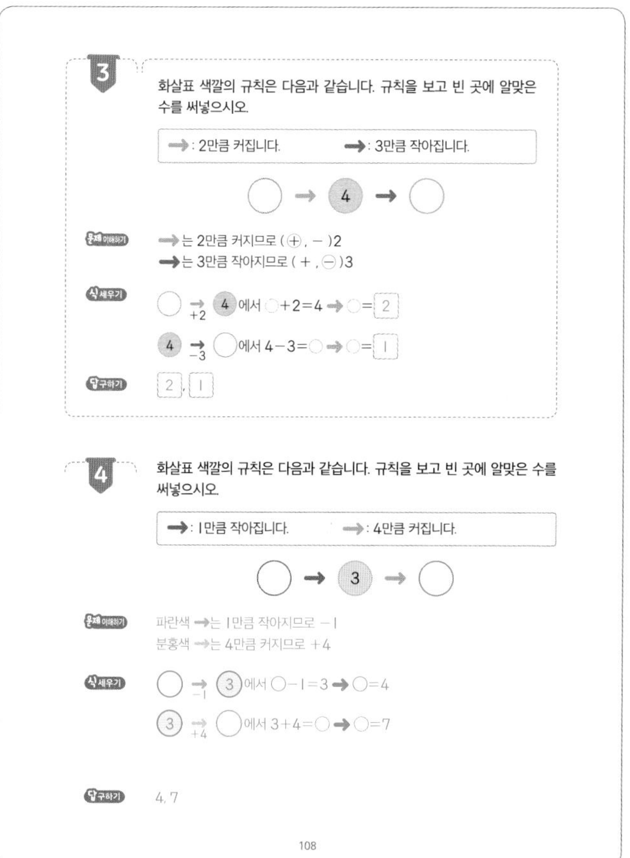
3 화살표 색깔의 규칙은 다음과 같습니다. 규칙을 보고 빈 곳에 알맞은 수를 써넣으시오.

→: 2만큼 커집니다.   →: 3만큼 작아집니다.

○ → 4 → ○

문제 이해하기 →는 2만큼 커지므로 (+, −)2
→는 3만큼 작아지므로 (+, −)3

식 세우기 ○ →(+2) 4에서 ○+2=4 → ○=2
4 →(−3) ○에서 4−3=○ → ○=1

답 구하기 2, 1

4 화살표 색깔의 규칙은 다음과 같습니다. 규칙을 보고 빈 곳에 알맞은 수를 써넣으시오.

→: 1만큼 작아집니다.   →: 4만큼 커집니다.

○ → 3 → ○

문제 이해하기 파란색 →는 1만큼 작아지므로 −1
분홍색 →는 4만큼 커지므로 +4

식 세우기 ○ →(−1) 3에서 ○−1=3 → ○=4
3 →(+4) ○에서 3+4=○ → ○=7

답 구하기 4, 7

108

재미있는 수학 놀이터

얼마일까요?

동물 친구들이 마트에 갔어요.
그런데 과자의 가격표에 가격이 적혀 있지 않네요. 코끼리와 사자가 계산한 결과를 보고, 과자의 가격과 기린이 내야 하는 금액을 써 보세요.

과자 한 개의 값을 □로 나타내면
(사탕 한 개의 값)+□=(사자가 낸 금액)
2+□=7, □=5
→ (기린이 내야 하는 금액)
=(초콜릿 한 개의 값)+□
=3+5=8

110

6주 1일

교과서 덧셈과 뺄셈

계산 결과의 크기 비교

2+2를 그림으로 나타내 보면 ○○○○

6−3을 그림으로 나타내 보면 ○○○∅∅∅

➔ 2+2=4, 6−3=3이고, 4가 3보다 크므로 2+2는 6−3보다 계산 결과가 더 큽니다.

실력 확인하기

계산 결과가 큰 것에 ○표 하시오.

1. 1+4 (=5) | 2+1 (=3)
2. 2+4 (=6) | 5+3 (=8)
3. 0+6 (=6) | 3+4 (=7)
4. 5+3 (=8) | 2+7 (=9)
5. 4−2 (=2) | 5−1 (=4)
6. 8−5 (=3) | 6−4 (=2)
7. 5−2 (=3) | 7−3 (=4)
8. 9−5 (=4) | 6−0 (=6)

111

4. 2장의 수 카드에 적힌 수의 합이 더 큰 친구는 누구입니까?

2 7 (선영) | 5 3 (현아)

문제 이해하기 선영이와 현아의 수 카드에 적힌 수의 합을 모으기를 이용하여 구해 보면

2, 7 → 9 (선영) | 5, 3 → 8 (현아)

답 구하기 선영

5. 2장의 수 카드에 적힌 수의 합이 더 작은 친구는 누구입니까?

3 3 (영훈) | 0 5 (승준)

문제 이해하기 영훈이와 승준이의 수 카드에 적힌 수의 합을 모으기를 이용하여 구해 보면

3, 3 → 6 (영훈) | 0, 5 → 5 (승준)

답 구하기 승준

6. 2장의 수 카드에 적힌 수의 차가 더 작은 친구는 누구입니까?

8 9 (성훈) | 4 1 (정민)

문제 이해하기 성훈이와 정민이의 수 카드에 적힌 수의 차를 가르기를 이용하여 구해 보면

9 → 8, 1 (성훈) | 4 → 1, 3 (정민)

답 구하기 성훈

113

정답 확인 | 오늘 나의 실력은? | 부모님 확인

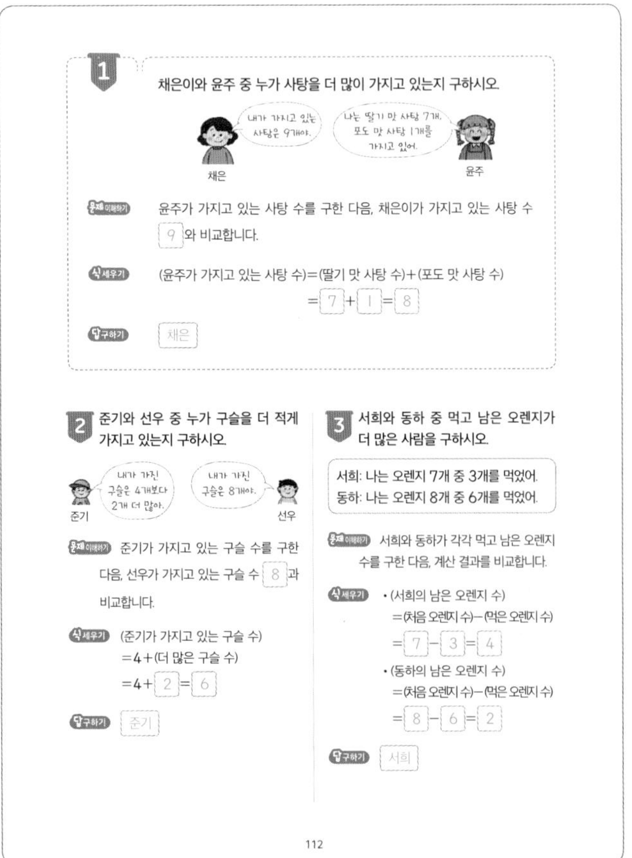
1. 채은이와 윤주 중 누가 사탕을 더 많이 가지고 있는지 구하시오.

내가 가지고 있는 사탕은 9개야.
나는 딸기 맛 사탕 7개, 포도 맛 사탕 1개를 가지고 있어.
채은
윤주

문제 이해하기 윤주가 가지고 있는 사탕 수를 구한 다음, 채은이가 가지고 있는 사탕 수 9와 비교합니다.

식 세우기 (윤주가 가지고 있는 사탕 수)=(딸기 맛 사탕 수)+(포도 맛 사탕 수)
=7+1=8

답 구하기 채은

2. 준기와 선우 중 누가 구슬을 더 적게 가지고 있는지 구하시오.

내가 가진 구슬은 4개보다 2개 더 많아.
내가 가진 구슬은 8개야.
준기
선우

문제 이해하기 준기가 가지고 있는 구슬 수를 구한 다음, 선우가 가지고 있는 구슬 수 8과 비교합니다.

식 세우기 (준기가 가지고 있는 구슬 수)
=4+(더 많은 구슬 수)
=4+2=6

답 구하기 준기

3. 서희와 동하 중 먹고 남은 오렌지가 더 많은 사람을 구하시오.

서희: 나는 오렌지 7개 중 3개를 먹었어.
동하: 나는 오렌지 8개 중 6개를 먹었어.

문제 이해하기 서희와 동하가 각각 먹고 남은 오렌지 수를 구한 다음, 계산 결과를 비교합니다.

식 세우기
- (서희의 남은 오렌지 수)
=(처음 오렌지 수)−(먹은 오렌지 수)
=7−3=4
- (동하의 남은 오렌지 수)
=(처음 오렌지 수)−(먹은 오렌지 수)
=8−6=2

답 구하기 서희

112

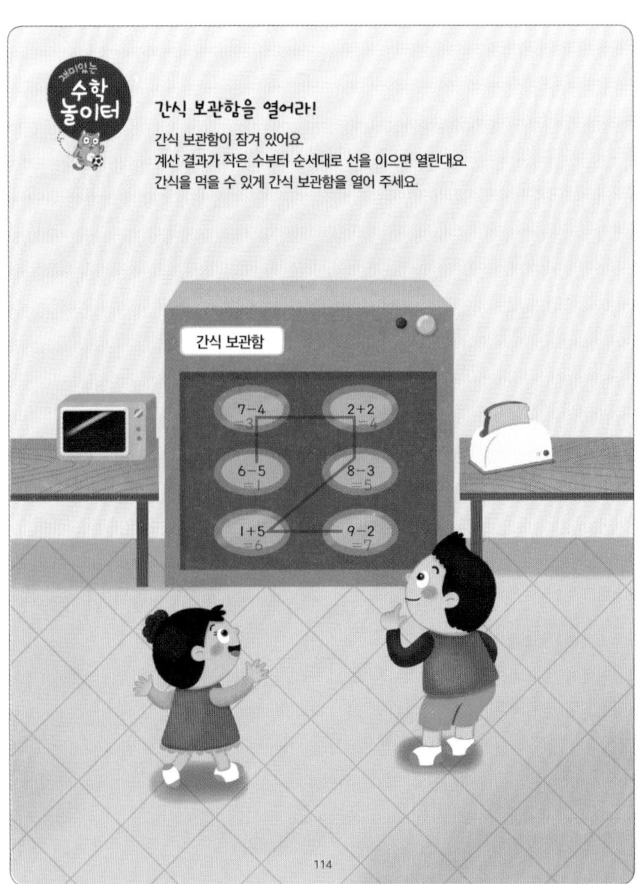
재미있는 수학 놀이터

간식 보관함을 열어라!

간식 보관함이 잠겨 있어요.
계산 결과가 작은 수부터 순서대로 선을 이으면 열린대요.
간식을 먹을 수 있게 간식 보관함을 열어 주세요.

114

6주/2일

6주/2일

교과서 덧셈과 뺄셈

단원 마무리

공부한 날 월 일

01 ★에 알맞은 수는 얼마입니까?

1, 2 → □, 3 → □, 2 → ★

문제 이해하기 순서대로 모으기를 해 보면

1, 2 → 3 ➔ 3, 3 → 6 ➔ 6, 2 → 8

답 구하기 8

02 이야기를 읽고 알맞은 뺄셈식을 써 보시오.

달걀 5개가 깨졌어요.

□−□=□

문제 이해하기 처음에 있던 달걀은 8개, 깨진 달걀은 5개입니다.

식 세우기 (남은 달걀 수)=(처음에 있던 달걀 수)−(깨진 달걀 수)
=8−5=3

답 구하기 8−5=3

115

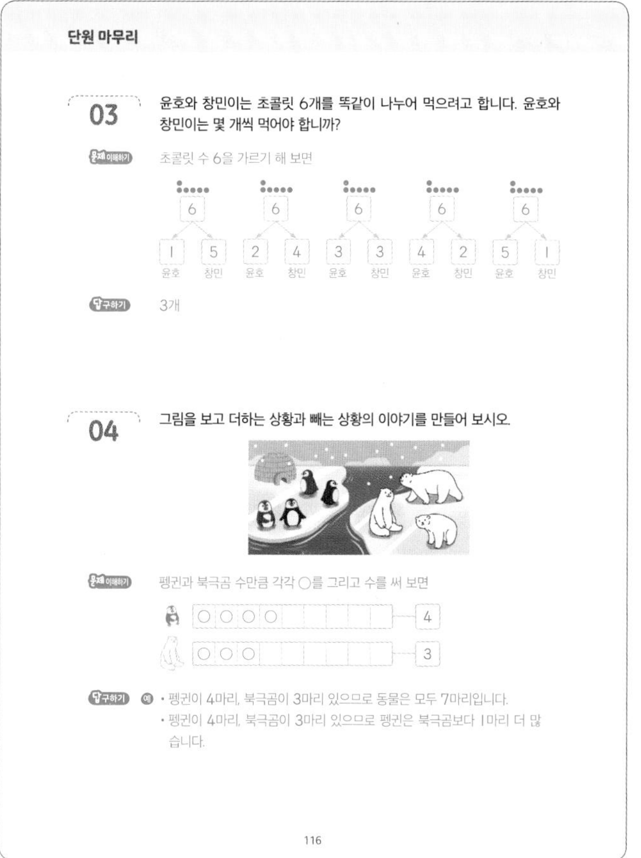
단원 마무리

03 윤호와 창민이는 초콜릿 6개를 똑같이 나누어 먹으려고 합니다. 윤호와 창민이는 몇 개씩 먹어야 합니까?

문제 이해하기 초콜릿 수 6을 가르기 해 보면

6		6		6		6		6	
1	5	2	4	3	3	4	2	5	1
윤호	창민	윤호	창민	윤호	창민	윤호	창민	윤호	창민

답 구하기 3개

04 그림을 보고 더하는 상황과 빼는 상황의 이야기를 만들어 보시오.

문제 이해하기 펭귄과 북극곰 수만큼 각각 ○를 그리고 수를 써 보면

○○○○ — 4

○○○ — 3

답 구하기 예 • 펭귄이 4마리, 북극곰이 3마리 있으므로 동물은 모두 7마리입니다.
• 펭귄이 4마리, 북극곰이 3마리 있으므로 펭귄은 북극곰보다 1마리 더 많습니다.

116

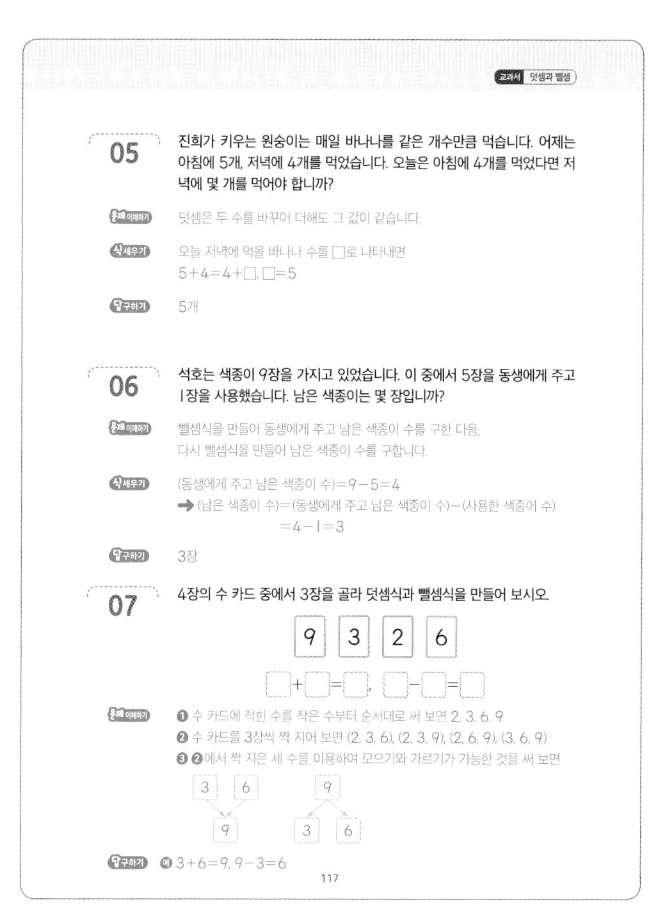
교과서 덧셈과 뺄셈

05 진희가 키우는 원숭이는 매일 바나나를 같은 개수만큼 먹습니다. 어제는 아침에 5개, 저녁에 4개를 먹었습니다. 오늘은 아침에 4개를 먹었다면 저녁에 몇 개를 먹어야 합니까?

문제 이해하기 덧셈은 두 수를 바꾸어 더해도 그 값이 같습니다.

식 세우기 오늘 저녁에 먹을 바나나 수를 □로 나타내면
5+4=4+□, □=5

답 구하기 5개

06 석호는 색종이 9장을 가지고 있었습니다. 이 중에서 5장을 동생에게 주고 1장을 사용했습니다. 남은 색종이는 몇 장입니까?

문제 이해하기 뺄셈식을 만들어 동생에게 주고 남은 색종이 수를 구한 다음, 다시 뺄셈식을 만들어 남은 색종이 수를 구합니다.

식 세우기 (동생에게 주고 남은 색종이 수)=9−5=4
➔ (남은 색종이 수)=(동생에게 주고 남은 색종이 수)−(사용한 색종이 수)
=4−1=3

답 구하기 3장

07 4장의 수 카드 중에서 3장을 골라 덧셈식과 뺄셈식을 만들어 보시오.

9 3 2 6

□+□=□, □−□=□

문제 이해하기 ❶ 수 카드에 적힌 수를 작은 수부터 순서대로 써 보면 2, 3, 6, 9
❷ 수 카드를 3장씩 짝 지어 보면 (2, 3, 6), (2, 3, 9), (2, 6, 9), (3, 6, 9)
❸ ❷에서 짝 지은 세 수를 이용하여 모으기와 가르기가 가능한 것을 써 보면

3, 6 → 9　　9 → 3, 6

답 구하기 예 3+6=9, 9−3=6

117

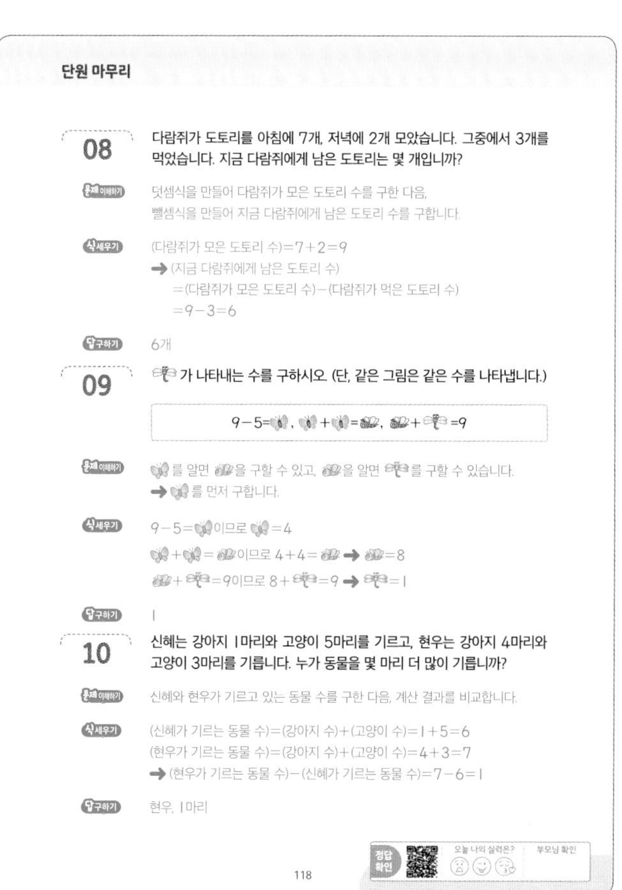
단원 마무리

08 다람쥐가 도토리를 아침에 7개, 저녁에 2개 모았습니다. 그중에서 3개를 먹었습니다. 지금 다람쥐에게 남은 도토리는 몇 개입니까?

문제 이해하기 덧셈식을 만들어 다람쥐가 모은 도토리 수를 구한 다음, 뺄셈식을 만들어 지금 다람쥐에게 남은 도토리 수를 구합니다.

식 세우기 (다람쥐가 모은 도토리 수)=7+2=9
➔ (지금 다람쥐에게 남은 도토리 수)
=(다람쥐가 모은 도토리 수)−(다람쥐가 먹은 도토리 수)
=9−3=6

답 구하기 6개

09 (잠자리)가 나타내는 수를 구하시오. (단, 같은 그림은 같은 수를 나타냅니다.)

9−5=(나비), (나비)+(나비)=(벌), (벌)+(잠자리)=9

문제 이해하기 (나비)를 알면 (벌)을 구할 수 있고, (벌)을 알면 (잠자리)를 구할 수 있습니다.
➔ (나비)를 먼저 구합니다.

식 세우기 9−5=(나비)이므로 (나비)=4
(나비)+(나비)=(벌)이므로 4+4=(벌) ➔ (벌)=8
(벌)+(잠자리)=9이므로 8+(잠자리)=9 ➔ (잠자리)=1

답 구하기 1

10 신혜는 강아지 1마리와 고양이 5마리를 기르고, 현우는 강아지 4마리와 고양이 3마리를 기릅니다. 누가 동물을 몇 마리 더 많이 기릅니까?

문제 이해하기 신혜와 현우가 기르고 있는 동물 수를 구한 다음, 계산 결과를 비교합니다.

식 세우기 (신혜가 기르는 동물 수)=(강아지 수)+(고양이 수)=1+5=6
(현우가 기르는 동물 수)=(강아지 수)+(고양이 수)=4+3=7
➔ (현우가 기르는 동물 수)−(신혜가 기르는 동물 수)=7−6=1

답 구하기 현우, 1마리

118

정답 확인　오늘 나의 실력은?　부모님 확인

6주 3일

교과서 50까지의 수

9 다음 수, 십몇 ❶

10개씩 묶음 1개와 낱개 △개는 1△입니다.

→ 10개씩 묶음 1개와 낱개 6개는 16으로 쓰고, 십육 또는 열여섯이라고 읽습니다.

실력 확인하기

빈칸에 알맞은 수를 써넣으시오.

1

10개씩 묶음	낱개
1	0

→ 10

2

10개씩 묶음	낱개
1	5

→ 15

3

10개씩 묶음	낱개
1	3

→ 13

4

10개씩 묶음	낱개
1	8

→ 18

5

11 →

10개씩 묶음	낱개
1	1

6

17 →

10개씩 묶음	낱개
1	7

7

14 →

10개씩 묶음	낱개
1	4

8

19 →

10개씩 묶음	낱개
1	9

121

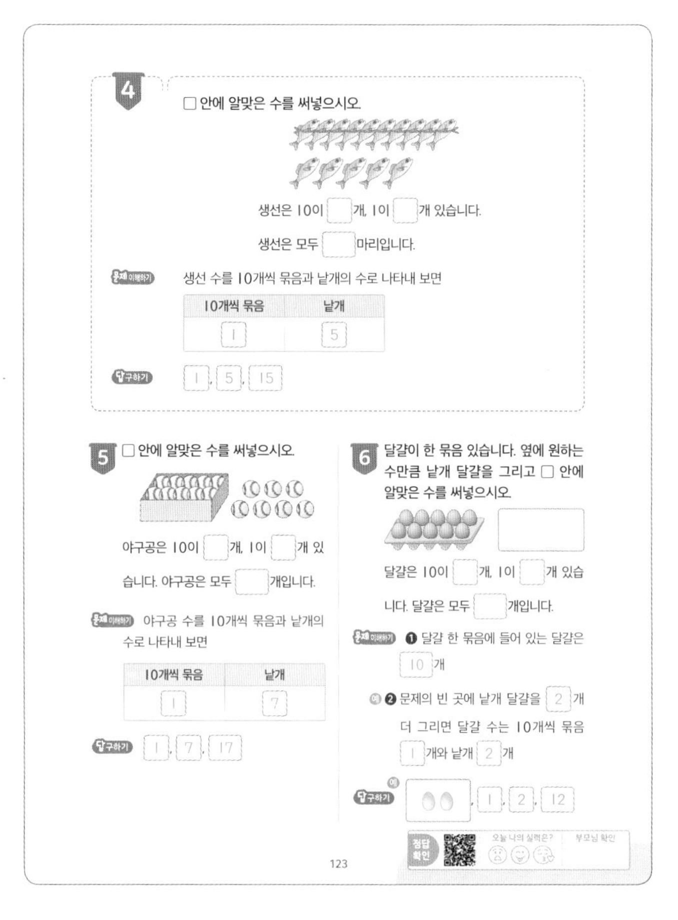
4 □ 안에 알맞은 수를 써넣으시오.

생선은 10이 [ ]개, 1이 [ ]개 있습니다.

생선은 모두 [ ]마리입니다.

문제 이해하기 생선 수를 10개씩 묶음과 낱개의 수로 나타내 보면

10개씩 묶음	낱개
1	5

답 구하기 1, 5, 15

5 □ 안에 알맞은 수를 써넣으시오.

야구공은 10이 [ ]개, 1이 [ ]개 있습니다. 야구공은 모두 [ ]개입니다.

문제 이해하기 야구공 수를 10개씩 묶음과 낱개의 수로 나타내 보면

10개씩 묶음	낱개
1	7

답 구하기 1, 7, 17

6 달걀이 한 묶음 있습니다. 옆에 원하는 수만큼 낱개 달걀을 그리고 □ 안에 알맞은 수를 써넣으시오.

달걀은 10이 [ ]개, 1이 [ ]개 있습니다. 달걀은 모두 [ ]개입니다.

문제 이해하기 ❶ 달걀 한 묶음에 들어 있는 달걀은 10개

예 ❷ 문제의 빈 곳에 낱개 달걀을 2개 더 그리면 달걀 수는 10개씩 묶음 1개와 낱개 2개

예 답 구하기 1, 2, 12

정답 확인 오늘 나의 실력은? 부모님 확인

123

1 10을 알맞게 읽어 보시오.

버스 정류장에 모두 10 (십 , 열) 명이 있습니다.

문제 이해하기 사람 수를 읽어 보면

한 명 두 명 세 명 네 명 다섯 명 여섯 명 일곱 명 여덟 명 아홉 명 열 명

답 구하기 열

2 10을 알맞게 읽어 보시오.

할아버지네 과수원에서 사과를 10 (십 , 열) 개 땄습니다.

문제 이해하기 사과 수를 읽어 보면

한 개 두 개 세 개 네 개 다섯 개

여섯 개 일곱 개 여덟 개 아홉 개 열 개

답 구하기 열

3 10을 알맞게 읽어 보시오.

누나의 생일

6월 10일은 누나의 생일입니다.

누나에게 줄 예쁜 머리핀을 샀습니다.

누나가 기뻐했으면 좋겠습니다.

문제 이해하기 날짜를 읽어 보면

6월				
1일	2일	3일	4일	5일
일 일	이 일	삼 일	사 일	오 일
6일	7일	8일	9일	10일
육 일	칠 일	팔 일	구 일	십 일

답 구하기 십

122

재미있는 수학 놀이터

내 자리는?

정우와 민아가 비즈로 팔찌 만들기 수업을 듣고 있어요.

정우와 민아가 잠깐 나갔다 왔는데 자신의 자리가 어디인지 잘 기억이 나지 않는대요. 대화를 보고 두 친구의 자리를 찾아 선으로 이어 주세요.

124

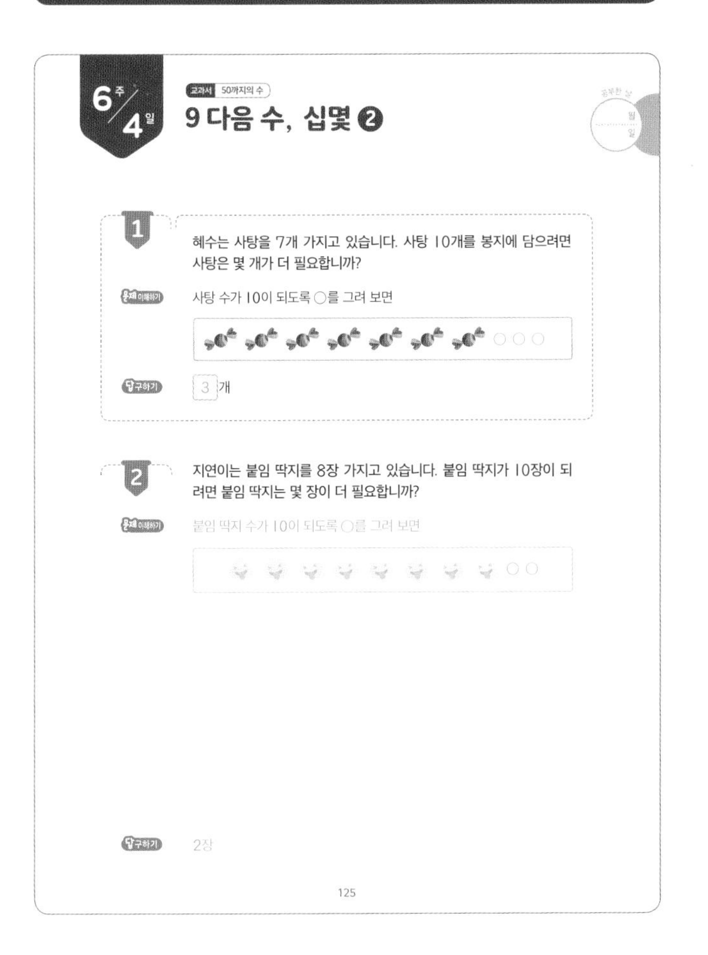
6주 4일

교과서 50까지의 수

9 다음 수, 십몇 ❷

공부한 날 월 일

1 혜수는 사탕을 7개 가지고 있습니다. 사탕 10개를 봉지에 담으려면 사탕은 몇 개가 더 필요합니까?

문제 이해하기 사탕 수가 10이 되도록 ○를 그려 보면

답 구하기 3 개

2 지연이는 붙임 딱지를 8장 가지고 있습니다. 붙임 딱지가 10장이 되려면 붙임 딱지는 몇 장이 더 필요합니까?

문제 이해하기 붙임 딱지 수가 10이 되도록 ○를 그려 보면

답 구하기 2장

125

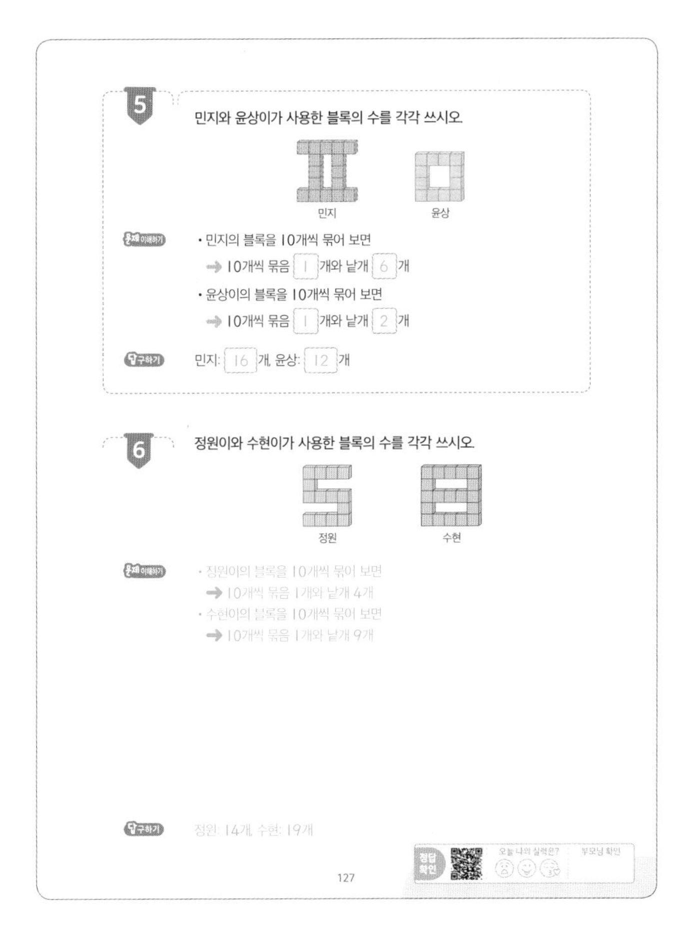
5 민지와 윤상이가 사용한 블록의 수를 각각 쓰시오.

문제 이해하기
- 민지의 블록을 10개씩 묶어 보면
  → 10개씩 묶음 1 개와 낱개 6 개
- 윤상이의 블록을 10개씩 묶어 보면
  → 10개씩 묶음 1 개와 낱개 2 개

답 구하기 민지: 16 개, 윤상: 12 개

6 정원이와 수현이가 사용한 블록의 수를 각각 쓰시오.

문제 이해하기
- 정원이의 블록을 10개씩 묶어 보면
  → 10개씩 묶음 1개와 낱개 4개
- 수현이의 블록을 10개씩 묶어 보면
  → 10개씩 묶음 1개와 낱개 9개

답 구하기 정원: 14개, 수현: 19개

정답 확인 오늘 나의 실력은? 부모님 확인

127

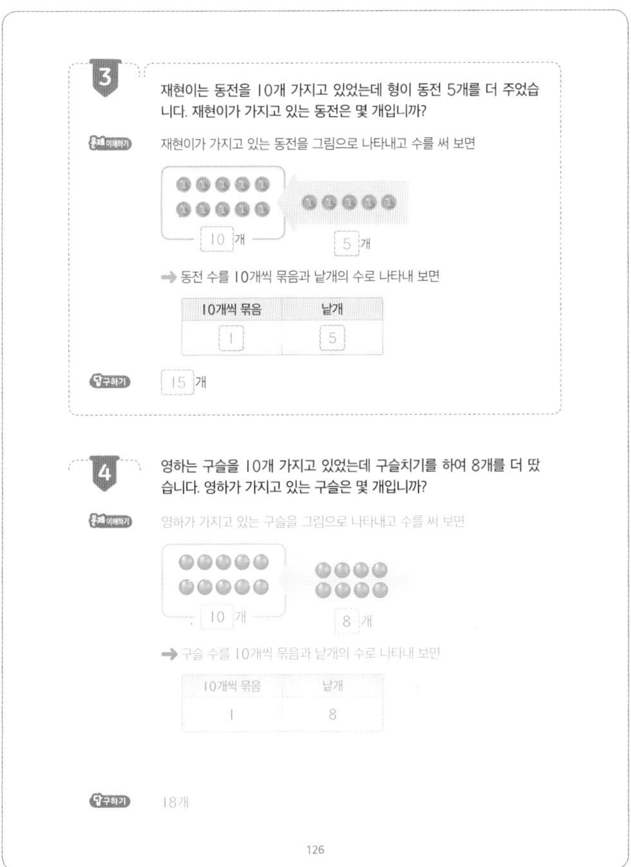
3 재현이는 동전을 10개 가지고 있었는데 형이 동전 5개를 더 주었습니다. 재현이가 가지고 있는 동전은 몇 개입니까?

문제 이해하기 재현이가 가지고 있는 동전을 그림으로 나타내고 수를 써 보면

10 개 5 개

→ 동전 수를 10개씩 묶음과 낱개의 수로 나타내 보면

10개씩 묶음	낱개
1	5

답 구하기 15 개

4 영하는 구슬을 10개 가지고 있었는데 구슬치기를 하여 8개를 더 땄습니다. 영하가 가지고 있는 구슬은 몇 개입니까?

문제 이해하기 영하가 가지고 있는 구슬을 그림으로 나타내고 수를 써 보면

10 개 8 개

→ 구슬 수를 10개씩 묶음과 낱개의 수로 나타내 보면

10개씩 묶음	낱개
1	8

답 구하기 18개

126

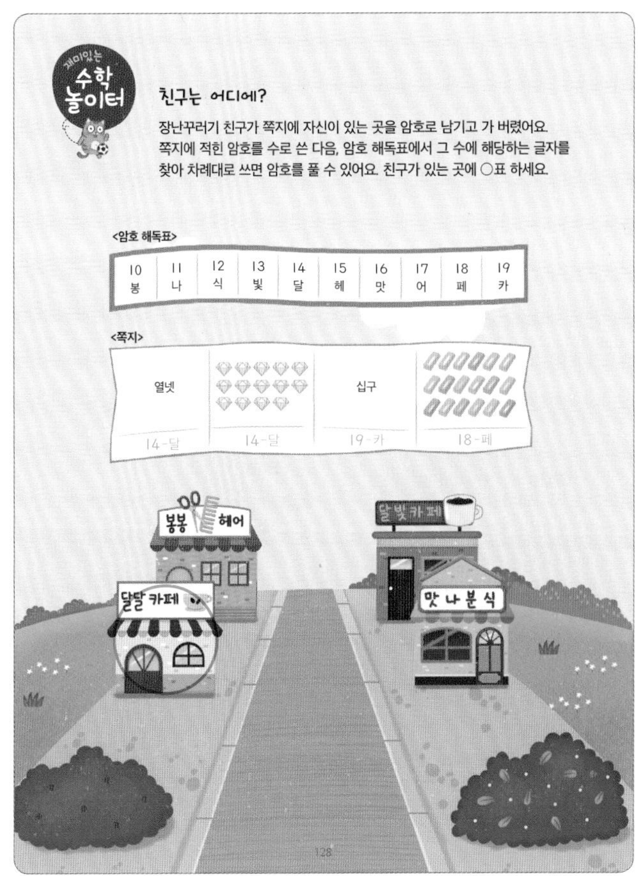
재미있는 수학 놀이터

친구는 어디에?

장난꾸러기 친구가 쪽지에 자신이 있는 곳을 암호로 남기고 가 버렸어요. 쪽지에 적힌 암호를 수로 쓴 다음, 암호 해독표에서 그 수에 해당하는 글자를 찾아 차례대로 쓰면 암호를 풀 수 있어요. 친구가 있는 곳에 ○표 하세요.

<암호 해독표>

10	11	12	13	14	15	16	17	18	19
봉	나	식	빛	달	헤	맛	어	페	카

<쪽지>

열넷	(그림)	십구	(그림)
14-달	14-달	19-카	18-페

128

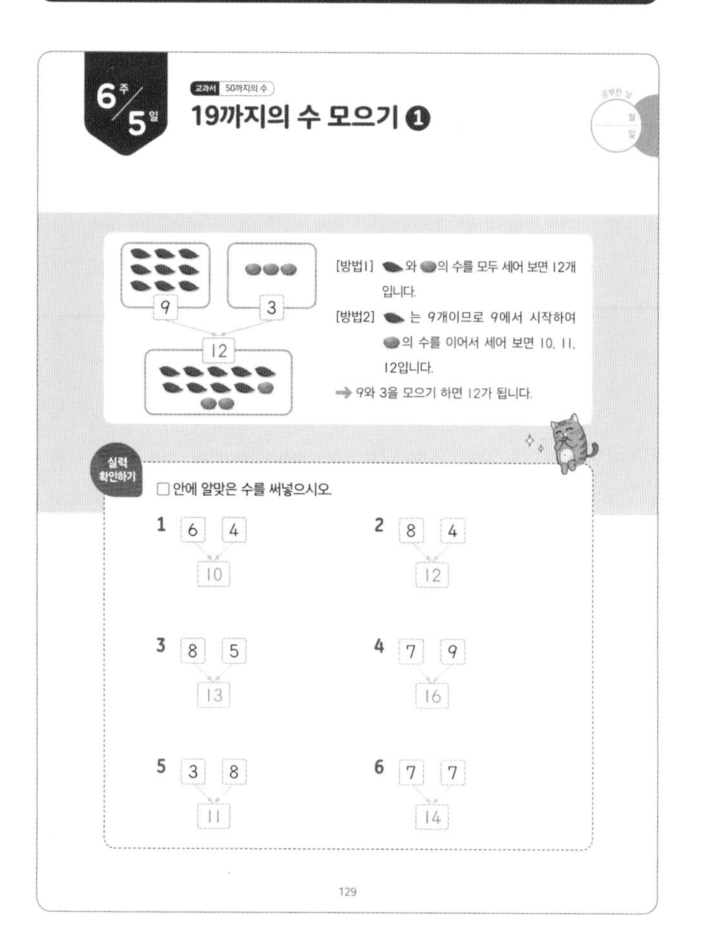

6주 5일

교과서 50까지의 수

19까지의 수 모으기 ❶

공부한 날 월 일

[방법1] 와 의 수를 모두 세어 보면 12개입니다.

[방법2] 는 9개이므로 9에서 시작하여 의 수를 이어서 세어 보면 10, 11, 12입니다.

→ 9와 3을 모으기 하면 12가 됩니다.

9, 3 → 12

실력 확인하기

□ 안에 알맞은 수를 써넣으시오.

1. 6, 4 → 10
2. 8, 4 → 12
3. 8, 5 → 13
4. 7, 9 → 16
5. 3, 8 → 11
6. 7, 7 → 14

129

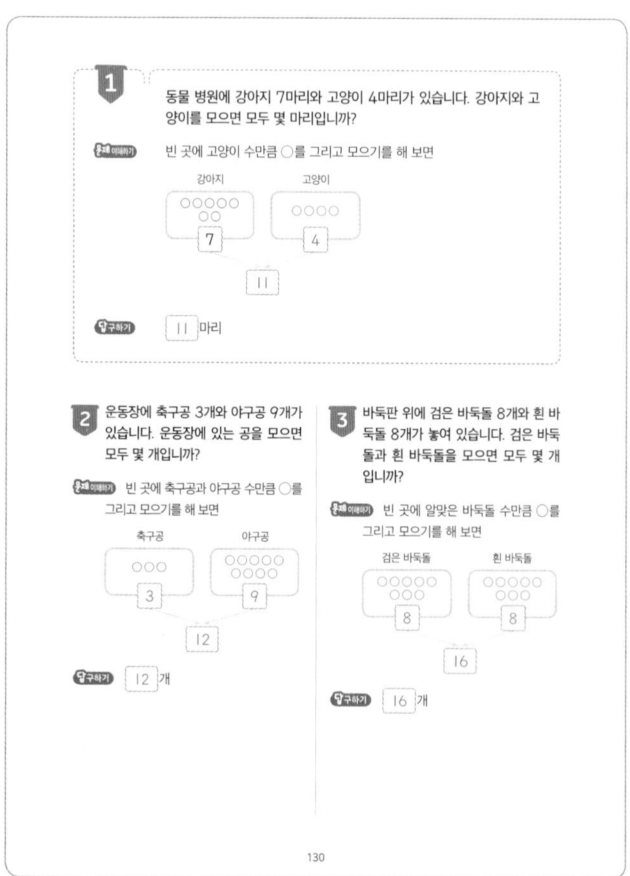

1 동물 병원에 강아지 7마리와 고양이 4마리가 있습니다. 강아지와 고양이를 모으면 모두 몇 마리입니까?

문제 이해하기 빈 곳에 고양이 수만큼 ○를 그리고 모으기를 해 보면

강아지 7, 고양이 4 → 11

답 구하기 11 마리

2 운동장에 축구공 3개와 야구공 9개가 있습니다. 운동장에 있는 공을 모으면 모두 몇 개입니까?

문제 이해하기 빈 곳에 축구공과 야구공 수만큼 ○를 그리고 모으기를 해 보면

축구공 3, 야구공 9 → 12

답 구하기 12 개

3 바둑판 위에 검은 바둑돌 8개와 흰 바둑돌 8개가 놓여 있습니다. 검은 바둑돌과 흰 바둑돌을 모으면 모두 몇 개입니까?

문제 이해하기 빈 곳에 알맞은 바둑돌 수만큼 ○를 그리고 모으기를 해 보면

검은 바둑돌 8, 흰 바둑돌 8 → 16

답 구하기 16 개

130

4 2개의 공에 적힌 수를 모으기 했을 때, 모으기 한 수가 14인 친구는 누구입니까?

7 6 (선희) 5 9 (윤재)

문제 이해하기
- 선희의 공에 적힌 수를 모으기 할 때에는 7에서 시작해서 1씩 6번 이어서 세면 됩니다.
  7 8 9 10 11 12 13
- 윤재의 공에 적힌 수를 모으기 할 때에는 5에서 시작해서 1씩 9번 이어서 세면 됩니다.
  5 6 7 8 9 10 11 12 13 14

답 구하기 윤재

5 2개의 공에 적힌 수를 모으기 했을 때, 모으기 한 수가 10인 친구는 누구입니까?

7 4 (수민) 5 5 (선아)

문제 이해하기 공에 적힌 수를 이어서 세어 보면

[수민] 7 8 9 10 11

[선아] 5 6 7 8 9 10

답 구하기 선아

6 2개의 공에 적힌 수를 모으기 했을 때, 모으기 한 수가 친구들과 다른 한 명은 누구입니까?

9 6 (지훈) 11 5 (석희) 12 3 (민호)

문제 이해하기 공에 적힌 수를 이어서 세어 보면

[지훈] 9 10 11 12 13 14 15

[석희] 11 12 13 14 15 16

[민호] 12 13 14 15

답 구하기 석희

정답 확인 오늘 나의 실력은? 부모님 확인

131

재미있는 수학 놀이터

블록 모으기

동생이 블록을 찾고 있어요.
유나는 부모님께 받은 블록 8개와 자신이 찾은 블록 7개를 모아서 동생에게 주었어요. 유나가 동생에게 준 블록은 모두 몇 개인지 써 보세요.

132

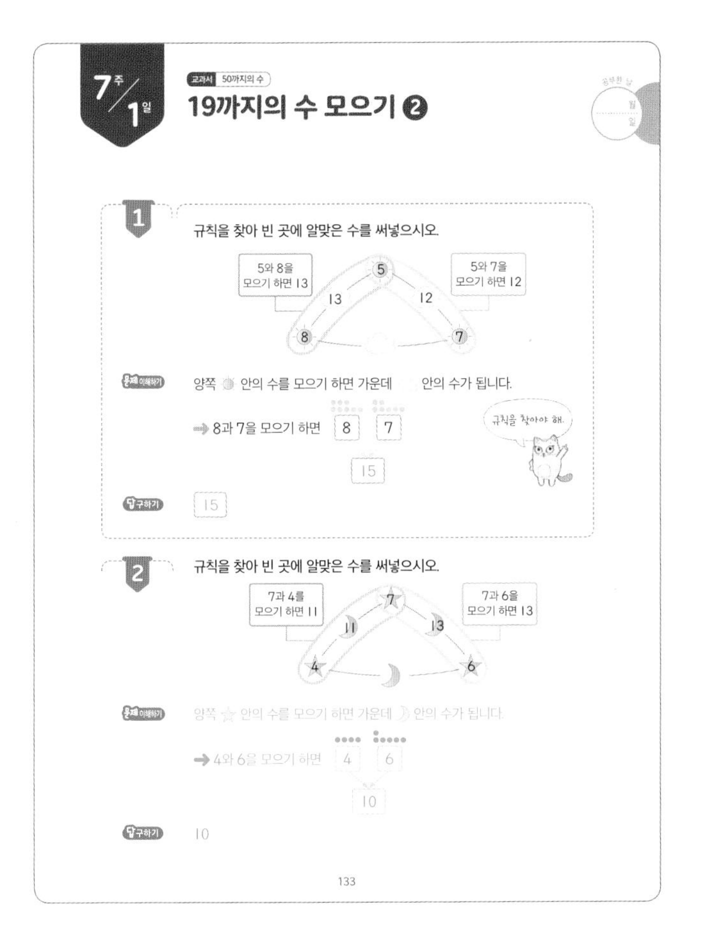

7주/1일

교과서 50까지의 수

19까지의 수 모으기 ❷

1 규칙을 찾아 빈 곳에 알맞은 수를 써넣으시오.

5와 8을 모으기 하면 13 / 5와 7을 모으기 하면 12

문제 이해하기 양쪽 ○ 안의 수를 모으기 하면 가운데 안의 수가 됩니다.

→ 8과 7을 모으기 하면 8 7 → 15

규칙을 찾아야 해.

답 구하기 15

2 규칙을 찾아 빈 곳에 알맞은 수를 써넣으시오.

7과 4를 모으기 하면 11 / 7과 6을 모으기 하면 13

문제 이해하기 양쪽 ☆ 안의 수를 모으기 하면 가운데 ☽ 안의 수가 됩니다.

→ 4와 6을 모으기 하면 4 6 → 10

답 구하기 10

133

5 ㉠과 ㉡에 알맞은 수 중에서 더 큰 수를 찾아 기호를 쓰시오.

7 ㉠ → 14 / ㉡ 10 → 18

문제 이해하기
- 7과 ㉠을 모으기 하면 14이므로 7에서 시작해서 1씩 ㉠번 이어서 세면 14이어야 합니다.

7 8 9 10 11 12 13 14 → ㉠=7

- ㉡과 10을 모으기 하면 18이므로 10에서 시작해서 1씩 ㉡번 이어서 세면 18이어야 합니다.

10 11 12 13 14 15 16 17 18 → ㉡=8

답 구하기 ㉡

6 ㉠과 ㉡에 알맞은 수 중에서 더 작은 수를 찾아 기호를 쓰시오.

㉠ 6 → 10 / 9 ㉡ → 15

문제 이해하기
- ㉠과 6을 모으기 하면 10이므로 6에서 시작해서 1씩 ㉠번 이어서 세면 10이어야 합니다.

6 7 8 9 10 → ㉠=4

- 9와 ㉡을 모으기 하면 15이므로 9에서 시작해서 1씩 ㉡번 이어서 세면 15이어야 합니다.

9 10 11 12 13 14 15 → ㉡=6

답 구하기 ㉠

135

3 모아서 16이 되는 두 수를 찾아 같은 색으로 색칠하시오.

2 10 5 4 11

문제 이해하기 그림에 적힌 수와 모으기 하여 16이 되는 수를 써 보면

2 14 → 16 / 10 6 → 16 / 5 11 → 16 / 4 12 → 16 / 11 5 → 16

답 구하기 5 11

4 모아서 13이 되는 두 수를 찾아 같은 색으로 색칠하시오.

3 6 1 7 9

문제 이해하기 그림에 적힌 수와 모으기 하여 13이 되는 수를 써 보면

3 10 → 13 / 6 7 → 13 / 1 12 → 13 / 7 6 → 13 / 9 4 → 13

답 구하기 6 7

134

재미있는 수학 놀이터

즐거운 쿠키 만들기

지호와 민아가 이틀 동안 쿠키를 만들었어요.
두 친구는 각자 만든 쿠키를 모아 한 상자에 담았어요. 어제와 오늘 민아가 만든 쿠키 수를 각각 쓰고, 쿠키를 더 많이 만든 날에 ○표 하세요.

어제
지호
민아
나는 8개를 만들었어.
나는 6 개를 만들었어.
←지호와 민아가 만든 쿠키 수: 14
오늘
나는 6개를 만들었어.
난 9 개 만들었어. 나는 (어제, 오늘) 더 많이 만들었구나.
←지호와 민아가 만든 쿠키 수: 15

- 민아가 어제 만든 쿠키 수를 □로 나타내면 8과 □를 모으기 하면 14

8 9 10 11 12 13 14 → □=6

- 민아가 오늘 만든 쿠키 수를 △로 나타내면 6과 △를 모으기 하면 15

6 7 8 9 10 11 12 13 14 15 → △=9

136

7주/2일

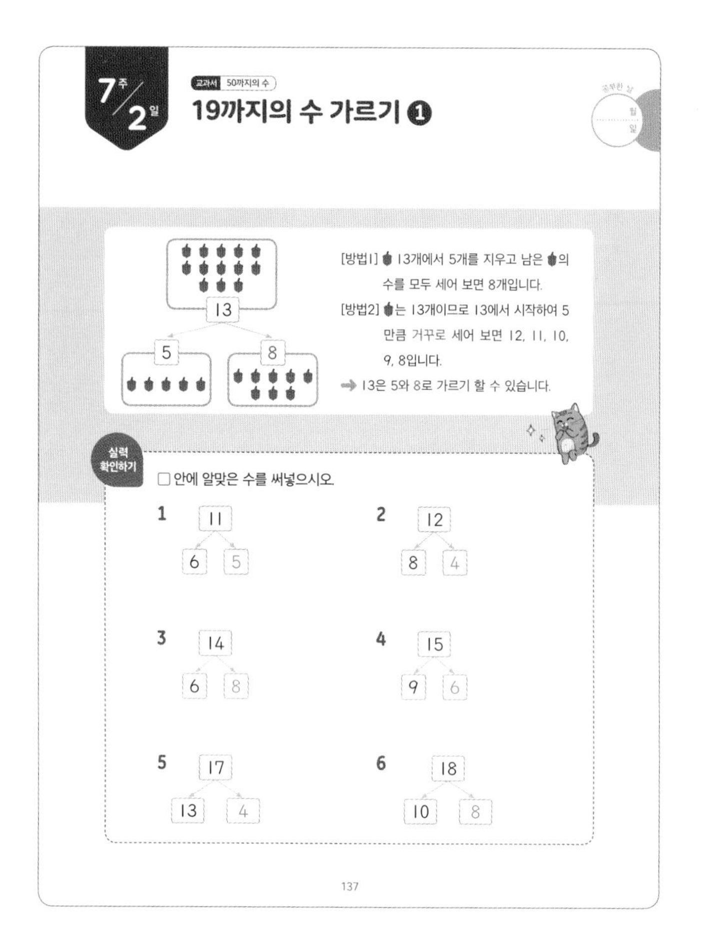

7주/2일

교과서 50까지의 수

19까지의 수 가르기 ①

[방법1] 13개에서 5개를 지우고 남은 의 수를 모두 세어 보면 8개입니다.

[방법2] 는 13개이므로 13에서 시작하여 5만큼 거꾸로 세어 보면 12, 11, 10, 9, 8입니다.

➡ 13은 5와 8로 가르기 할 수 있습니다.

실력 확인하기

□ 안에 알맞은 수를 써넣으시오.

1. 11 → 6, 5
2. 12 → 8, 4
3. 14 → 6, 8
4. 15 → 9, 6
5. 17 → 13, 4
6. 18 → 10, 8

137

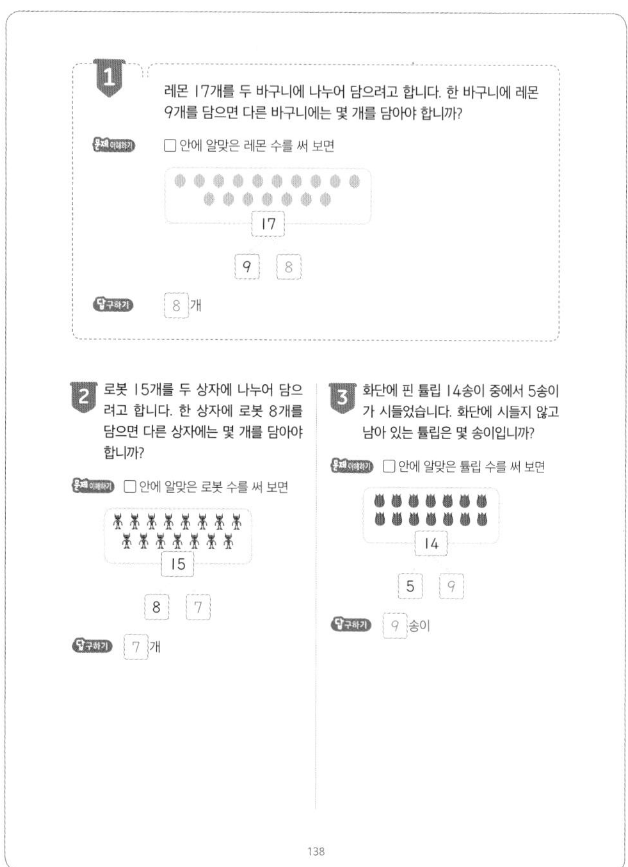

1 레몬 17개를 두 바구니에 나누어 담으려고 합니다. 한 바구니에 레몬 9개를 담으면 다른 바구니에는 몇 개를 담아야 합니까?

문제 이해하기 □ 안에 알맞은 레몬 수를 써 보면

17 → 9, 8

답 구하기 8 개

2 로봇 15개를 두 상자에 나누어 담으려고 합니다. 한 상자에 로봇 8개를 담으면 다른 상자에는 몇 개를 담아야 합니까?

문제 이해하기 □ 안에 알맞은 로봇 수를 써 보면

15 → 8, 7

답 구하기 7 개

3 화단에 핀 튤립 14송이 중에서 5송이가 시들었습니다. 화단에 시들지 않고 남아 있는 튤립은 몇 송이입니까?

문제 이해하기 □ 안에 알맞은 튤립 수를 써 보면

14 → 5, 9

답 구하기 9 송이

138

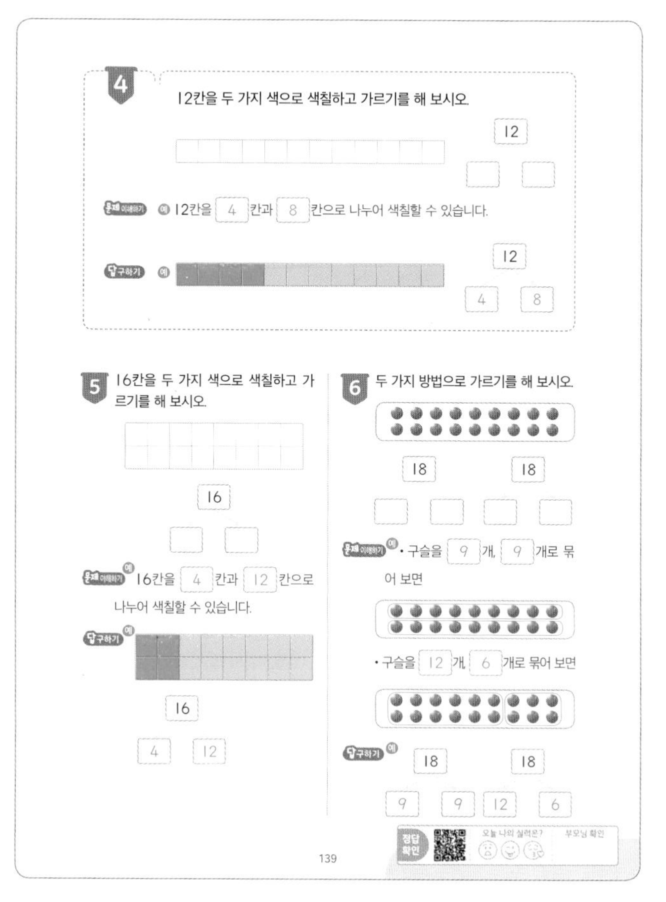

4 12칸을 두 가지 색으로 색칠하고 가르기를 해 보시오.

문제 이해하기 예 12칸을 4 칸과 8 칸으로 나누어 색칠할 수 있습니다.

답 구하기 예 12 → 4, 8

5 16칸을 두 가지 색으로 색칠하고 가르기를 해 보시오.

문제 이해하기 예 16칸을 4 칸과 12 칸으로 나누어 색칠할 수 있습니다.

답 구하기 예 16 → 4, 12

6 두 가지 방법으로 가르기를 해 보시오.

문제 이해하기 예 • 구슬을 9 개, 9 개로 묶어 보면

• 구슬을 12 개, 6 개로 묶어 보면

답 구하기 예 18 → 9, 9 / 18 → 12, 6

정답 확인 오늘 나의 실력은? 부모님 확인

139

재미있는 수학 놀이터

금을 나누어 주세요!

형제가 보물 상자를 찾았어요. 그 안에는 금이 들어 있었어요.
형제는 금을 서로 더 많이 가지겠다고 싸웠어요.
그러자 산신령이 나타나 금을 똑같은 개수로 나누어 주겠다고 했어요.
형제에게 나누어 줄 수 있도록 금을 두 묶음으로 묶어 주세요.

금 수 14를 똑같은 두 수로 가르기 하면 형제에게 각각 7개씩 나누어 줄 수 있습니다.

140

7주/3일

7주 3일

교과서 50까지의 수

19까지의 수 가르기 ②

공부한 날 월 일

1 ♥에 알맞은 수를 구하시오.

16 → 4, ★ / ★ → 7, ♥

문제 이해하기
- 16에서 시작해서 1씩 4번 거꾸로 세면
  12 13 14 15 16 → ★=12
- ★에서 시작해서 1씩 7번 거꾸로 세면
  5 6 7 8 9 10 11 ★

답 구하기 5

2 ◆에 알맞은 수를 구하시오.

15 → ▲, 6 / ▲ → ◆, 3

문제 이해하기
- 15에서 시작해서 1씩 6번 거꾸로 세면
  9 10 11 12 13 14 15 → ▲=9
- 9에서 시작해서 1씩 3번 거꾸로 세면
  6 7 8 9

답 구하기 6

141

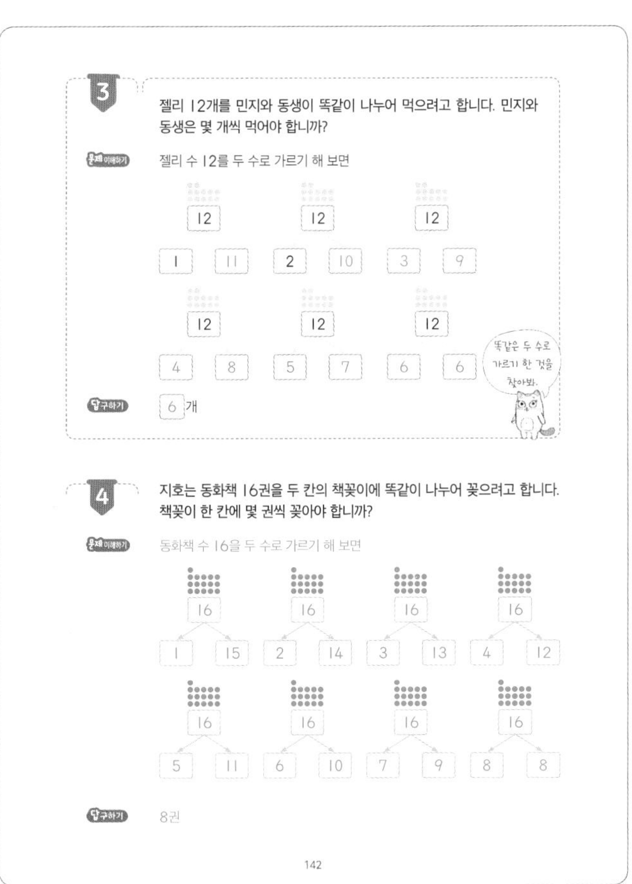

3 젤리 12개를 민지와 동생이 똑같이 나누어 먹으려고 합니다. 민지와 동생은 몇 개씩 먹어야 합니까?

문제 이해하기 젤리 수 12를 두 수로 가르기 해 보면

12 → 1, 11 / 12 → 2, 10 / 12 → 3, 9
12 → 4, 8 / 12 → 5, 7 / 12 → 6, 6

똑같은 두 수로 가르기 한 것을 찾아봐.

답 구하기 6개

4 지호는 동화책 16권을 두 칸의 책꽂이에 똑같이 나누어 꽂으려고 합니다. 책꽂이 한 칸에 몇 권씩 꽂아야 합니까?

문제 이해하기 동화책 수 16을 두 수로 가르기 해 보면

16 → 1, 15 / 16 → 2, 14 / 16 → 3, 13 / 16 → 4, 12
16 → 5, 11 / 16 → 6, 10 / 16 → 7, 9 / 16 → 8, 8

답 구하기 8권

142

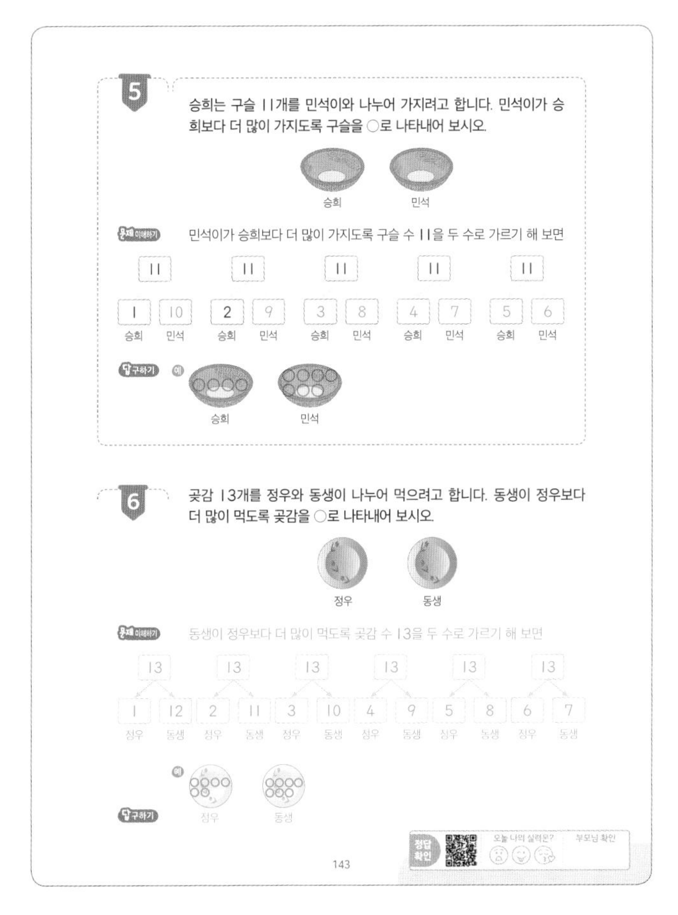

5 승희는 구슬 11개를 민석이와 나누어 가지려고 합니다. 민석이가 승희보다 더 많이 가지도록 구슬을 ○로 나타내어 보시오.

승희 민석

문제 이해하기 민석이가 승희보다 더 많이 가지도록 구슬 수 11을 두 수로 가르기 해 보면

11	11	11	11	11
승희 1, 민석 10	승희 2, 민석 9	승희 3, 민석 8	승희 4, 민석 7	승희 5, 민석 6

답 구하기 예 승희 민석

6 곶감 13개를 정우와 동생이 나누어 먹으려고 합니다. 동생이 정우보다 더 많이 먹도록 곶감을 ○로 나타내어 보시오.

정우 동생

문제 이해하기 동생이 정우보다 더 많이 먹도록 곶감 수 13을 두 수로 가르기 해 보면

13	13	13	13	13	13
정우 1, 동생 12	정우 2, 동생 11	정우 3, 동생 10	정우 4, 동생 9	정우 5, 동생 8	정우 6, 동생 7

답 구하기 예 정우 동생

정답 확인 오늘 나의 실력은? 부모님 확인

143

재미있는 수학 놀이터

다람쥐가 받을 도토리 개수는?

길에 도토리가 많이 떨어져 있네요.
여우는 도토리 5개, 사자는 도토리 7개를 주워 너구리와 다람쥐에게 나누어 주려고 해요. 다람쥐에게 몇 개의 도토리를 줄 수 있는지 써 보세요.

우리 도토리를 바구니에 모아 보자.
여우
사자
여우 5 사자 7 → 12
12 → 1 너구리, 11 다람쥐
나는 하나만 줘!
그래. 그럼 다람쥐한테 11개를 줄게.
여우
사자
너구리
다람쥐

144

7주 4일

교과서 50까지의 수

50까지의 수 ❶

10개씩 묶음 ■개와 낱개 ▲개는 ■▲입니다.
→ 10개씩 묶음 3개와 낱개 5개는 35라 쓰고, 삼십오 또는 서른다섯이라고 읽습니다.

실력 확인하기

빈칸에 알맞은 수를 써넣으시오.

1

10개씩 묶음	낱개
2	4

→ 24

2

10개씩 묶음	낱개
3	1

→ 31

3

10개씩 묶음	낱개
4	2

→ 42

4

10개씩 묶음	낱개
5	0

→ 50

5 28 →

10개씩 묶음	낱개
2	8

6 33 →

10개씩 묶음	낱개
3	3

7 40 →

10개씩 묶음	낱개
4	0

8 49 →

10개씩 묶음	낱개
4	9

145

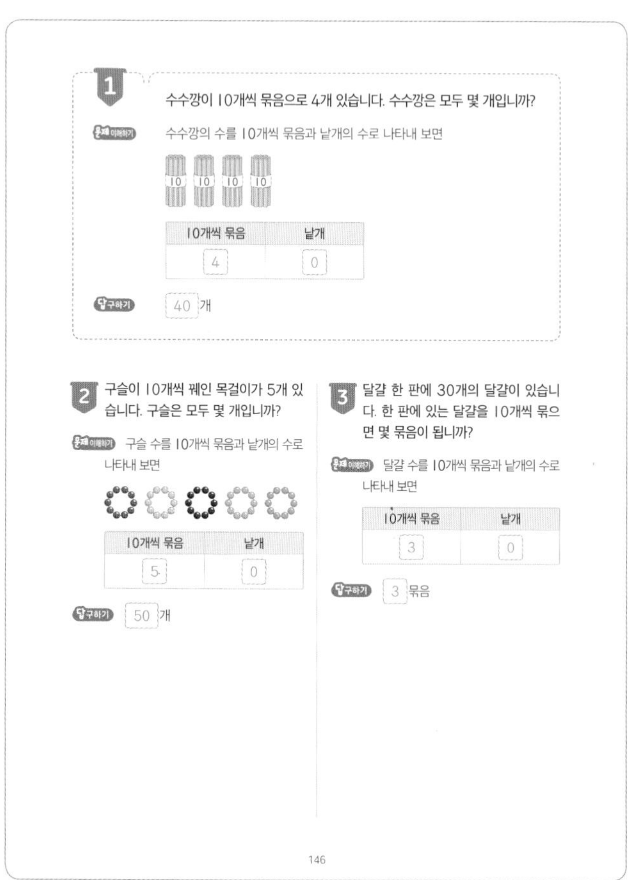
1 수수깡이 10개씩 묶음으로 4개 있습니다. 수수깡은 모두 몇 개입니까?

문제 이해하기 수수깡의 수를 10개씩 묶음과 낱개의 수로 나타내 보면

10개씩 묶음	낱개
4	0

답 구하기 40 개

2 구슬이 10개씩 꿰인 목걸이가 5개 있습니다. 구슬은 모두 몇 개입니까?

문제 이해하기 구슬 수를 10개씩 묶음과 낱개의 수로 나타내 보면

10개씩 묶음	낱개
5	0

답 구하기 50 개

3 달걀 한 판에 30개의 달걀이 있습니다. 한 판에 있는 달걀을 10개씩 묶으면 몇 묶음이 됩니까?

문제 이해하기 달걀 수를 10개씩 묶음과 낱개의 수로 나타내 보면

10개씩 묶음	낱개
3	0

답 구하기 3 묶음

146

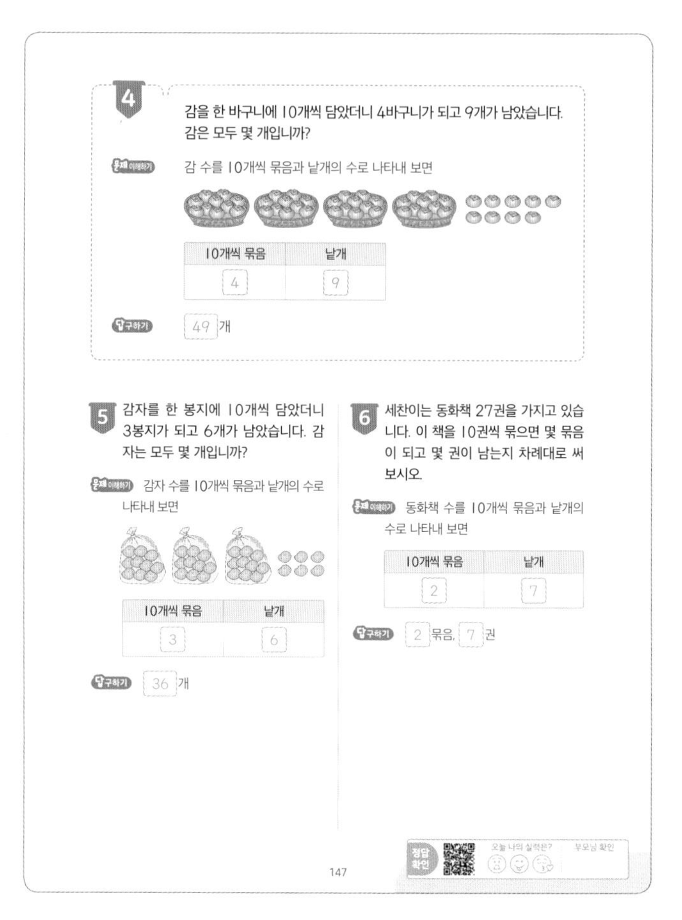
4 감을 한 바구니에 10개씩 담았더니 4바구니가 되고 9개가 남았습니다. 감은 모두 몇 개입니까?

문제 이해하기 감 수를 10개씩 묶음과 낱개의 수로 나타내 보면

10개씩 묶음	낱개
4	9

답 구하기 49 개

5 감자를 한 봉지에 10개씩 담았더니 3봉지가 되고 6개가 남았습니다. 감자는 모두 몇 개입니까?

문제 이해하기 감자 수를 10개씩 묶음과 낱개의 수로 나타내 보면

10개씩 묶음	낱개
3	6

답 구하기 36 개

6 세찬이는 동화책 27권을 가지고 있습니다. 이 책을 10권씩 묶으면 몇 묶음이 되고 몇 권이 남는지 차례대로 써 보시오.

문제 이해하기 동화책 수를 10개씩 묶음과 낱개의 수로 나타내 보면

10개씩 묶음	낱개
2	7

답 구하기 2 묶음, 7 권

정답 확인 오늘 나의 실력은? 부모님 확인

147

재미있는 수학 놀이터

마트에서 장 보기

미연이네 가족이 마트에서 장을 보고 있어요.
아빠와 미연이는 라면을, 엄마와 오빠는 귤을 사러 갔어요.
미연이네 가족이 라면과 귤을 각각 몇 개씩 샀을지 써 보세요.

10개씩 묶음	낱개
3	2

10개씩 묶음	낱개
3	0

148

7주 / 5일

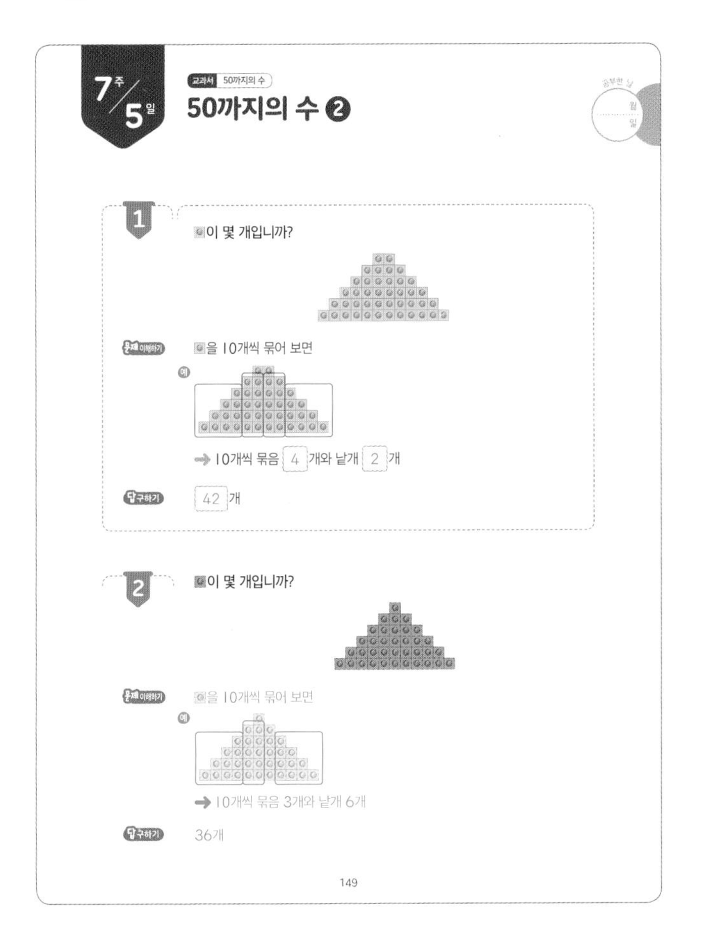
7주 5일

교과서 50까지의 수

50까지의 수 ❷

1 ●이 몇 개입니까?

문제 이해하기 ●을 10개씩 묶어 보면

예

→ 10개씩 묶음 4개와 낱개 2개

답구하기 42개

2 ●이 몇 개입니까?

문제 이해하기 ●을 10개씩 묶어 보면

예

→ 10개씩 묶음 3개와 낱개 6개

답구하기 36개

149

3 ▢으로 보기 의 모양을 몇 개 만들 수 있습니까?

문제 이해하기 ❶ 보기 의 모양을 한 개 만드는 데 필요한 ▢은 10개

❷ ▢을 10개씩 묶어 보면

답구하기 4개

4 ▢으로 보기 의 모양을 몇 개 만들 수 있습니까?

문제 이해하기 ❶ 보기 의 모양을 한 개 만드는 데 필요한 ▢은 10개

❷ ▢을 10개씩 묶어 보면

답구하기 3개

150

5 귤이 10개씩 3상자와 낱개 16개가 있습니다. 귤은 모두 몇 개입니까?

문제 이해하기 ❶ 귤 낱개 16개를 10개씩 묶어 보면 → 10개씩 묶음 1개와 낱개 6개

❷ 귤 10개씩 3묶음과 낱개 16개

→ 귤 10개씩 4묶음과 낱개 6개

답구하기 46개

6 초콜릿이 10개씩 2상자와 낱개 14개가 있습니다. 초콜릿은 모두 몇 개입니까?

문제 이해하기 ❶ 초콜릿 낱개 14개를 10개씩 묶어 보면 → 10개씩 묶음 1개와 낱개 4개

❷ 초콜릿 10개씩 2묶음과 낱개 14개

→ 초콜릿 10개씩 3묶음과 낱개 4개

답구하기 34개

정답 확인 오늘 나의 실력은? 부모님 확인

151

재미있는 수학 놀이터

마카롱의 개수는?

태준이가 마카롱을 한 선물 상자에 10개씩 담았어요.
선물 상자 3개를 모두 만들었는데도 마카롱이 저만큼이나 남았네요.
처음 태준이가 가지고 있던 마카롱은 모두 몇 개였는지 써 보세요.

내가 처음에 가지고 있던 마카롱은 44개였어.
10개씩 묶음

마카롱 10개씩 3묶음과 낱개 14개

→ 마카롱 10개씩 4묶음과 낱개 4개

152

8주 1일

교과서 50까지의 수

50까지 수의 순서 ❶

수를 순서대로 셀 때, 바로 앞의 수가 1 작은 수, 바로 뒤의 수가 1 큰 수입니다.

21 - 22 - 23 - 24 - 25 - 26 - 27 - 28 - 29 - 30

24보다 1 작은 수는 23이고, 24보다 1 큰 수는 25입니다.

실력 확인하기

□ 안에 알맞은 수를 써넣으시오.

1 15 - 16 - 17 - 18 2 20 - 21 - 22 - 23

3 31 - 32 - 33 - 34 4 35 - 36 - 37 - 38

5 39 - 40 - 41 - 42 6 47 - 48 - 49 - 50

7 18 - 19 - 20 - 21 8 44 - 45 - 46 - 47

153

1 사탕을 승희는 26개 가지고 있고, 준우는 승희보다 1개 더 많이 가지고 있습니다. 준우가 가지고 있는 사탕은 몇 개입니까?

문제 이해하기
- 승희의 사탕은 26개
- 준우는 승희보다 1 개 더 많습니다.

→ 26보다 1 큰 수는

1 큰 수: 25 26 27

답 구하기 27 개

2 붙임 딱지를 민주는 43장 모았고, 정연이는 민주보다 1장 더 적게 모았습니다. 정연이가 모은 붙임 딱지는 몇 장입니까?

문제 이해하기
- 민주의 붙임 딱지는 43장
- 정연이는 민주보다 1 장 더 적습니다.

→ 43보다 1 작은 수는

1 작은 수: 42 43 44

답 구하기 42 장

3 줄넘기를 지호는 서른여덟 번 넘었고, 준형이는 지호보다 1번 더 적게 넘었습니다. 준형이는 줄넘기를 몇 번 넘었습니까?

문제 이해하기
❶ 서른여덟을 수로 나타내 보면 38
❷ 준형이는 지호보다 1 번 더 적습니다.

→ 38 보다 1 작은 수는

1 작은 수: 37 서른여덟(38) 39

답 구하기 37 번

154

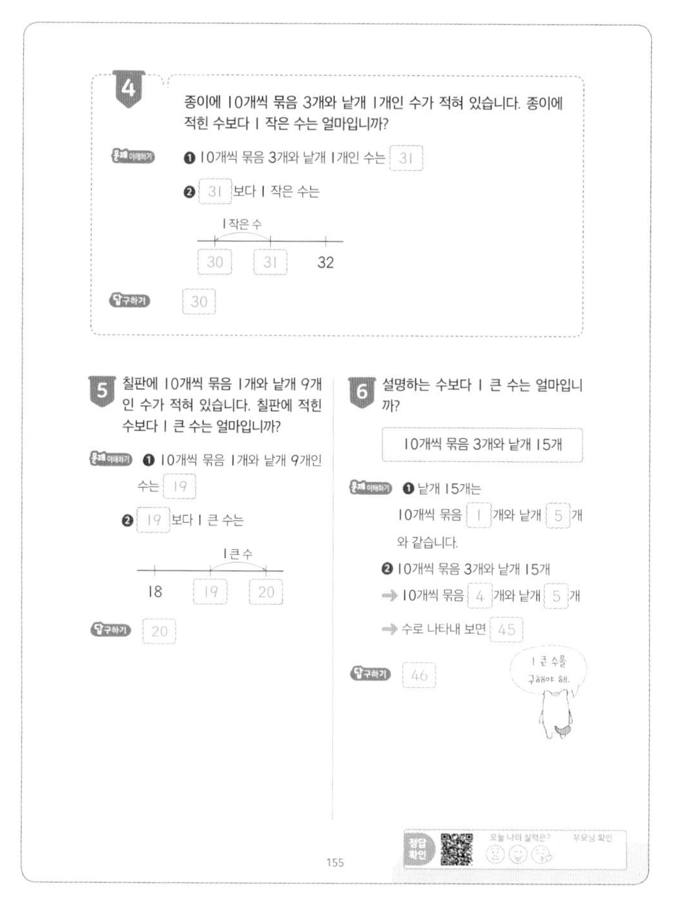

4 종이에 10개씩 묶음 3개와 낱개 1개인 수가 적혀 있습니다. 종이에 적힌 수보다 1 작은 수는 얼마입니까?

문제 이해하기
❶ 10개씩 묶음 3개와 낱개 1개인 수는 31
❷ 31 보다 1 작은 수는

1 작은 수: 30 31 32

답 구하기 30

5 칠판에 10개씩 묶음 1개와 낱개 9개인 수가 적혀 있습니다. 칠판에 적힌 수보다 1 큰 수는 얼마입니까?

문제 이해하기
❶ 10개씩 묶음 1개와 낱개 9개인 수는 19
❷ 19 보다 1 큰 수는

1 큰 수: 18 19 20

답 구하기 20

6 설명하는 수보다 1 큰 수는 얼마입니까?

10개씩 묶음 3개와 낱개 15개

문제 이해하기
❶ 낱개 15개는 10개씩 묶음 1 개와 낱개 5 개와 같습니다.
❷ 10개씩 묶음 3개와 낱개 15개
→ 10개씩 묶음 4 개와 낱개 5 개
→ 수로 나타내 보면 45

답 구하기 46

155

재미있는 수학 놀이터

미로 탈출

0부터 50까지의 수를 순서대로 선을 이어 미로를 탈출해 보세요.
멋진 성에 도착할 수 있답니다.

156

8주/2일

교과서 50까지의 수

50까지 수의 순서 ❷

1 ★에 알맞은 수를 구하시오.

1	24	23	22	21	20	19
2	25	40	39	★	37	18
3	26	41	48	47	36	17
4	27	42	49	46	35	16
5	28	43	44	45	34	15
6	29	30	31	32	33	14
7	8	9	10	11	12	13

문제 이해하기 수의 순서를 생각하며 수가 나열된 규칙을 찾아보면

답 구하기 38

2 ◆에 알맞은 수를 구하시오.

1	2	3	4	5	6	7
14	13	12	11	10	9	8
15	16	17	18	19	20	21
28	27	26	25	24	23	22
29	30	31	32	33	34	35
◆	41	40	39	38	37	36
43	44	45	46	47	48	49

문제 이해하기 수의 순서를 생각하며 수가 나열된 규칙을 찾아보면

답 구하기 42

157

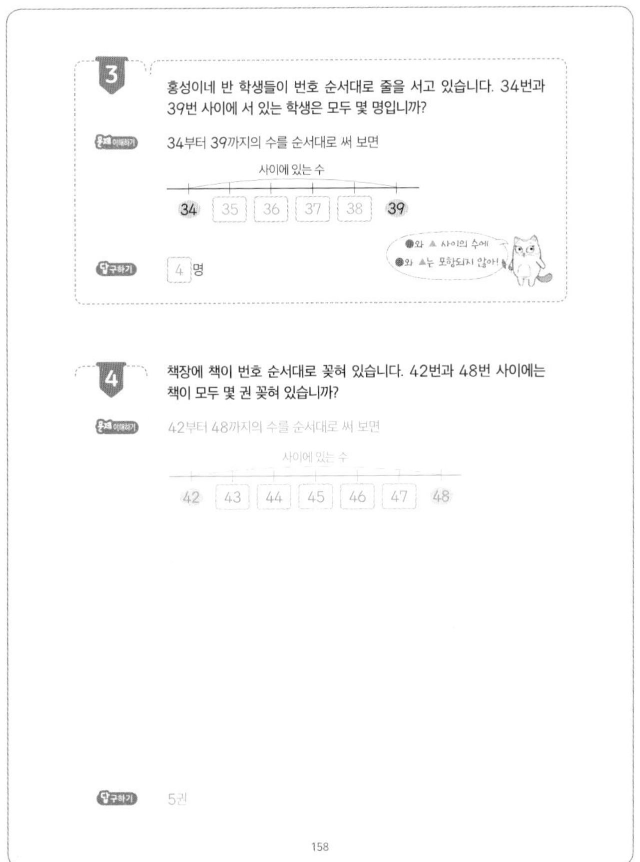
3 홍성이네 반 학생들이 번호 순서대로 줄을 서고 있습니다. 34번과 39번 사이에 서 있는 학생은 모두 몇 명입니까?

문제 이해하기 34부터 39까지의 수를 순서대로 써 보면

사이에 있는 수

34 35 36 37 38 39

답 구하기 4명

4 책장에 책이 번호 순서대로 꽂혀 있습니다. 42번과 48번 사이에는 책이 모두 몇 권 꽂혀 있습니까?

문제 이해하기 42부터 48까지의 수를 순서대로 써 보면

사이에 있는 수

42 43 44 45 46 47 48

답 구하기 5권

158

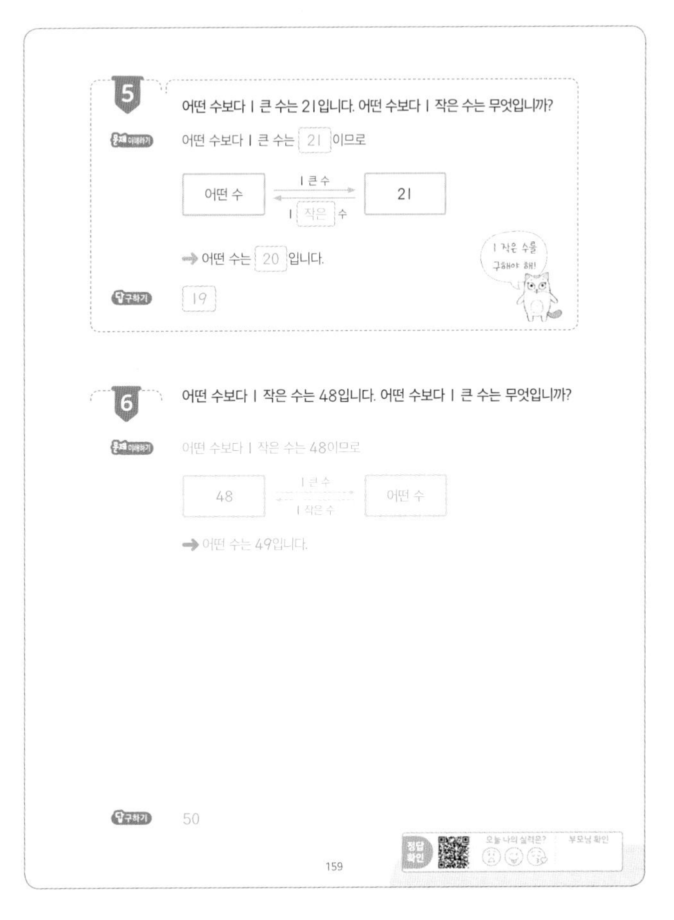
5 어떤 수보다 1 큰 수는 21입니다. 어떤 수보다 1 작은 수는 무엇입니까?

문제 이해하기 어떤 수보다 1 큰 수는 21이므로

어떤 수 —1 큰 수→ 21 / ←1 작은 수—

➡ 어떤 수는 20입니다.

답 구하기 19

6 어떤 수보다 1 작은 수는 48입니다. 어떤 수보다 1 큰 수는 무엇입니까?

문제 이해하기 어떤 수보다 1 작은 수는 48이므로

48 —1 큰 수→ 어떤 수 / ←1 작은 수—

➡ 어떤 수는 49입니다.

답 구하기 50

정답 확인 오늘 나의 실력은? 부모님 확인

159

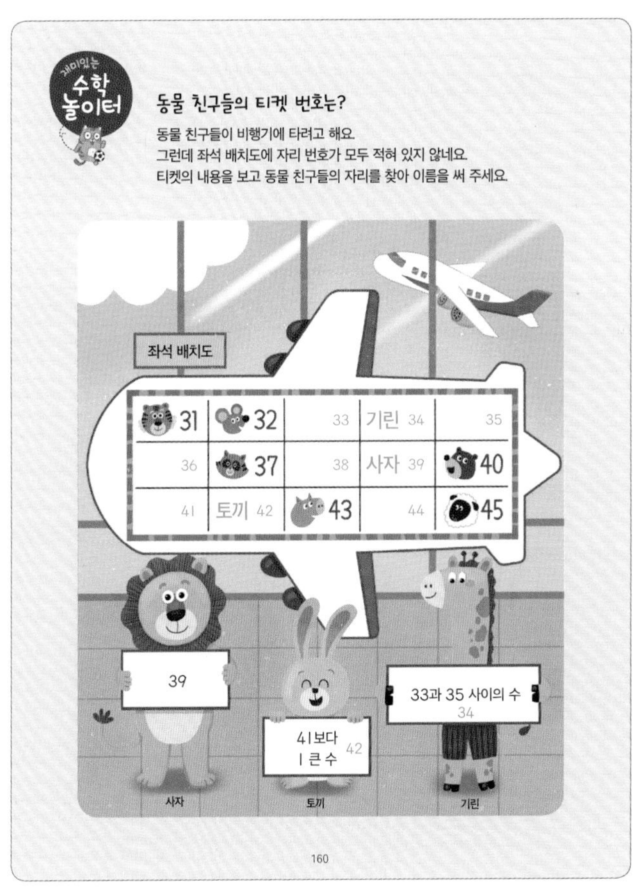
재미있는 수학 놀이터

동물 친구들의 티켓 번호는?

동물 친구들이 비행기에 타려고 해요.
그런데 좌석 배치도에 자리 번호가 모두 적혀 있지 않네요.
티켓의 내용을 보고 동물 친구들의 자리를 찾아 이름을 써 주세요.

160

8주/3일

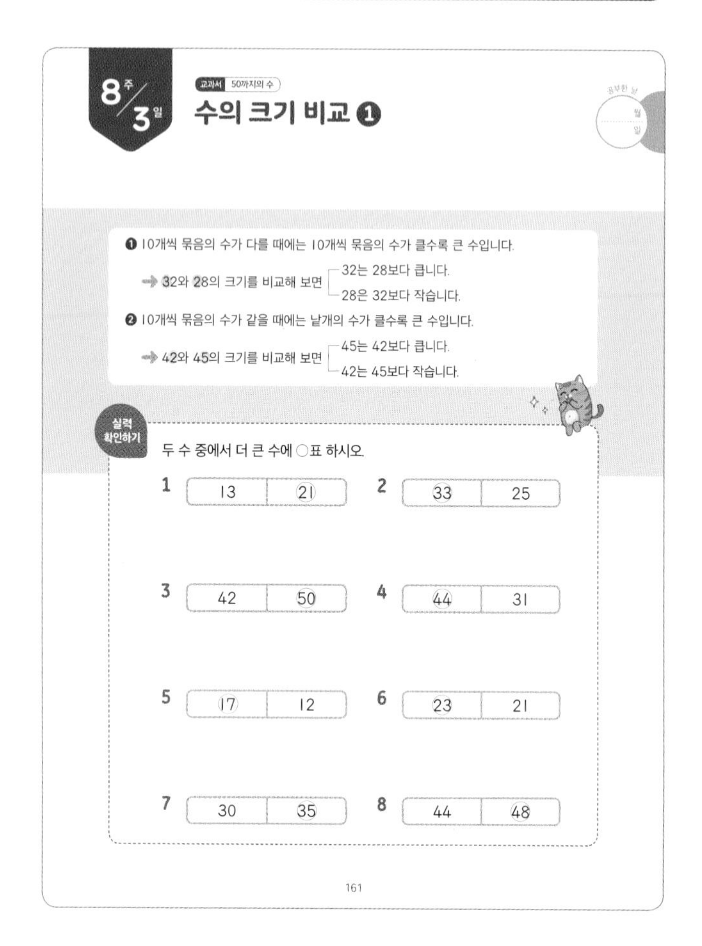

8주 3일

교과서 50까지의 수

수의 크기 비교 ❶

❶ 10개씩 묶음의 수가 다를 때에는 10개씩 묶음의 수가 클수록 큰 수입니다.

→ 32와 28의 크기를 비교해 보면 ┌ 32는 28보다 큽니다. └ 28은 32보다 작습니다.

❷ 10개씩 묶음의 수가 같을 때에는 낱개의 수가 클수록 큰 수입니다.

→ 42와 45의 크기를 비교해 보면 ┌ 45는 42보다 큽니다. └ 42는 45보다 작습니다.

실력 확인하기

두 수 중에서 더 큰 수에 ○표 하시오.

1 | 13 | 21 |　2 | 33 | 25 |

3 | 42 | 50 |　4 | 44 | 31 |

5 | 17 | 12 |　6 | 23 | 21 |

7 | 30 | 35 |　8 | 44 | 48 |

161

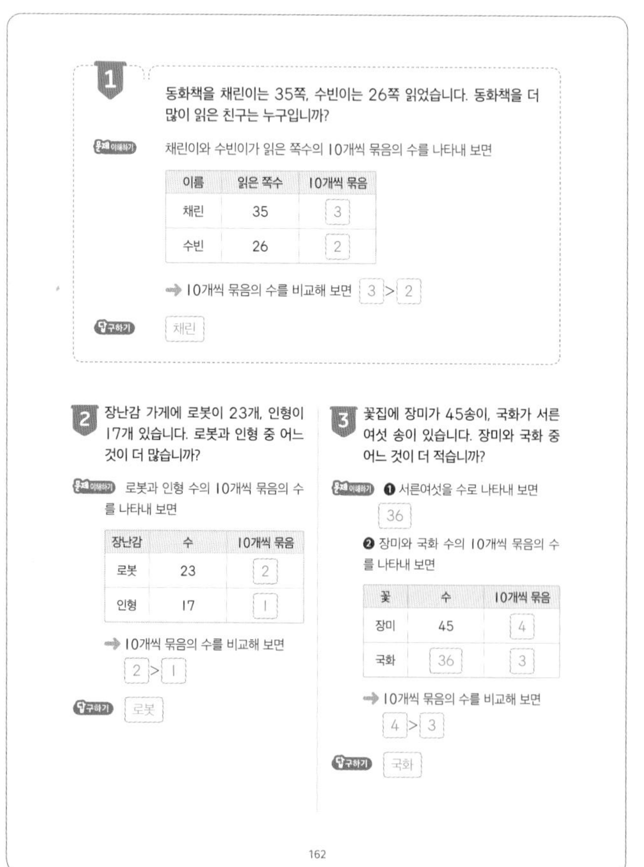

1 동화책을 채린이는 35쪽, 수빈이는 26쪽 읽었습니다. 동화책을 더 많이 읽은 친구는 누구입니까?

문제 이해하기 채린이와 수빈이가 읽은 쪽수의 10개씩 묶음의 수를 나타내 보면

이름	읽은 쪽수	10개씩 묶음
채린	35	3
수빈	26	2

→ 10개씩 묶음의 수를 비교해 보면 3 > 2

답 구하기 채린

2 장난감 가게에 로봇이 23개, 인형이 17개 있습니다. 로봇과 인형 중 어느 것이 더 많습니까?

문제 이해하기 로봇과 인형 수의 10개씩 묶음의 수를 나타내 보면

장난감	수	10개씩 묶음
로봇	23	2
인형	17	1

→ 10개씩 묶음의 수를 비교해 보면 2 > 1

답 구하기 로봇

3 꽃집에 장미가 45송이, 국화가 서른여섯 송이 있습니다. 장미와 국화 중 어느 것이 더 적습니까?

문제 이해하기 ❶ 서른여섯을 수로 나타내 보면 36

❷ 장미와 국화 수의 10개씩 묶음의 수를 나타내 보면

꽃	수	10개씩 묶음
장미	45	4
국화	36	3

→ 10개씩 묶음의 수를 비교해 보면 4 > 3

답 구하기 국화

162

4 수족관에 열대어는 24마리 있고, 금붕어는 29마리 있습니다. 열대어와 금붕어 중 어느 것이 더 적습니까?

문제 이해하기 열대어와 금붕어의 수를 10개씩 묶음과 낱개의 수로 나타내 보면

물고기	수	10개씩 묶음	낱개
열대어	24	2	4
금붕어	29	2	9

→ 10개씩 묶음의 수가 같으므로 낱개의 수를 비교해 보면 4 < 9

답 구하기 열대어

5 줄넘기를 찬우는 47번, 준혁이는 42번 넘었습니다. 찬우와 준혁이 중 줄넘기를 더 적게 넘은 사람은 누구입니까?

문제 이해하기 찬우와 준혁이가 넘은 줄넘기 수를 10개씩 묶음과 낱개의 수로 나타내 보면

이름	줄넘기 수	10개씩 묶음	낱개
찬우	47	4	7
준혁	42	4	2

→ 10개씩 묶음의 수가 같으므로 낱개의 수를 비교해 보면 7 > 2

답 구하기 준혁

6 딸기를 민성이는 스물다섯 개, 유찬이는 27개 먹었습니다. 민성이와 유찬이 중 딸기를 더 많이 먹은 사람은 누구입니까?

문제 이해하기 ❶ 스물다섯을 수로 나타내 보면 25

❷ 민성이와 유찬이가 먹은 딸기 수를 10개씩 묶음과 낱개의 수로 나타내 보면

이름	딸기 수	10개씩 묶음	낱개
민성	25	2	5
유찬	27	2	7

답 구하기 유찬

정답 확인 오늘 나의 실력은? 부모님 확인

163

재미있는 수학 놀이터

택배 상자 쌓기

택배 기사님이 배달을 준비하고 있어요.
기사님은 배달을 빨리 하기 위해 상자에 적힌 수가 큰 것을 아래쪽에, 작은 것을 위쪽에 쌓으려고 해요. 상자를 잘 쌓은 것에 ○표 해 보세요.

( )　(○)　( )

164

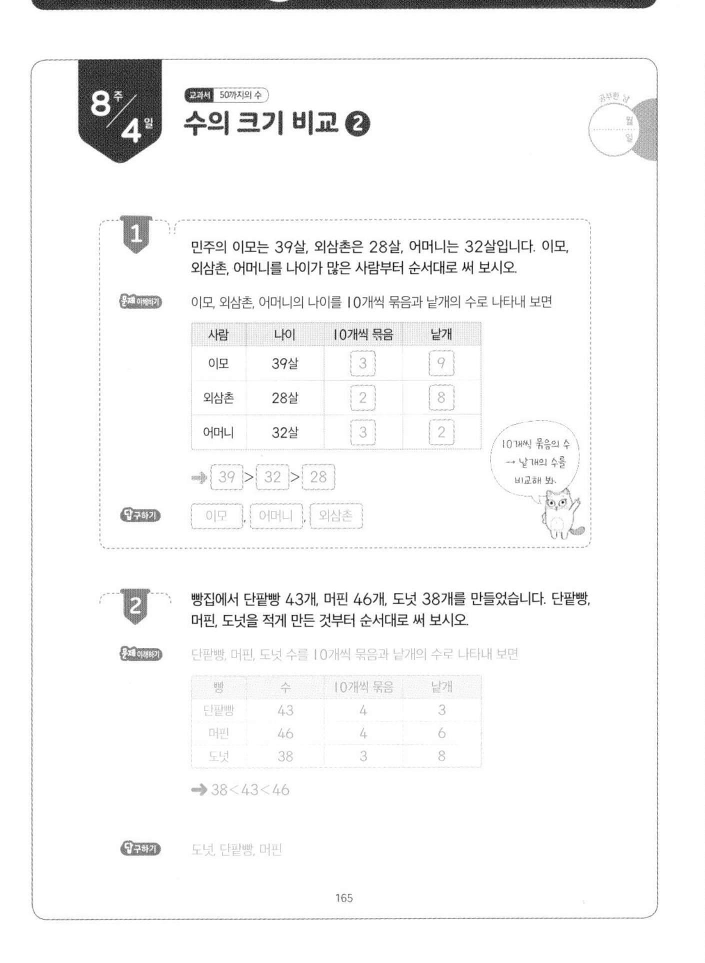

8주 4일

교과서 50까지의 수

수의 크기 비교 ❷

1 민주의 이모는 39살, 외삼촌은 28살, 어머니는 32살입니다. 이모, 외삼촌, 어머니를 나이가 많은 사람부터 순서대로 써 보시오.

문제 이해하기: 이모, 외삼촌, 어머니의 나이를 10개씩 묶음과 낱개의 수로 나타내 보면

사람	나이	10개씩 묶음	낱개
이모	39살	3	9
외삼촌	28살	2	8
어머니	32살	3	2

➡ 39 > 32 > 28

10개씩 묶음의 수 → 낱개의 수를 비교해 봐.

답 구하기: 이모, 어머니, 외삼촌

2 빵집에서 단팥빵 43개, 머핀 46개, 도넛 38개를 만들었습니다. 단팥빵, 머핀, 도넛을 적게 만든 것부터 순서대로 써 보시오.

문제 이해하기: 단팥빵, 머핀, 도넛 수를 10개씩 묶음과 낱개의 수로 나타내 보면

빵	수	10개씩 묶음	낱개
단팥빵	43	4	3
머핀	46	4	6
도넛	38	3	8

➡ 38<43<46

답 구하기: 도넛, 단팥빵, 머핀

165

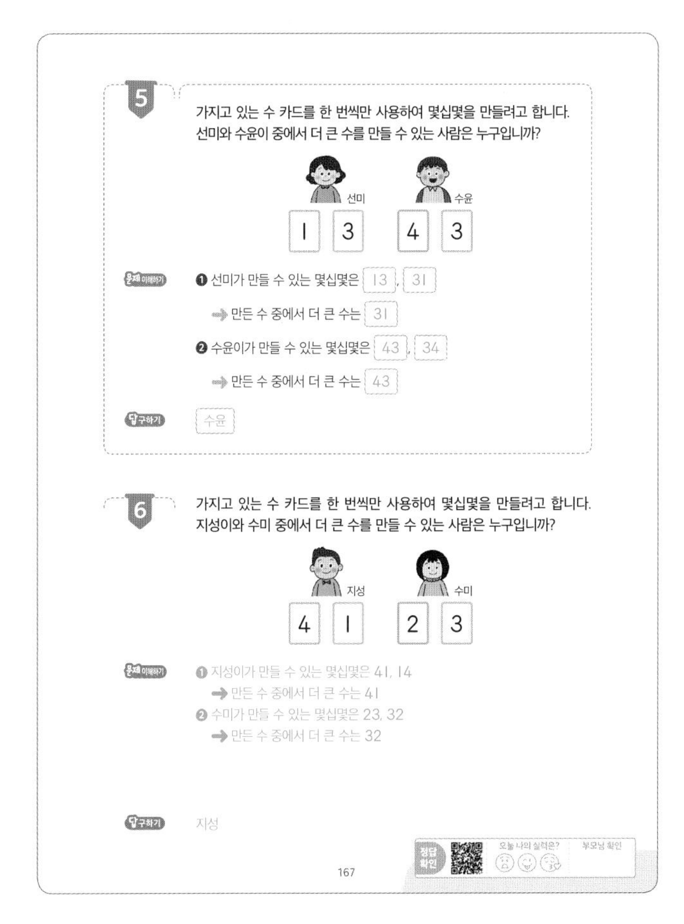

5 가지고 있는 수 카드를 한 번씩만 사용하여 몇십몇을 만들려고 합니다. 선미와 수윤이 중에서 더 큰 수를 만들 수 있는 사람은 누구입니까?

문제 이해하기:
❶ 선미가 만들 수 있는 몇십몇은 13, 31
➡ 만든 수 중에서 더 큰 수는 31
❷ 수윤이가 만들 수 있는 몇십몇은 43, 34
➡ 만든 수 중에서 더 큰 수는 43

답 구하기: 수윤

6 가지고 있는 수 카드를 한 번씩만 사용하여 몇십몇을 만들려고 합니다. 지성이와 수미 중에서 더 큰 수를 만들 수 있는 사람은 누구입니까?

문제 이해하기:
❶ 지성이가 만들 수 있는 몇십몇은 41, 14
➡ 만든 수 중에서 더 큰 수는 41
❷ 수미가 만들 수 있는 몇십몇은 23, 32
➡ 만든 수 중에서 더 큰 수는 32

답 구하기: 지성

정답 확인 · 오늘 나의 실력은? · 부모님 확인

167

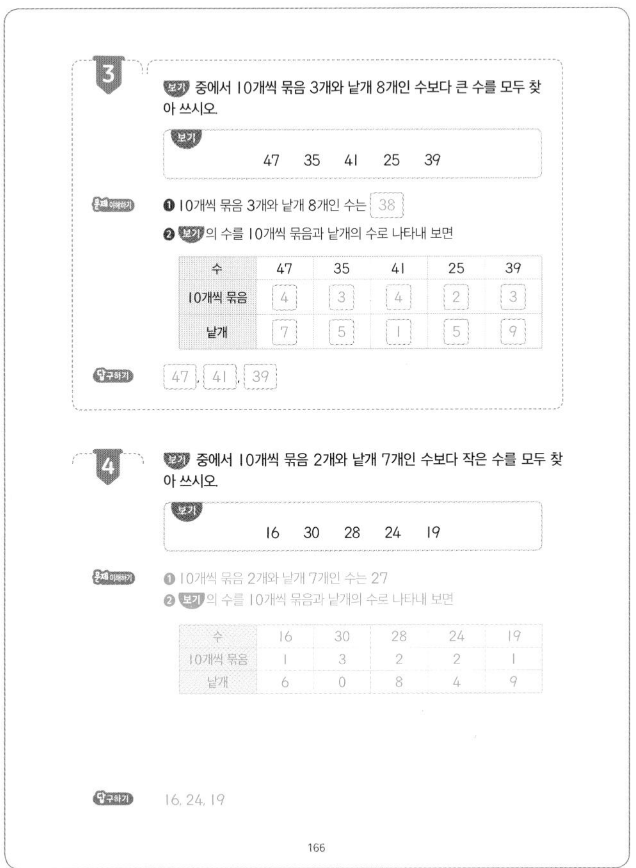

3 보기 중에서 10개씩 묶음 3개와 낱개 8개인 수보다 큰 수를 모두 찾아 쓰시오.

보기: 47 35 41 25 39

문제 이해하기:
❶ 10개씩 묶음 3개와 낱개 8개인 수는 38
❷ 보기의 수를 10개씩 묶음과 낱개의 수로 나타내 보면

수	47	35	41	25	39
10개씩 묶음	4	3	4	2	3
낱개	7	5	1	5	9

답 구하기: 47, 41, 39

4 보기 중에서 10개씩 묶음 2개와 낱개 7개인 수보다 작은 수를 모두 찾아 쓰시오.

보기: 16 30 28 24 19

문제 이해하기:
❶ 10개씩 묶음 2개와 낱개 7개인 수는 27
❷ 보기의 수를 10개씩 묶음과 낱개의 수로 나타내 보면

수	16	30	28	24	19
10개씩 묶음	1	3	2	2	1
낱개	6	0	8	4	9

답 구하기: 16, 24, 19

166

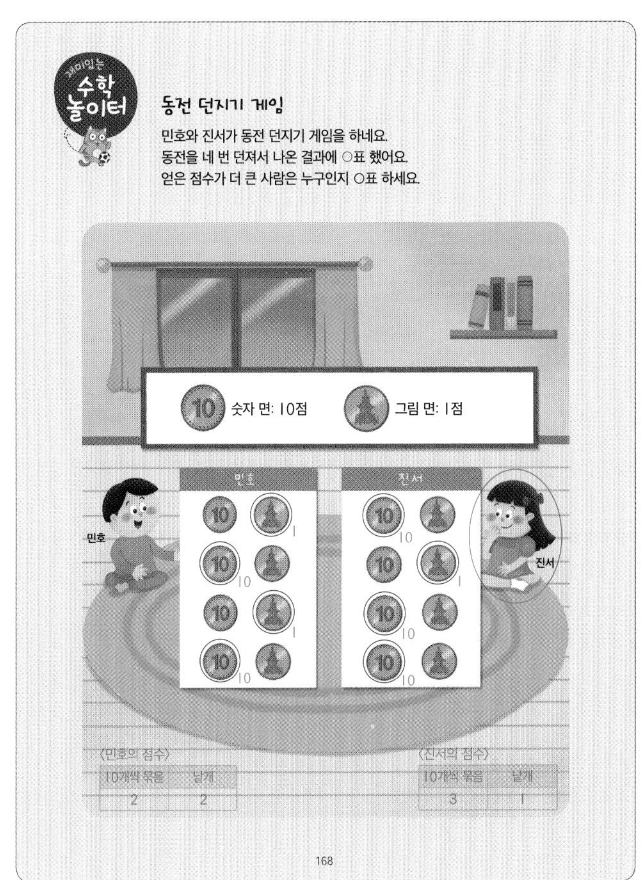

재미있는 수학 놀이터

동전 던지기 게임

민호와 진서가 동전 던지기 게임을 하네요.
동전을 네 번 던져서 나온 결과에 ○표 했어요.
얻은 점수가 더 큰 사람은 누구인지 ○표 하세요.

〈민호의 점수〉

10개씩 묶음	낱개
2	2

〈진서의 점수〉

10개씩 묶음	낱개
3	1

168

8주/5일

8주/5일

교과서 50까지의 수

단원 마무리

01 승지는 동화책을 10쪽 읽으려고 합니다. 승지는 동화책을 몇 쪽 더 읽어야 합니까?

문제 이해하기 10이 되도록 ○를 그리면

●●●●●●○○○○

답 구하기 4쪽

02 네 명의 친구들이 가위바위보를 합니다. 아래와 같이 냈을 때 전체 펼친 손가락의 수를 쓰시오.

문제 이해하기 ❶ 펼친 손가락의 수를 써 보면 5, 2, 0, 5

❷ 손가락의 수를 10개씩 묶음과 낱개의 수로 나타내 보면

10개씩 묶음	낱개
1	2

답 구하기 12

169

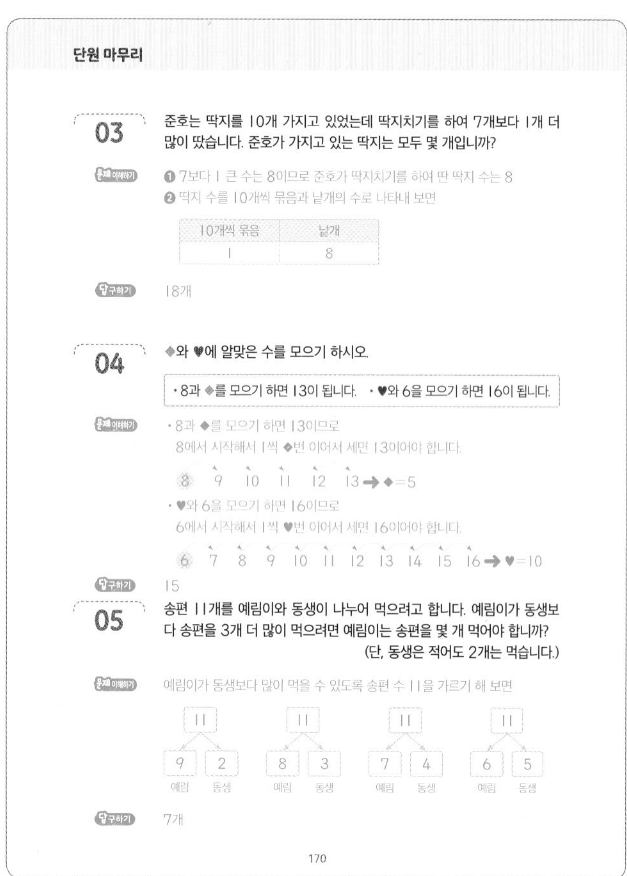
단원 마무리

03 준호는 딱지를 10개 가지고 있었는데 딱지치기를 하여 7개보다 1개 더 많이 땄습니다. 준호가 가지고 있는 딱지는 모두 몇 개입니까?

문제 이해하기 ❶ 7보다 1 큰 수는 8이므로 준호가 딱지치기를 하여 딴 딱지 수는 8

❷ 딱지 수를 10개씩 묶음과 낱개의 수로 나타내 보면

10개씩 묶음	낱개
1	8

답 구하기 18개

04 ◆와 ♥에 알맞은 수를 모으기 하시오.

• 8과 ◆를 모으기 하면 13이 됩니다. • ♥와 6을 모으기 하면 16이 됩니다.

문제 이해하기 • 8과 ◆를 모으기 하면 13이므로

8에서 시작해서 1씩 ◆번 이어서 세면 13이어야 합니다.

8 9 10 11 12 13 ➡ ◆=5

• ♥와 6을 모으기 하면 16이므로

6에서 시작해서 1씩 ♥번 이어서 세면 16이어야 합니다.

6 7 8 9 10 11 12 13 14 15 16 ➡ ♥=10

답 구하기 15

05 송편 11개를 예림이와 동생이 나누어 먹으려고 합니다. 예림이가 동생보다 송편을 3개 더 많이 먹으려면 예림이는 송편을 몇 개 먹어야 합니까?

(단, 동생은 적어도 2개는 먹습니다.)

문제 이해하기 예림이가 동생보다 많이 먹을 수 있도록 송편 수 11을 가르기 해 보면

11 → 9 (예림), 2 (동생)
11 → 8 (예림), 3 (동생)
11 → 7 (예림), 4 (동생)
11 → 6 (예림), 5 (동생)

답 구하기 7개

170

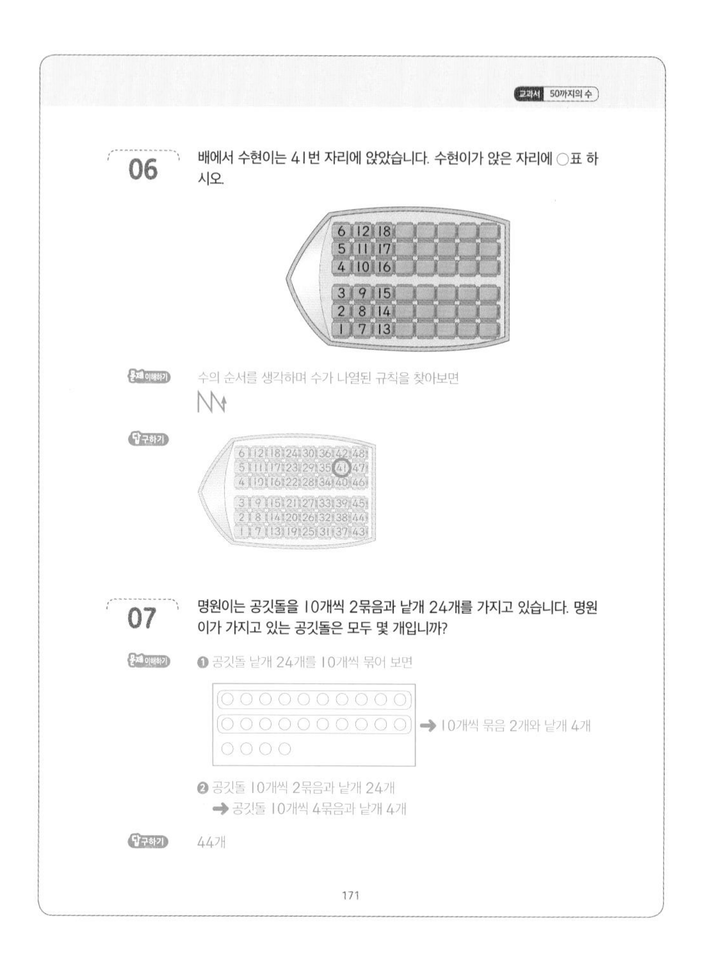
교과서 50까지의 수

06 배에서 수현이는 41번 자리에 앉았습니다. 수현이가 앉은 자리에 ○표 하시오.

6	12	18					
5	11	17					
4	10	16					
3	9	15					
2	8	14					
1	7	13					

문제 이해하기 수의 순서를 생각하며 수가 나열된 규칙을 찾아보면

답 구하기

6	12	18	24	30	36	42	48
5	11	17	23	29	35	(41)	47
4	10	16	22	28	34	40	46
3	9	15	21	27	33	39	45
2	8	14	20	26	32	38	44
1	7	13	19	25	31	37	43

07 명원이는 공깃돌을 10개씩 2묶음과 낱개 24개를 가지고 있습니다. 명원이가 가지고 있는 공깃돌은 모두 몇 개입니까?

문제 이해하기 ❶ 공깃돌 낱개 24개를 10개씩 묶어 보면

○○○○○○○○○○
○○○○○○○○○○ ➡ 10개씩 묶음 2개와 낱개 4개
○○○○

❷ 공깃돌 10개씩 2묶음과 낱개 24개

➡ 공깃돌 10개씩 4묶음과 낱개 4개

답 구하기 44개

171

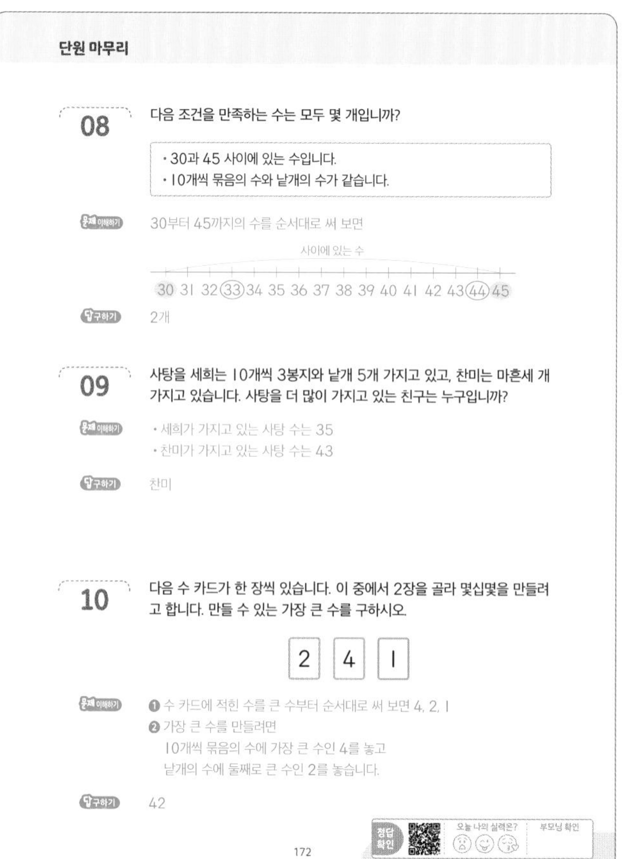
단원 마무리

08 다음 조건을 만족하는 수는 모두 몇 개입니까?

• 30과 45 사이에 있는 수입니다.
• 10개씩 묶음의 수와 낱개의 수가 같습니다.

문제 이해하기 30부터 45까지의 수를 순서대로 써 보면

사이에 있는 수

30 31 32 (33) 34 35 36 37 38 39 40 41 42 43 (44) 45

답 구하기 2개

09 사탕을 세희는 10개씩 3봉지와 낱개 5개 가지고 있고, 찬미는 마흔세 개 가지고 있습니다. 사탕을 더 많이 가지고 있는 친구는 누구입니까?

문제 이해하기 • 세희가 가지고 있는 사탕 수는 35

• 찬미가 가지고 있는 사탕 수는 43

답 구하기 찬미

10 다음 수 카드가 한 장씩 있습니다. 이 중에서 2장을 골라 몇십몇을 만들려고 합니다. 만들 수 있는 가장 큰 수를 구하시오.

2 4 1

문제 이해하기 ❶ 수 카드에 적힌 수를 큰 수부터 순서대로 써 보면 4, 2, 1

❷ 가장 큰 수를 만들려면

10개씩 묶음의 수에 가장 큰 수인 4를 놓고

낱개의 수에 둘째로 큰 수인 2를 놓습니다.

답 구하기 42

정답 확인 오늘 나의 실력은? 부모님 확인

172

초등 수학 완전 정복 프로젝트

구　성 1~6학년 학기별 [12책]

콘셉트 교과서에 따른 수·연산·도형·측정까지 연산력을 향상하는 연산 기본서

키워드 기본 연산력 다지기

구　성 1~6학년 학기별 [12책]

콘셉트 문장제부터 창의·사고력 문제까지 수학적 역량을 키우는 연산 응용서

키워드 연산 응용력 키우기

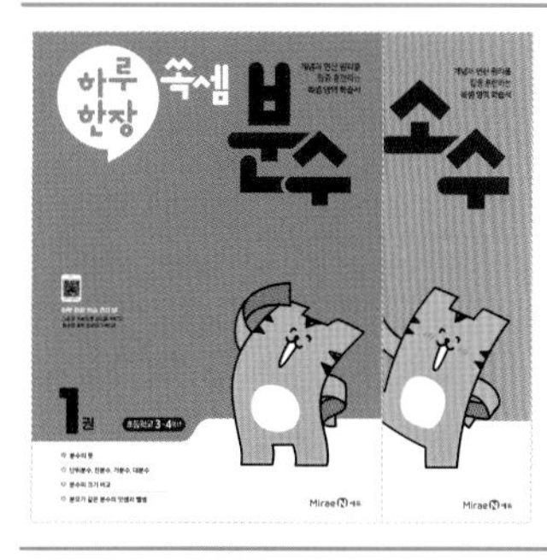

구　성 3~6학년 단계별 [분수 2책, 소수 2책]

콘셉트 분수·소수의 개념과 연산 원리를 익히고 연산력을 키우는 쏙셈 영역 학습서

키워드 분수·소수 집중 훈련하기

문해길 원리

구　성 1~6학년 학기별 [12책]

콘셉트 8가지 문제 해결 전략을 익히며 문장제와 서술형을 정복하는 상위권 학습서

키워드 문장제 해결력 강화하기

문해길 심화

구　성 1~6학년 학년별 [6책]

콘셉트 고난도 유형 해결 전략을 익히며 최고 수준에 도전하는 최상위권 학습서

키워드 고난도 유형 해결력 완성하기

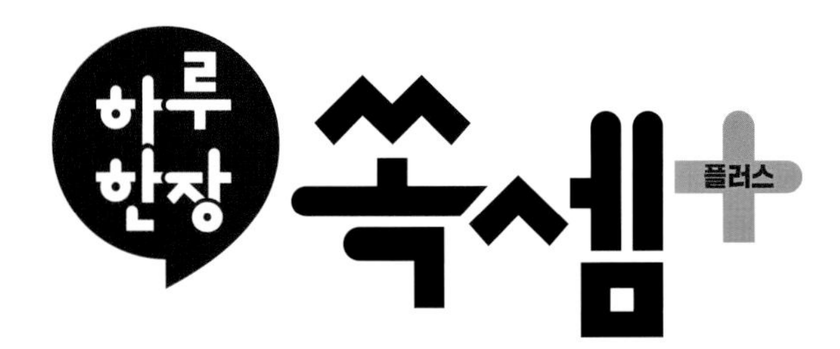

www.mirae-n.com

학습하다가 이해되지 않는 부분이나 정오표 등의 궁금한 사항이 있나요?
미래엔 홈페이지에서 해결해 드립니다.

교재 내용 문의
1:1 문의 | 수학 과외쌤 | 자주하는 질문

교재 자료 및 정답
동영상 강의 | 쌍둥이 문제 | 정답과 해설 | 정오표

초등학교		
학년	반	이름

초등학교에서 탄탄하게 닦아 놓은
공부력이 중·고등 학습의 실력을 가릅니다.

하루한장 쏙셈

쏙셈 시작편
초등학교 입학 전 연산 시작하기
[2책] 수 세기, 셈하기

쏙셈
교과서에 따른 수·연산·도형·측정까지 계산력 향상하기
[12책] 1~6학년 학기별

쏙셈+플러스
문장제 문제부터 창의·사고력 문제까지 수학 역량 키우기
[12책] 1~6학년 학기별

쏙셈 분수·소수
3~6학년 분수·소수의 개념과 연산·원리를 집중 훈련하기
[분수 2책, 소수 2책] 1~2권

하루한장 한자

그림 연상 한자로 교과서 어휘를 익히고 급수 시험까지 대비하기
[총12책] 1~6학년 학기별

하루한장 ENGLISH BITE

ENGLISH BITE 알파벳 쓰기
알파벳을 보고 듣고 따라쓰며 읽기·쓰기 한 번에 끝내기
[1책]

ENGLISH BITE 파닉스
자음과 모음 결합 과정의 발음 규칙 학습으로
영어 단어 읽기 완성
[2책] 자음과 모음, 이중자음과 이중모음

ENGLISH BITE 사이트 워드
192개 사이트 워드 학습으로 리딩 자신감 키우기
[2책] 단계별

ENGLISH BITE 영문법
문법 개념 확인 영상과 함께 영문법 기초 실력 다지기
[Starter 2책 , Basic 2책] 3~6학년 단계별

ENGLISH BITE 영단어
초등 영어 교육과정의 학년별 필수 영단어를
다양한 활동으로 익히기
[4책] 3~6학년 단계별

하루한장 한국사

큰별★쌤 최태성의 한국사
최태성 선생님의 재미있는 강의와 시각 자료로
역사의 흐름과 사건을 이해하기
[3책] 3~6학년 시대별

개념과 **연산 원리**를 집중하여
한 번에 잡는 **쏙셈 영역 학습서**

하루 한장 쏙셈
분수·소수 시리즈

하루 한장 쏙셈 분수·소수 시리즈는
학년별로 흩어져 있는 분수·소수의 개념을
연결하여 집중적으로 학습하고,
재미있게 연산 원리를 깨치게 합니다.

하루 한장 쏙셈 분수·소수 시리즈로
초등학교 분수, 소수의 탁월한 감각을 기르고,
중학교 수학에서도 자신있게 실력을 발휘해 보세요.

분수 1권

초등학교 3~4학년

- 분수의 뜻
- 단위분수, 진분수, 가분수, 대분수
- 분수의 크기 비교
- 분모가 같은 분수의 덧셈과 뺄셈

⋮

3학년 1학기_분수와 소수
3학년 2학기_분수
4학년 2학기_분수의 덧셈과 뺄셈

스마트 학습 서비스 맛보기
분수와 소수의 원리를
직접 조작하며 익혀요!